Wilfried Staudt

Fragen
Aufgaben
Diagnose

Kraftfahrzeugmechatronik
Lernfelder 1 bis 8

Lösungen

1. Auflage

Bestellnummer 04891

Hinweise für den Benutzer

Die Aufgabensammlung „Fragen, Aufgaben, Diagnose" deckt lückenlos den gesamten Stoff zur Kfz-Mechatronik der Lernfelder 1 bis 8 ab. Es orientiert sich dabei weitgehend an dem Fachbuch Kraftfahrzeugmechatronik/Pkw, Bestellnummer 04850, das im gleichen Verlag erschienen ist. Auch Nutzer anderer Fachbücher finden eine umfassende Aufgabensammlung zur Überprüfung ihres Wissensstands. Die Aufgabensammlung zu den Lernfelder 9 bis 14, Bestellnummer 04892, erscheint im Herbst 2010.

Jedes Lernfeld umfasst programmierte (gebundene) Fragen und offene (ungebundene) Fragen. Die gebundenen Fragen beziehen sich auf die Lerninhalte, die offen Fragen auf die Diagnose- bzw. Instandhaltungstechnik des entsprechenden Lernfeldes. In jedem Lernfeld ist die technische Mathematik mit ergänzenden Informationen und Übungsaufgaben integriert. Für schriftliche Lösungen der offenen Fragen und der Übungsaufgaben ist reichlich Platz im Buch vorgesehen.

Das Buch „Fragen, Aufgaben, Diagnose" soll folgenden Zielen dienen:

1. *Lernerfolgskontrolle durch den Lehrer*
   Eine kurzfristige Lernerfolgskontrolle mit Hilfe der gebundenen Fragen kann der Lehrer direkt nach Beendigung der Unterrichtsstunden zu einem entsprechenden Thema durchführen.
   Lehrer und Auszubildende können direkt im Unterricht feststellen, ob der Stoff verstanden und gefestigt ist.

2. *Hausaufgaben bzw. Aufgaben zur Gruppenarbeit*
   Die Lösungen der Übungsaufgaben in Technischer Mathematik und der offenen Fragen können im Rahmen von Gruppenarbeit oder Hausarbeit erarbeitet werden.

3. *Selbsttätige Lernerfolgskontrolle*
   Die Aufgabensammlung ermöglicht dem Auszubildenden der Kfz-Mechatronik ständig seinen Wissensstand zu kontrollieren und bei Verständnisproblemen im Fachbuch nachzulesen bzw. im Unterricht nachzufragen. Die Informationen lassen sich relativ leicht dem Fachbuch „Kraftfahrzeugmechatronik/Pkw" entnehmen.

4. *Vorbereitungs- bzw. Trainingsbuch für Klassenarbeiten und Gesellenprüfungen*
   Mit dem Buch kann sich der Auszubildende auf Klassenarbeiten und auf die Gesellenprüfung Teil I bzw. Teil II vorbereiten.

5. *Vorbereitungs- bzw. Trainingsbuch zur Servicetechniker- bzw. Meisterprüfung*
   Als Vorbereitung zur schriftlichen Servicetechnikerprüfung bzw. Meisterprüfung Teil II ist das Buch eine gute und umfassende Grundlage.

Haben Sie Anregungen oder Kritikpunkte zu diesem Produkt?
Dann senden Sie eine E-Mail an 04891_001@bv-1.de
Autoren und Verlag freuen sich auf Ihre Rückmeldung.

www.bildungsverlag1.de

Bildungsverlag EINS GmbH
Sieglarer Straße 2, 53842 Troisdorf

ISBN 978-3-427-**04891**-6

© Copyright 2010: Bildungsverlag EINS GmbH, Troisdorf
Das Werk und seine Teile sind urheberrechtlich geschützt. Jede Nutzung in anderen als den gesetzlich zugelassenen Fällen bedarf der vorherigen schriftlichen Einwilligung des Verlages.
Hinweis zu § 52a UrhG: Weder das Werk noch seine Teile dürfen ohne eine solche Einwilligung eingescannt und in ein Netzwerk eingestellt werden. Dies gilt auch für Intranets von Schulen und sonstigen Bildungseinrichtungen.

Inhaltsverzeichnis

Lernfeld 1: Warten und Pflegen von Fahrzeugen und Systemen

Technologie Orientierungswissen
1.1	Motormechanik	5
1.2	Ottomotor Motorfunktion	7
1.3	Dieselmotor	8
1.4	Motorkühlung	9
1.5	Motorschmierung	11
1.6	Motormanagement	13
1.7	Kraftübertragung, Fahrwerk, Reifen	14
1.8	Bremssystem	17
1.9	Energieversorgung	18
1.10	Beleuchtung	19

Technische Mathematik
1.11	Volumen, Hubraum, Verdichtungsverhältnis	21

Wartungsarbeiten
1.12	Wartung Motor	22
1.13	Wartung Kraftübertragung, Fahrwerk, Reifen	24
1.14	Wartung Bremsen	25
1.15	Wartung Energieversorgung, Beleuchtung	26

Lernfeld 2: Demontieren, Instandsetzen und Montieren von fahrzeugtechnischen Baugruppen und Systemen

Technologie
2.1	Korrosion, Korrosionsschutz	28
2.2	Werkstoffe	29
2.3	Schraubenverbindungen	31
2.4	Werkstoffbearbeitung	34
2.5	Biegen	35
2.6	Prüfen und Messen	36

Technische Mathematik
2.7	Längen, Winkel	37
2.8	Längenänderung	39
2.9	Massen und Kräfte	40
2.10	Reibungskraft	42
2.11	Drehmoment	43
2.12	Hebel	45
2.13	Festigkeit	46
2.14	Arbeit, Leistung, Energie	48
2.15	Drehzahl, Schnittgeschwindigkeit, Umfangsgeschwindigkeit	50
2.16	Biegen	51

Demontieren, Instandsetzen, Montieren
2.17	Schraubenverbindungen	53
2.18	Werkstoffbearbeitung von Hand, Bohren, Gewindeschneiden	54
2.19	Prüfen und Messen	58

Lernfeld 3: Prüfen und Instandsetzen elektrischer und elektronischer Systeme

Technologie
3.1	Grundlagen, Grundbegriffe	59
3.2	Sicherung, Leitung, Spannungsfall	60
3.3	Widerstände, Schaltungen	62
3.4	Schalter, Relais	64
3.5	Halbleiter	66
3.6	Schaltpläne	69
3.7	Beleuchtungsanlage	70
3.8	Prüfen und Messen	71

Technische Mathematik
3.9	Ohm'sches Gesetz	72
3.10	Spannungsfall	74
3.11	Elektrische Leistung, elektrische Arbeit	75
3.12	Reihen-, Parallel- und Gruppenschaltungen	76

Prüfen, Diagnose, Instandsetzung
3.13	Prüfen und Messen	78
3.14	Diagnose	80
3.15	Instandsetzung	82

Lernfeld 4: Prüfen und Instandsetzen von Steuerungs- und Regelungssystemen

Technologie
4.1	Grundlagen	84
4.2	Sensoren	86
4.3	Regelkreise	88
4.4	Hydraulische/Pneumatische Steuerungen	90
4.5	Ausgeführte hydraulische und pneumatische Systeme im Kfz	92
4.6	Verknüpfungssteuerungen	93

Technische Mathematik
4.7	Druck/Hydraulik	94
4.8	Druck/Pneumatik	96

Prüfen, Diagnose, Instandsetzung
4.9	Prüfen und Messen	97

4.10	Diagnose/Schaltplananalyse	98
4.11	Instandsetzung	100

Lernfeld 5: Prüfen und Instandsetzen der Energieversorgungs- und Startsysteme

Technologie
5.1	Batterie	101
5.2	Drehstromgenerator	103
5.3	Starter	107
5.4	Neue Bordnetze	109

Technische Mathematik
5.5	Starterbatterie	111
5.6	Generator und Starter	112
5.7	Betriebswirtschaftliche Kalkulation	113

Prüfen und Instandsetzen
5.8	Prüfen und Messen Batterie	115
5.9	Diagnose Batterie	116
5.10	Instandsetzung Batterie	116
5.11	Prüfen und Messen Drehstromgenerator	117
5.12	Diagnose Drehstromgenerator	118
5.13	Instandsetzung Drehstromgenerator	119
5.14	Prüfen und Messen Starter	119
5.15	Diagnose Starter	121

Lernfeld 6: Prüfen und Instandsetzen der Motormechanik

Technologie
6.1	Grundlagen	122
6.2	Motormechanik	124
6.3	Kühlsystem	131
6.4	Motorschmierung	134

Technische Mathematik
6.5	Druck im Verbrennungsraum, Kolbenkraft	137
6.6	Verdichtungsverhältnis	138
6.7	Verdichtungsänderung	139
6.8	Hubverhältnis	140
6.9	Kolbengeschwindigkeit	141
6.10	Motorleistung	142
6.11	Mechanischer Wirkungsgrad	144
6.12	Hubraumleistung	144
6.13	Ventilsteuerung	145
6.14	Kühlsystem	146
6.15	Riemen- und Rollenkettenantrieb	147

Prüfen und Instandsetzen
6.16	Prüfen und Messen Motormechanik	148
6.17	Diagnose Motormechanik	149
6.18	Instandsetzung Motormechanik	150
6.19	Prüfen und Messen Kühlsystem	151
6.20	Diagnose Kühlsystem	151
6.21	Instandsetzung Kühlsystem	152
6.22	Prüfen und Messen Motorschmierung	153
6.23	Diagnose Motorschmierung	153

Lernfeld 7: Diagnostizieren und Instandsetzen von Motormanagementsystemen

Technologie
7.1	Ottomotor Saugrohreinspritzung	154
7.1.1	Grundlagen	154
7.1.2	Drehmomentorientiertes Motormanagement	154
7.2	Ottomotor Benzin Direkteinspritzung	171
7.2.1	Grundlagen	171
7.2.2	Luftmanagement/Einspritzmanagement	171
7.2.3	Abgasmanagement	173
7.2.4	Betriebsdatenverarbeitung	173
7.3	Dieselmotor	174
7.3.1	Grundlagen	174
7.3.2	Common Rail	174
7.3.3	Pumpe-Düse-Einheit	184
7.3.4	Radialkolben-Verteilereinspritzpumpe	186

Technische Mathematik
7.4	Zündanlage	188

Prüfen und Messen
7.5	Prüfen und Messen Motormanagement	190
7.6	Diagnose	194

Lernfeld 8: Durchführen von Service- und Instandsetzungsarbeiten an Abgassystemen

Technologie
8.1	Abgasemissionen	198
8.2	EOBD-Diagnose	199
8.3	Diagnose-Rechner	200
8.4	Readiness-Code	201
8.5	Schalldämpfung	201

Prüfen und Messen, Diagnose
8.6	Abgasuntersuchung	203
8.7	Diagnose	206

Lernfeld 1:
Warten und Pflegen von Fahrzeugen und Systemen

Technologie, Orientierungswissen

1.1 Motormechanik

1 Benennen Sie die Funktionselemente des Verbrennungsmotors. Ordnen Sie der Abbildung die entsprechenden Buchstaben zu:

- a) Zylinderkopf
- b) Nockenwelle
- c) Zylinderkopfschrauben
- d) Zylinderkopfdichtung
- e) Sicherungsring
- f) Kolbenbolzen
- g) Kolben
- h) Pleuelstange
- i) Pleuellagerdeckel
- j) Pleuellagerschrauben
- k) Kurbelwelle
- l) Lagerdeckel Kurbelwelle
- m) Gleitlagerschalen
- n) Führungslager
- o) Ölpumpe
- p) Lagerdeckel Nockenwelle
- q) Öldichtring
- r) Nockenwellensteuerrad
- s) Zylinderkurbelgehäuse

zu Aufg. 1/3

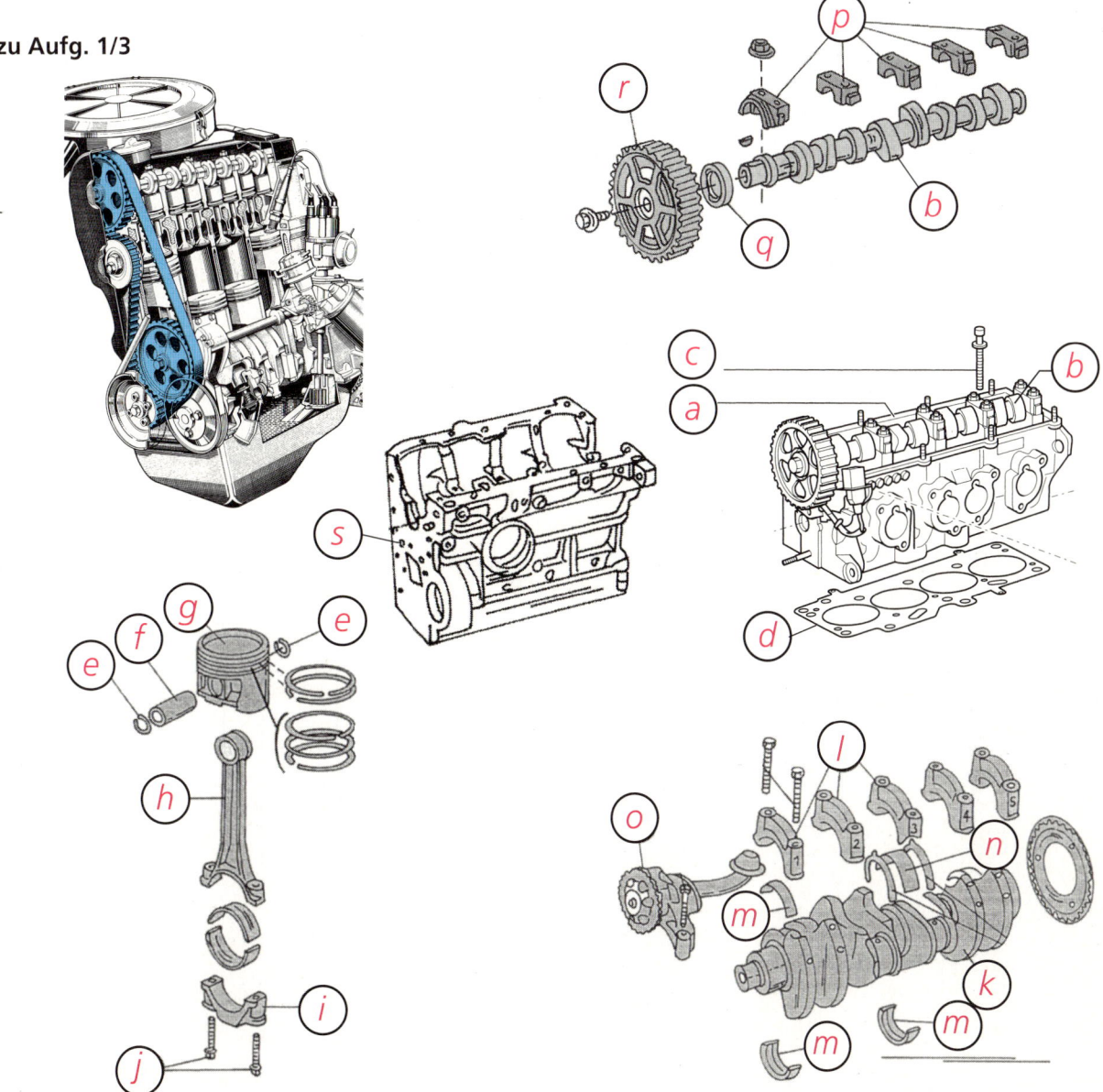

| Technologie | Mathematik | Diagnose |

2 Ordnen Sie den o. a. Funktionselementen die entsprechenden Funktionen zu.

    a) Der ____*Kolben*____ überträgt die Gaskräfte, leitet die Verbrennungswärme ab, dichtet den Verbrennungsraum gegen das Kurbelgehäuse ab.

    b) Die ____*Ventile*____ steuern den Gaswechsel.

    c) ____*Pleuelstange*____ und ____*Kurbelwelle*____ wandeln die geradlinige Bewegung in eine Drehbewegung um.

    d) Die ____*Nockenwelle*____ öffnet und schließt die Ventile zum richtigen Zeitpunkt um das richtige Maß.

    e) Der ____*Zahnriemen*____ treibt die Nockenwelle an.

    f) ____*Zylinderkurbelgehäuse*____ und ____*Zylinderkopf*____ bilden den Verbrennungsraum.

3 Wie wird die Nockenwelle in der o. a. Abbildung angetrieben?
- [X] **a)** Zahnriemen
- [ ] **b)** Ketten
- [ ] **c)** Zahnräder

Wie werden die Ventile betätigt?
- [ ] **a)** Kipphebel
- [X] **b)** Tassenstößel
- [ ] **c)** Schlepphebel

4 Die Nebenaggregate werden durch die Kurbelwelle angetrieben. Der Antrieb erfolgt über
- [ ] **a)** Zahnriemen,
- [ ] **b)** Keilriemen,
- [X] **c)** Keilrippenriemen,
- [ ] **d)** Kette.

zu Aufg. 4

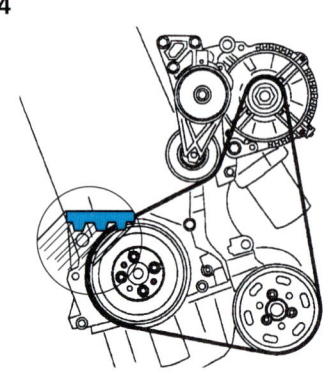

5 Das Blockschaltbild zeigt den Kraftverlauf innerhalb der Motormechanik (Kurbeltrieb und Ventilsteuerung). Ergänzen Sie das Blockschaltbild und tragen Sie die Ziffern ein.

    a) Kurbelwelle
    b) Zahnriemenräder/Zahnriemen
    c) Nockenwelle
    d) Pleuelstange
    e) Kolben
    f) Zylinder mit Zylinderkopf
    g) Ventile

zu Aufg. 5

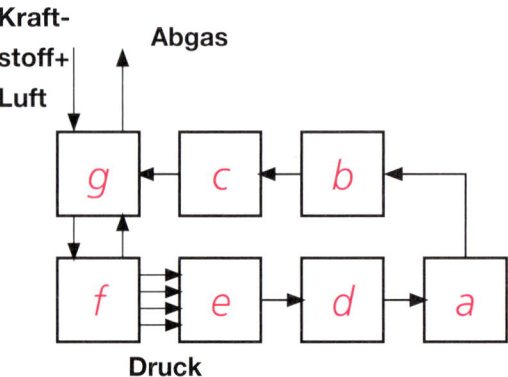

1.2 Ottomotor Motorfunktion

6 Im Verbrennungsmotor werden drei Größen umgesetzt. Benennen Sie die drei Größen und ordnen Sie a, b und c der Abbildung zu.

a) Energieumsatz: *Kraftstoff*

b) Stoffumsatz: *Kraftstoff-Luftgemisch*

c) Informationsumsatz: *Masse Kraftstoff, Masse Luft*

zu Aufg. 6

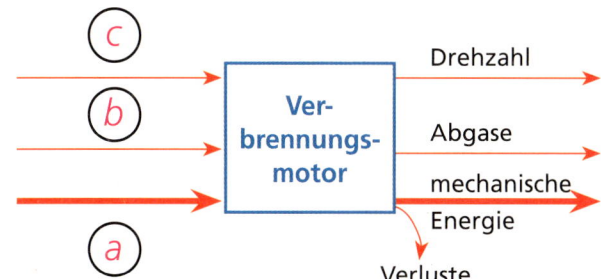

7 Welche Hauptfunktion hat der Verbrennungsmotor?
- [X] a) Energieumsatz
- [ ] b) Stoffumsatz
- [ ] c) Informationsumsatz

8 Wie viel Prozent der Kraftstoffenergie werden in nutzbare Energie an der Kurbelwelle umgesetzt?
- [ ] a) 20 %
- [X] b) 24 %
- [ ] c) 30 %

zu Aufg. 8

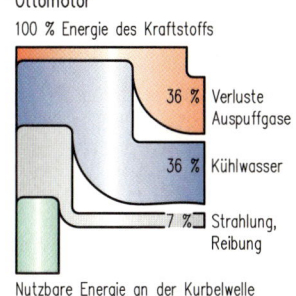

9 Der Wirkungsgrad des Ottomotors beträgt $\eta = 0{,}24$. Was versteht man darunter?
- [X] a) Das Verhältnis von Nutzenergie zu zugeführter Energie
- [ ] b) Das Verhältnis von zugeführter Energie zu Nutzenergie
- [ ] c) Das Verhältnis von Nutzenergie zu Wärmeenergie

10 Die Abbildung zeigt das Arbeitsdiagramm des Ottomotors. Ordnen Sie den Kurvenabschnitten die u. a. Begriffe zu.
a) Ansaugen
b) Verdichten
c) Zünden
d) Verbrennen
e) Arbeiten
f) Ausstoßen

zu Aufg. 10

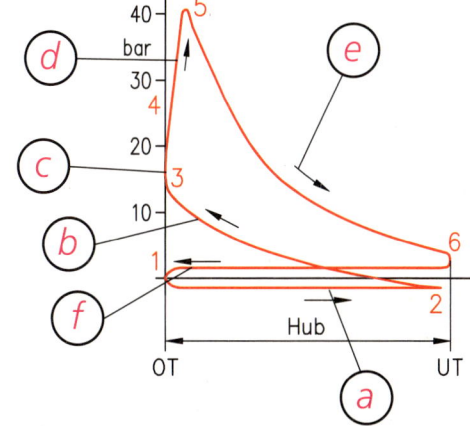

11 In welchem Takt befindet sich der Ottomotor?
- [X] a) Ansaugen
- [ ] b) Verdichten
- [ ] c) Arbeiten
- [ ] d) Ausstoßen

zu Aufg. 11

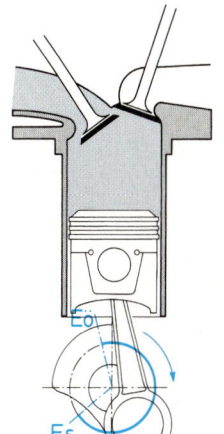

| Technologie | Mathematik | Diagnose |

12 Wie hoch ist der Verdichtungsdruck beim Ottomotor?
- [X] a) 15–20 bar
- [ ] b) 20–25 bar
- [ ] c) 25–30 bar

13 Wie hoch ist der Verbrennungshöchstdruck?
- [ ] a) 20–40 bar
- [X] b) 40–60 bar
- [ ] c) 60–80 bar

14 Wie hoch ist die Verbrennungshöchsttemperatur?
- [ ] a) 1 000–1 500 °C
- [ ] b) 1 500–2 000 °C
- [X] c) 2 000–2 500 °C

15 Wie hoch ist das Verdichtungsverhältnis beim Ottomotor?
- [ ] a) 6:1–9:1
- [X] b) 9:1–11:1
- [ ] c) 11:1–20:1

16 Welche Abgaskomponenten gehören nicht zu den giftigen Schadstoffen?
- [ ] a) Kohlenmonoxid
- [X] b) Kohlendioxid
- [ ] c) Kohlenwasserstoff
- [ ] d) Stickoxid

1.3 Dieselmotor

17 Wie unterscheidet sich der Dieselmotor vom Ottomotor? Kreuzen Sie die entsprechenden Eigenschaften des Dieselmotors an (2 Antworten).
- [ ] a) Fremdzündung
- [X] b) Selbstzündung
- [ ] c) äußere Gemischbildung
- [X] d) innere Gemischbildung

18 Wie hoch ist der Wirkungsgrad des Dieselmotors?
- [ ] a) 0,24
- [X] b) 0,32
- [ ] c) 0,38

19 In welchem Takt befindet sich der Dieselmotor?
- [ ] a) Ansaugen
- [X] b) Verdichten
- [ ] c) Arbeiten
- [ ] d) Ausstoßen

20 Was passiert im Dieselmotor bei dem in der Abb. angegebenen Takt?
- [ ] a) Verdichten eines Kraftstoff-Luft-Gemischs
- [X] b) Ausstoßen der Abgase
- [ ] c) Verdichten von zerstäubtem Kraftstoff

21 Die Abbildung zeigt das Arbeitsdiagramm des Dieselmotors. Ordnen Sie den Kurvenabschnitten und den angegebenen Punkten die Buchstaben mit entsprechenden Begriffen zu.
- a) Ansaugen
- b) Verdichten
- c) Arbeiten
- d) Ausstoßen
- e) Einspritzbeginn
- f) Selbstzündung
- g) Zündverzug

zu Aufg. 18

Dieselmotor
100 % Energie des Kraftstoffs
- 30 % Verluste Auspuffgase
- 31 % Kühlwasser
- 7 % Strahlung, Reibung

Nutzbare Energie an der Kurbelwelle

zu Aufg. 19 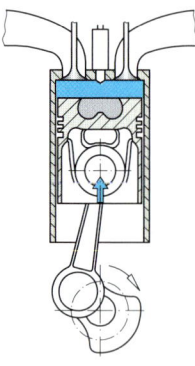 **zu Aufg. 20**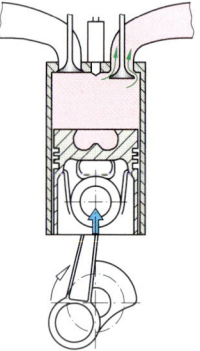

zu Aufg. 21

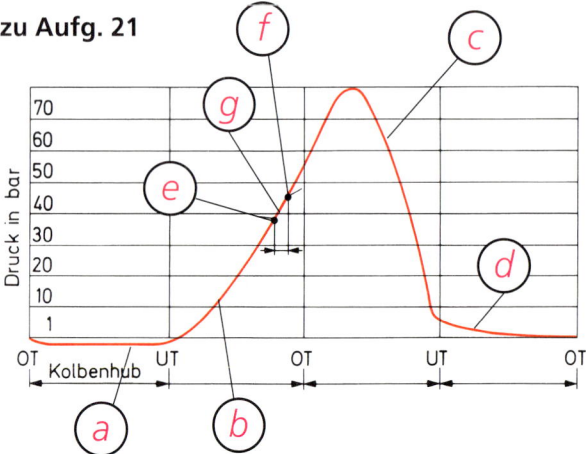

| Technologie | Mathematik | Diagnose |

22 Wie hoch ist der Verdichtungsdruck?
- [ ] a) 20–40 bar
- [X] b) 40–65 bar
- [ ] c) 60–80 bar

23 Wie hoch ist der Verbrennungshöchstdruck?
- [ ] a) 40–50 bar
- [ ] b) 50–70 bar
- [X] c) 70–120 bar

24 Wie hoch ist das Verdichtungsverhältnis?
- [ ] a) 8:1–10:1
- [ ] b) 10:1–14:1
- [X] c) 14:1–20:1

25 Welche Eigenschaften muss der Dieselkraftstoff haben?
- [ ] a) Klopffestigkeit
- [X] b) Zündwilligkeit
- [ ] c) Gute Vergasbarkeit

26 Welche Zahl gibt die Eigenschaften des Dieselkraftstoffs an?
- [ ] a) Oktanzahl
- [ ] b) Heptanzahl
- [X] c) Cetanzahl

1.4 Motorkühlung

27 Welche Hauptfunktion hat die Motorkühlung?
- [ ] a) Energieumsatz
- [X] b) Stoffumsatz
- [ ] c) Informationsumsatz

28 Benennen Sie die Funktionseinheiten der Motorkühlung. Ordnen Sie der Abbildung die u. a. Buchstaben mit den Begriffen zu.
- a) Wasserpumpe
- b) Kühler
- c) Thermostat
- d) Verschlussdeckel
- e) Ausgleichsbehälter
- f) Motor
- g) Heizungswärmetauscher

29 Ordnen Sie den o. a. Funktionseinheiten die entsprechenden Funktionen zu.

a) Die _Wasserpumpe_ fördert die Kühlflüssigkeit vom Motor zum Kühler.

b) Der _Thermostat_ schließt bei kaltem Motor den Kühlerkreislauf.

c) Der _Kühler_ gibt die Wärme an die Umgebungsluft ab.

d) Der _Ausgleichsbehälter_ nimmt bei hoher Kühlmitteltemperatur Kühlmittel auf.

e) Der _Verschlussdeckel_ gleicht den Über- bzw. Unterdruck im Ausgleichsbehälter aus.

zu Aufg. 28/32

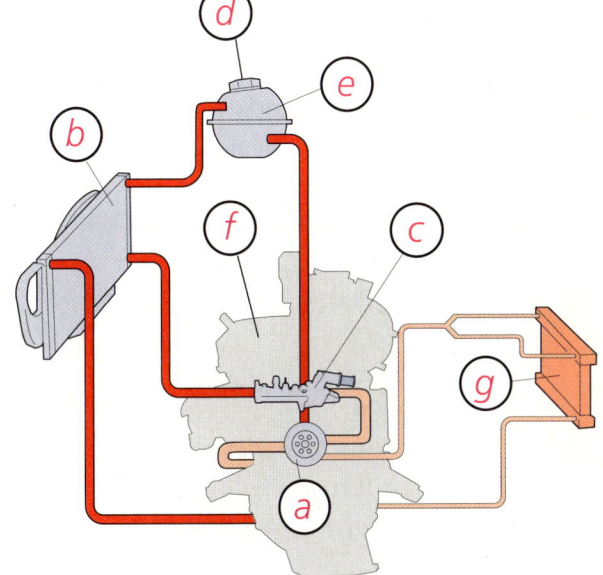

Technologie

30 Zeichnen Sie in die Abbildung den Kühler- und den Kurzschlusskreislauf ein.
Warum wird die Kühlflüssigkeit bei kaltem Motor im Kurzschluss umgewälzt?
- [ ] a) Der Fahrzeuginnenraum wird schneller erwärmt.
- [X] b) Der Motor erhält schneller seine Betriebstemperatur.
- [ ] c) Vom Motor wird eine geringere Leistung abverlangt.

31 Der Thermostat
- [X] a) öffnet bei kaltem Motor den Kurzschlusskreislauf.
- [ ] b) schließt bei kaltem Motor den Kurzschlusskreislauf.
- [ ] c) öffnet bei kaltem Motor den Kühlerkreislauf.

32 Das Blockschaltbild zeigt das auf der Seite 9 dargestellte Kühlsystem. Ergänzen Sie das Blockschaltbild, indem Sie die Buchstaben der folgenden Begriffe zuordnen und die Fließrichtung einzeichnen. Geben Sie den Kühlmittel- und Kurzschlusskreislauf an.
- a) Kühler
- b) Thermostat
- c) Wasserpumpe
- d) Motor
- e) Ausgleichsbehälter
- f) Heizungswärmetauscher

33 Die Kühlerflüssigkeit besteht aus
- [X] a) Wasser, Ethylenglykol und Additiven.
- [ ] b) Wasser und Additiven.
- [ ] c) Wasser, Alkohol und Additiven.

34 Welche Aufgabe des Kühlerschutzmittels ist falsch?
- [ ] a) Korrosionsschutz
- [ ] b) Frostschutz
- [ ] c) Schutz vor Ablagerungen
- [ ] d) Siedepunkterhöhung
- [X] e) Siedepunkterniedrigung

35 Die Mischung 80:20 bedeutet
- [ ] a) 80 % Frostschutzmittel + 20 % Wasser
- [X] b) 80 % Wasser + 20 % Frostschutzmittel
- [ ] c) 80 % Kühlerflüssigkeit + 20 % Frostschutzmittel

36 Wie hoch muss lt. Diagramm der Anteil von Wasser und Kühlerschutzmittel sein, wenn ein Gefrierschutz von –25 °C erreicht werden soll?
- [ ] a) 80:20
- [ ] b) 75:25
- [X] c) 65:35

37 Wie wird die Kühlflüssigkeit nach den Umweltgesetzen (KrW/AbfG) eingeordnet?
- [X] a) Besonders überwachungsbedürftig
- [ ] b) Überwachungsbedürftig
- [ ] c) Nicht überwachungsbedürftig

zu Aufg. 30

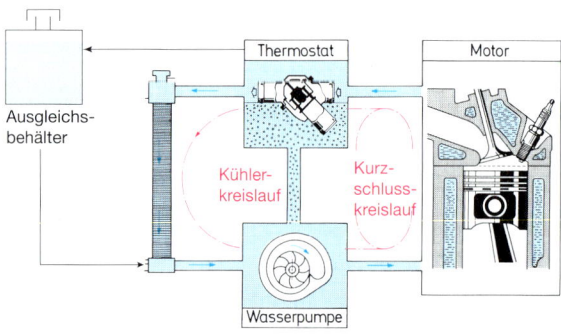

zu Aufg. 32

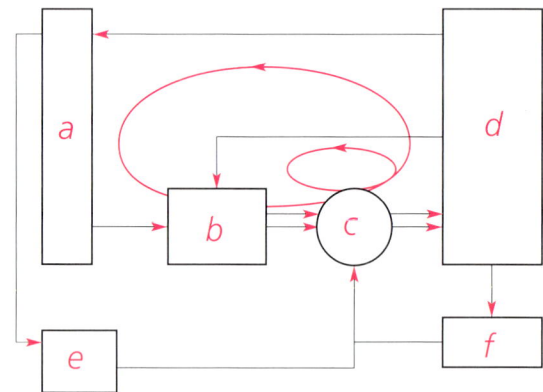

zu Aufg. 36

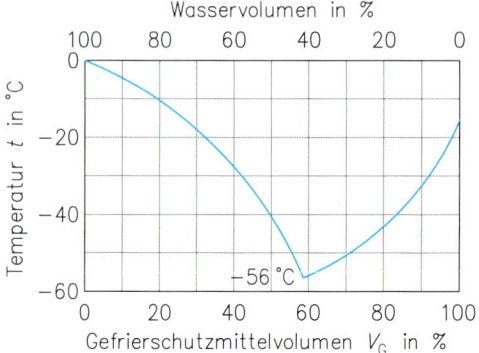

| Technologie | Mathematik | Diagnose |

38 Wo findet man Informationen über den Umgang mit Kühlerschutzmittel?
- [ ] a) Gebrauchsanweisung
- [ ] b) Unfallverhütungsvorschriften
- [X] c) Betriebsanweisung

39 Die Betriebsanweisung für Kühlerfrostschutz enthält entsprechend der Gefahrstoffverordnung die standardisierten Sätze R21/22 und das nebenstehende Gefahrensymbol. Welche Aussagen sind falsch:
R 21/22:
- [X] a) Gesundheitsschädlich beim Einatmen
- [ ] b) Gesundheitsschädlich beim Berühren mit der Haut
- [ ] c) Gesundheitsschädlich beim Verschlucken

Symbol:
- [X] a) Giftig
- [X] b) Reizend
- [ ] c) Gesundheitsschädlich

40 Wie muss das Kühlmittel entsorgt werden?
- [ ] a) Über die Kanalisation
- [X] b) In gekennzeichnete Behälter
- [ ] c) Über Benzin/Ölabscheider des Kfz-Betriebs

1.5 Motorschmierung

41 Welche Hauptfunktion hat die Motorschmierung?
- [ ] a) Energieumsatz
- [X] b) Stoffumsatz
- [ ] c) Informationsumsatz

42 Welche Aufgabe hat die Motorschmierung nicht?
- [ ] a) Reibung vermindern
- [ ] b) Verschleiß verringern
- [ ] c) Reibungswärme ableiten
- [ ] d) Verbrennungsraum abdichten
- [ ] e) Verunreinigungen abführen
- [ ] f) Korrosion der Motorteile verhindern
- [X] g) Kaltstart verbessern

43 Benennen Sie die Funktionseinheiten der Motorschmierung. Ordnen Sie der Abbildung die unten genannten Buchstaben mit den Begriffen zu.
- a) Ölpumpe
- b) Ölkühler
- c) Druckbegrenzungsventil
- d) Ölfilter
- e) Kurzschlussventil
- f) Öldruckschalter
- g) Öldruckrücklaufsperre
- h) Öldruckregelventil

zu Aufg. 43/45

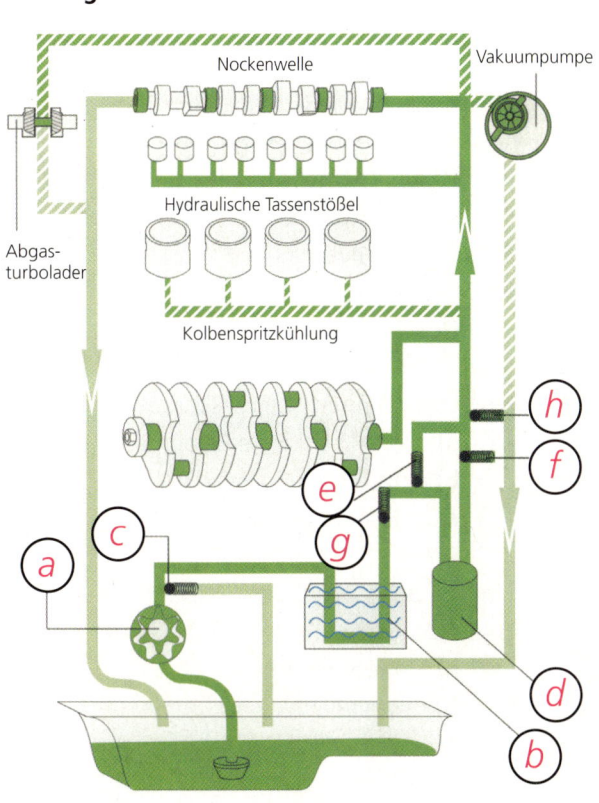

Technologie

44 Ordnen Sie den o. a. Funktionseinheiten die entsprechenden Funktionen zu.

a) Die __Ölpumpe__ saugt das Öl an und fördert es zu den Schmierstellen.

b) Das __Druckbegrenzungsventil__ bestimmt die Höhe des Öldrucks.

c) Das __Kurzschlussventil__ öffnet bei verstopftem Filter den Zufluss direkt zu den Schmierstellen.

d) Der __Öldruckschalter__ schaltet bei zu geringem Öldruck die Öldruckleuchte an.

e) Der __Ölfilter__ reinigt den Ölstrom von Verunreinigungen.

f) Die __Öldruckrücklaufsperre__ verhindert ein Leerlaufen des Ölfilters bei Motorstillstand.

45 Das Blockschaltbild zeigt die auf Seite 11 dargestellte Motorschmierung. Ergänzen Sie das Blockschaltbild, tragen Sie die u. a. Ziffern ein und geben Sie die Durchflussrichtung durch Pfeilspitzen an.
a) Ölwanne
b) Ölpumpe
c) Überdruckventil
d) Ölkühler
e) Kurzschlussventil
f) Kurbelwelle
g) Kolbenspritzkühlung
h) Nockenwellen- und Tassenstößelschmierung
i) Vakuumpumpe
j) Abgasturbolader
k) Öldruckregelventil
l) Öldruckschalter
m) Ölfilter

46 Was versteht man unter Viskosität des Öls?
[X] a) Maß für innere Reibung des Öls
[ ] b) Maß für die Ölverdickung
[ ] c) Maß für die Ölverdünnung

47 Welche Bedeutung hat die Bezeichnung SAE 10W-30?
[X] a) Mehrbereichsöl
[ ] b) Leichtlauföl
[ ] c) Einbereichsöl

48 Wie wird das Motoröl nach den Umweltgesetzen (KrW/AbfG) eingeordnet?
[X] a) Besonders überwachungsbedürftig
[ ] b) Überwachungsbedürftig
[ ] c) Nicht überwachungsbedürftig

49 Das Motoröl wird entsprechend der VO für brennbare Flüssigkeiten, der Wassergefährdungsklasse und der Gefahrstoffverordnung wie u. a. eingeordnet. Welche Bedeutung ist richtig (mehrere Antworten)?
[ ] a) Flammpunkt 21 °C
[ ] b) Flammpunkt 21–55 °C
[X] c) Flammpunkt 55–100 °C
[X] d) Stark wassergefährdend
[ ] e) Wassergefährdend
[ ] f) Schwach wassergefährdend
[ ] g) Brandfördernd und reizend
[ ] h) Hochentzündlich und umweltgefährlich
[X] i) Leicht entzündlich und gesundheitsschädlich

zu Aufg. 45

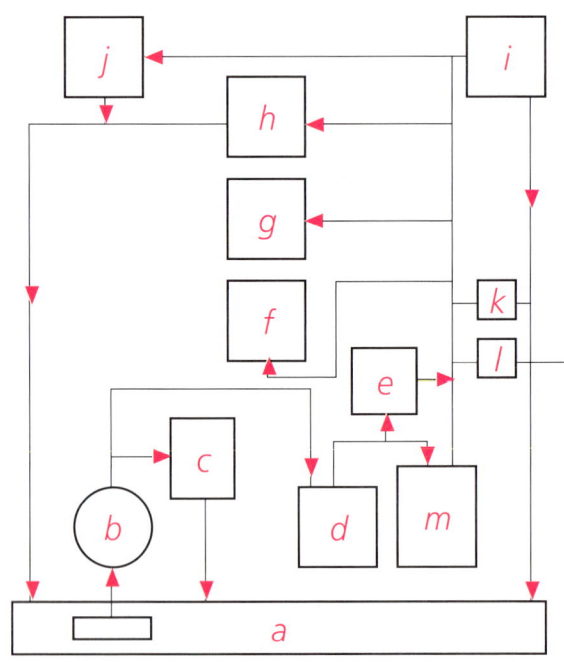

zu Aufg. 49

Gefahrklasse nach VbF	Wassergefährdungsklasse nach VwVwS	Gefahrstoffkennzeichnung nach GefStoffV
A III	WGK 3	F, Xn

50 Wie muss das Motoröl entsorgt werden?
- [ ] a) Über die Kanalisation
- [X] b) In gekennzeichnete Behälter
- [ ] c) Über Benzin-/Ölabscheider des Kfz-Betriebs

1.6 Motormanagement

51 Welche Aufgabe hat das Motormanagementsystem?
- [ ] a) Steuerung der Benzineinspritzung
- [ ] b) Steuerung der Zündung
- [X] c) Steuerung von Benzineinspritzung und Zündung

52 Das Motormanagementsystem ist ein
- [ ] a) energieumsetzendes System.
- [X] b) informationsverarbeitendes System.
- [ ] c) stoffumsetzendes System.

53 Bestimmen Sie aus der Abbildung Sensoren und Aktoren.
Sensoren:
a) Luftmassenmesser
b) Drosselklappenpotentiometer in der DRKS
c) Klopfsensor
d) Phasensensor
e) Temperaturfühler
f) Lambda-Sonde
g) Drehzahlgeber

54 Aktoren:
a) Einspritzventile
b) Zündspulen
c) Kraftstoffpumpe
d) Drosselklappensteuereinheit
e) Tankentlüftungsventil

zu Aufg. 53/54/57

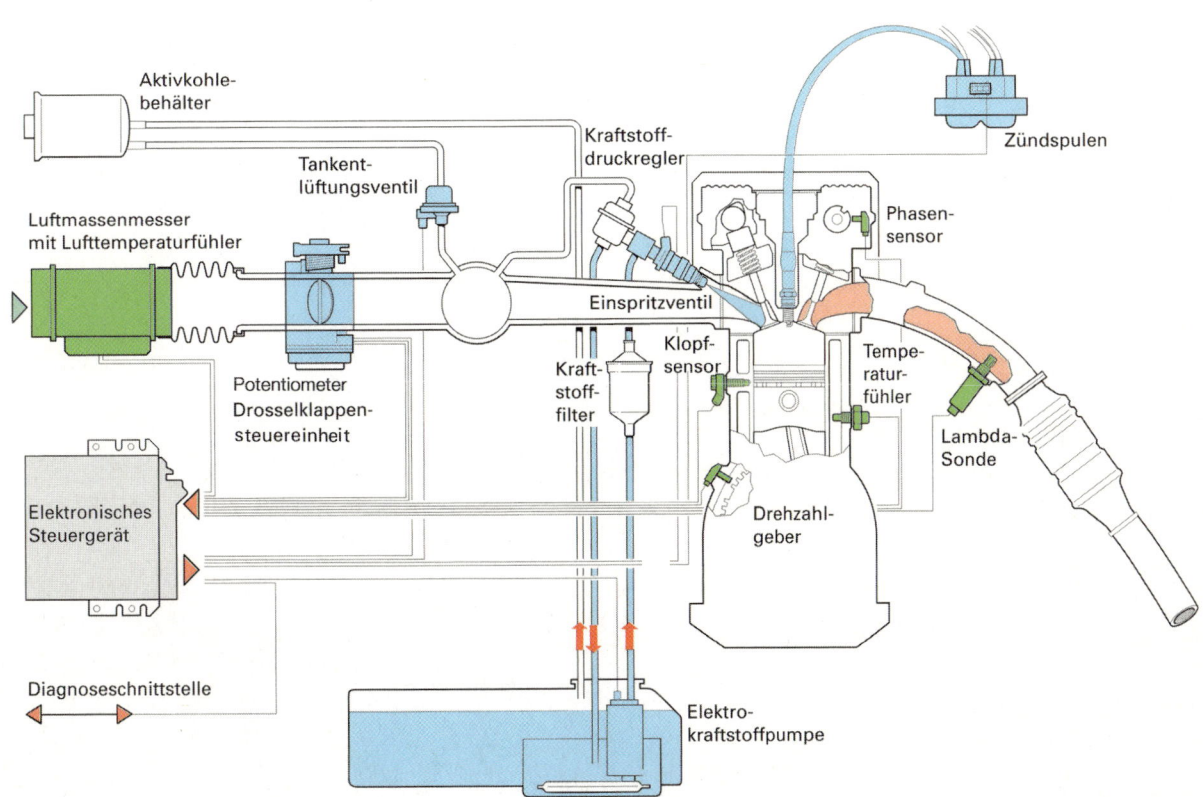

55 Welche Aufgaben haben Sensoren, Steuergerät und Aktoren? Ergänzen Sie.

a) Sensoren *erfassen den Betriebszustand des Motors.*

b) Das Steuergerät *wertet die Eingangsinformationen aus, berechnet und bildet die Steuerimpulse.*

c) Aktoren *werden durch die Steuerimpulse veranlasst zum Öffnen/ Schließen, Schalten, Drehen.*

56 Was versteht man unter dem EVA-Prinzip?
- [ ] a) Einbau, Verarbeitung, Ausbau
- [X] b) Eingabe, Verarbeitung, Ausgabe
- [ ] c) Eingang, Vorgang, Ausgang

57 Entwickeln Sie einen Blockschaltplan des Motormanagements der auf Seite 13 dargestellten Benzineinspritzung nach dem EVA-Prinzip.

58 Das Motormanagementsystem ist ein System mit Eigendiagnose. Was heißt das?
- [X] a) Das Steuergerät prüft ständig während des Betriebs die Systeme auf ihre Normalfunktion
- [ ] b) Das Steuergerät berechnet ständig aus den Eingangdaten die Steuerimpulse für die Aktoren
- [ ] c) Das Steuergerät stellt Ersatzwerte für fehlerhafte Funktionselemente zur Verfügung.

1.7 Kraftübertragung, Fahrwerk, Reifen

59 Benennen Sie die Funktionseinheiten der Kraftübertragung. Ordnen Sie der Abb. die entsprechenden Buchstaben mit den Begriffen zu.
a) Motor
b) Kupplung
c) Getriebe
d) Gelenkwelle
e) Achsgetriebe
f) Ausgleichsgetriebe
g) Achswelle
h) Rad

zu Aufg. 57

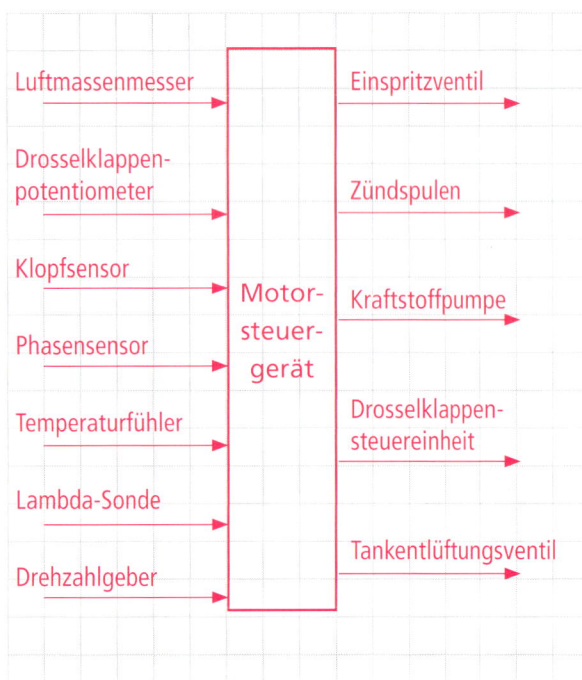

zu Aufg. 59

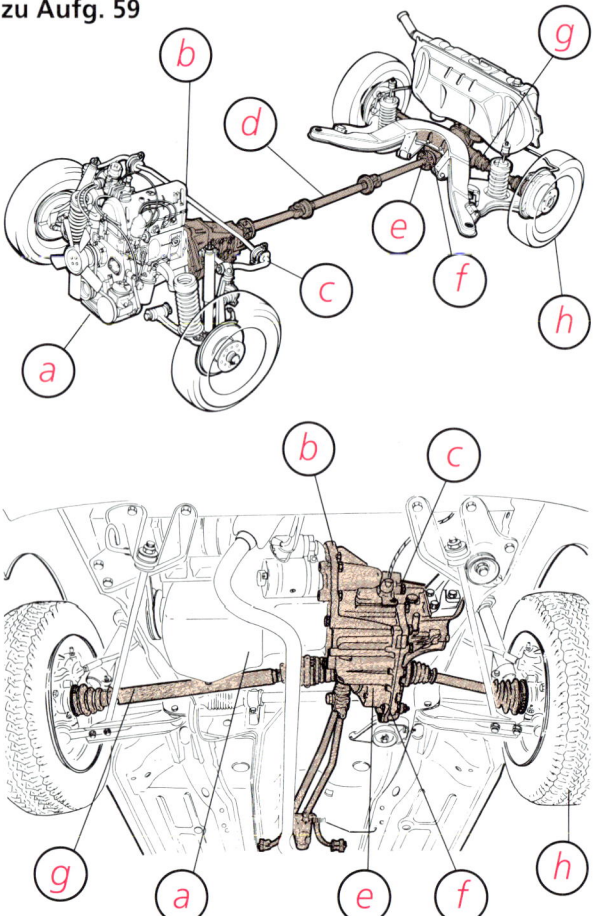

| Technologie | Mathematik | Diagnose |

60 Ordnen Sie den Funktionseinheiten die entsprechenden Funktionen zu.

a) Die **Kupplung** unterbricht den Energiefluss.

b) Das **Getriebe** verändert Drehzahlen und Drehmomente.

c) Die **Gelenkwelle** treibt bei Hinterradantrieb das Hinterachsgetriebe an.

d) Das **Ausgleichsgetriebe** lenkt die Drehbewegung um 90° um.

e) Das **Ausgleichsgetriebe** gleicht bei Kurvenfahrt die unterschiedlichen Abrollwege aus.

f) Die **Antriebswellen** treiben die Räder an.

61 Ergänzen Sie das Blockschaltbild der Kraftübertragung bei einem Hinterradantrieb vom Motor bis zum Rad und tragen Sie die Buchstaben der Begriffe aus Frage 59 in die Blöcke ein.

62 Benennen Sie die Funktionseinheiten des Fahrwerks. Ordnen Sie der Abb. die entsprechenden Buchstaben der u. a. Begriffe zu.
a) Lenker   e) Stabilisator
b) Federbein   f) Radlagerung
c) Schraubenfeder g) Aggregatträger
d) Schwingungsdämpfer

63 Ordnen Sie den Funktionselementen die entsprechenden Funktionen zu

a) **Lenker** verbinden die Räder mit dem Aufbau.

b) **Schraubenfedern** fangen die Fahrbahnstöße auf.

c) **Schwingungsdämpfer** sorgen für ein schnelles Abklingen der Schwingungen.

d) **Stabilisator** verringert bei Kurvenfahrt die Neigung des Fahrzeugaufbaus.

e) Das **Federbein** vereint Schraubenfeder und Schwingungsdämpfer.

64 Benennen Sie die Funktionseinheiten der Lenkung. Ordnen Sie der Abb. die entsprechenden Buchstaben der u. a. Begriffe zu.
a) Lenkgetriebe   d) Spurstange
b) Lenkhebel   e) Lenkrad
c) Lenksäule   f) Achsschenkel

zu Aufg. 61

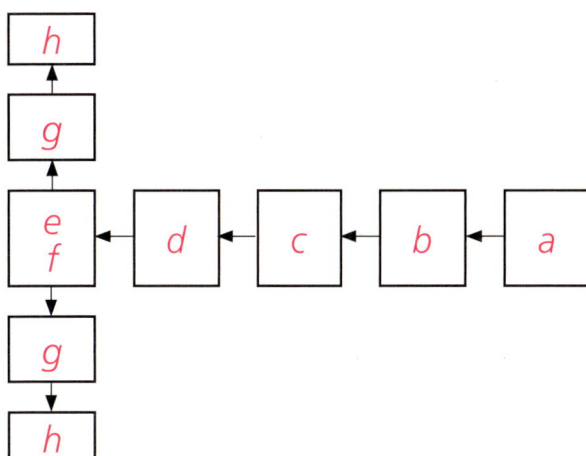

zu Aufg. 62/63

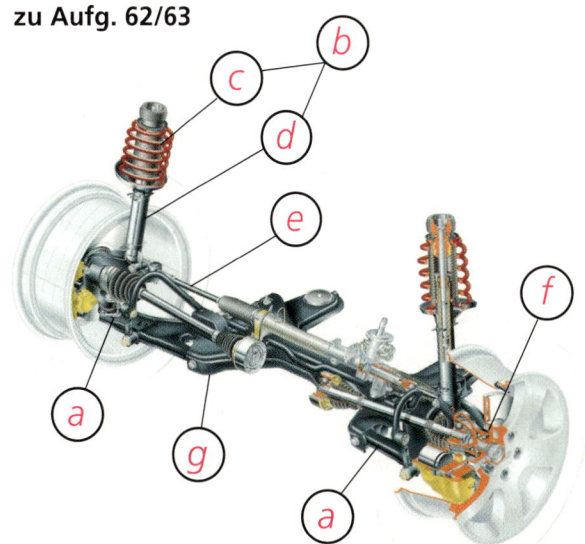

zu Aufg. 64

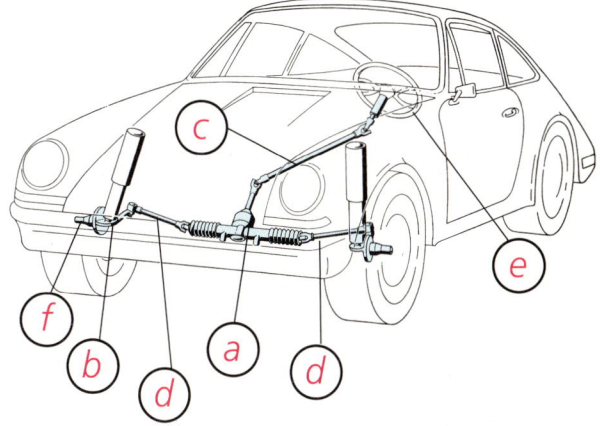

65 Ergänzen Sie das Blockschaltbild der Lenkung. Tragen Sie die Buchstaben aus Frage 64 ein und ergänzen Sie den Kraftfluss vom Lenkrad bis zum Rad.

66 Welche Aufgabe hat die Zahnstangen-Hydrolenkung?
Sie unterstützt den Fahrer zusätzlich
- ☐ a) mechanisch durch eine große Übersetzung von Ritzel und Zahnstange.
- ☒ b) hydraulisch durch einen Arbeitszylinder.
- ☐ c) elektrisch durch einen Elektromotor.

67 Beschreiben Sie den Aufbau des Reifens. Ordnen Sie den Elementen aus der Abb. die entsprechenden Buchstaben zu.
- a) Wulst
- b) Scheuerrippe
- c) Seitengummi
- d) Innendichtschicht
- e) Karkasse
- f) Gürtel
- g) Protektor
- h) Schulter

68 Was bedeutet die Bezeichnung 195/65 R 15 91T?
- ☒ a) Reifenbreite/Querschnittsverhältnis/Radialreifen/Felgendurchmesser/Tragfähigkeit/Geschwindigkeitsklasse
- ☐ b) Querschnittsverhältnis/Reifenbreite/Gürtelreifen/Geschwindigkeitsklasse/Tragfähigkeit
- ☐ c) Reifendurchmesser/Reifenbreite/Radialreifen Tragfähigkeit/Felgendurchmesser/Geschwindigkeitsklasse

69 Die Angaben der Reifenbreite bzw. des Felgendurchmessers erfolgen in
- ☒ a) Zoll.
- ☐ b) Millimetern bzw. Zoll.
- ☐ c) Millimetern.

70 Ein Zoll = 1" entspricht
- ☐ a) 12,5 Millimetern.
- ☒ b) 25,4 Millimetern.
- ☐ c) 32,3 Millimetern.

71 Beschreiben Sie den Aufbau der Felge. Ordnen Sie der Abb. die entsprechenden Buchstaben zu.
- a) Felgenhorn
- b) Felgenschulter
- c) Tiefbett
- d) Felgenhump

72 Was bedeutet die Bezeichnung 6,5 J x 15 H?

6,5: *Maulweite in Zoll*
J: *Felgenhorn nach DIN*
x: *ungeteilte Tiefbettfelge*
15: *Felgendurchmesser in Zoll*
H: *Hump auf Außenschulter*

zu Aufg. 65

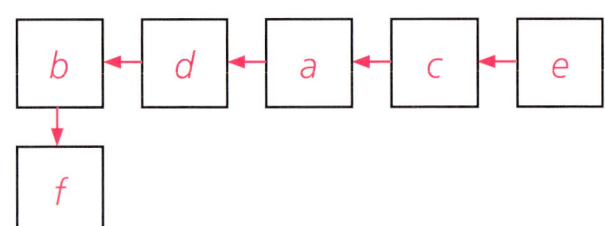

zu Aufg. 67

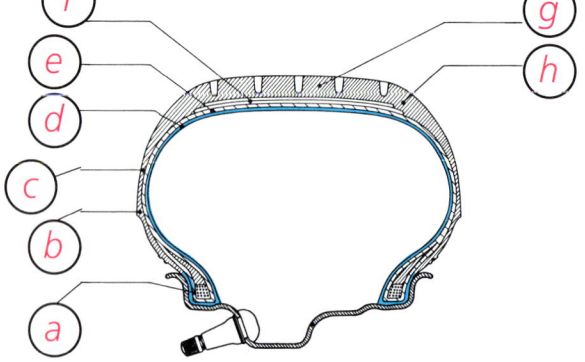

zu Aufg. 71

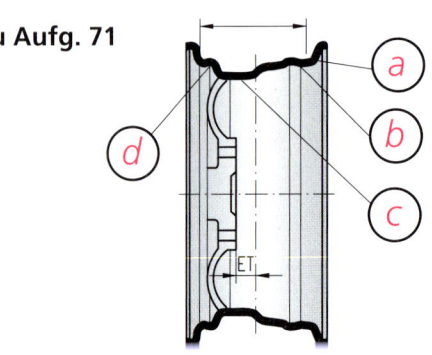

1.8 Bremssystem

73 Benennen Sie die wesentlichen Funktionseinheiten des Bremssystems. Ordnen Sie der Abbildung die entsprechenden Buchstaben zu.

a) Hauptzylinder   f) Bremszylinder
b) Bremspedal   g) Bremsbeläge
c) Bremsschlauch   h) ABS-Hydroaggregat
d) Bremsleitung   i) Bremskraftverstärker
e) Bremsscheibe   j) Drehzahlfühler

74 Ordnen Sie den Funktionseinheiten die entsprechenden Funktionen zu.

a) Das _Bremspedal_ verstärkt die Fußkraft mechanisch.

b) Im _Hauptbremszylinder_ wird Druck erzeugt.

c) Die _Bremsleitungen_ leiten den Druck gleichmäßig fort.

d) Im _Bremszylinder_ wird der Druck in eine Spannkraft umgewandelt.

e) _Bremsbeläge_ und _Bremsscheibe_ erzeugen die Reibkraft, die Bremskraft.

f) Der _Bremskraftverstärker_ verstärkt die Bremskraft über den Unterdruck des Motors.

g) Das _Anti-Blockier-System (ABS)_ verrhindert bei starkem Bremsen das Blockieren der Räder.

h) Die _Sensoren_ ermitteln die Radgeschwindigkeiten an Vorder- und Hinterrädern.

75 Die Bremsanlage arbeitet auf der Grundlage des Pascal'schen Gesetzes. Wie groß ist der Druck p_1 bzw. p_2 in einer hydraulischen Presse?

[X] a) gleich
[ ] b) p_1 kleiner, p_2 größer
[ ] c) p_1 größer, p_2 kleiner

76 Ergänzen Sie das Blockschaltbild der ungeregelten (ohne ABS) hydraulischen Bremse. Tragen Sie die Buchstaben der u. a. Begriffe ein.

a) Tandem-Hauptzylinder
b) Bremszylinder
c) Bremskolben
d) Bremsbeläge
e) Faustsattelgehäuse

zu Aufg. 73

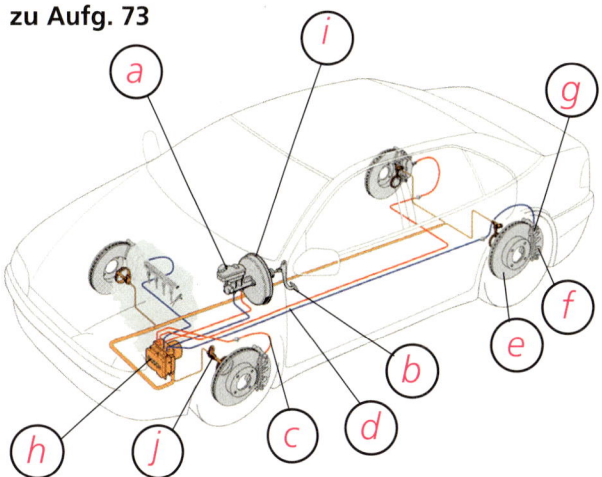

zu Aufg. 75

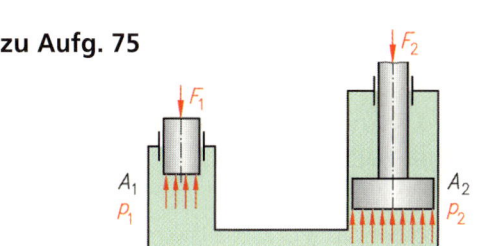

zu Aufg. 76

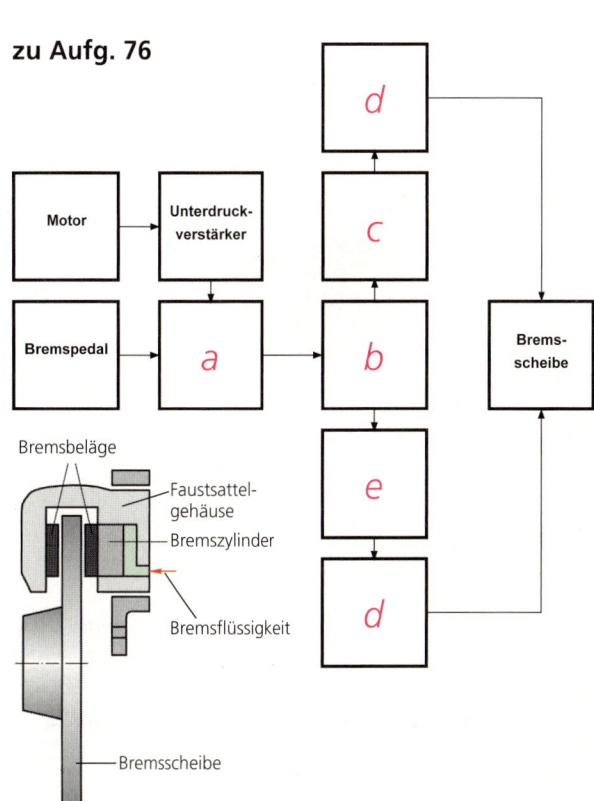

77 Woraus besteht die Bremsflüssigkeit?
- ☐ a) Alkohohl
- ☐ b) Wasser mit Additiven
- ☒ c) Polyglykolether

78 Welche besondere Eigenschaften hat die Bremsflüssigkeit? Sie
- ☐ a) verdampft mit der Zeit.
- ☒ b) reichert sich im Laufe der Zeit mit Wasser an.
- ☐ c) hat einen niedrigen Siedepunkt.

79 Wie wird die Bremsflüssigkeit nach den Umweltgesetzen (KrW/AbfG) eingeordnet?
- ☒ a) Besonders überwachungsbedürftiger Abfall
- ☐ b) Überwachungsbedürftig Abfall
- ☐ c) Nicht überwachungsbedürftig Abfall

80 Die Betriebsanweisung für Bremsflüssigkeit enthält das untenstehende Gefahrensymbol. Welche Bedeutung ist richtig?
- ☐ a) Reizend
- ☒ b) Gesundheitsschädlich
- ☐ c) Umweltgefährlich

1.9 Energieversorgung

81 Ergänzen Sie das Blockschaltbild der Energieversorgung. Tragen Sie Pfeile ein, die die Energieversorgung im Fahrbetrieb, bei Motorstillstand und bei Aufladung zeigen.

82 Ergänzen Sie den Text.
- a) Der _Drehstromgenerator_ erzeugt Drehstrom und wandelt ihn in Gleichstrom um.
- b) Die _Batterie_ speichert Energie.
- c) Der _Drehstromgenerator_ wandelt mechanische Energie in elektrische Energie um.
- d) Die _Batterie_ wandelt elektrische Energie in chemische Energie und wieder in elektrische Energie um.
- e) Die _Batterie_ liefert bei Motorstillstand Energie.
- f) Die _Batterie_ liefert Energie beim Starten.
- g) Der _Drehstromgenerator_ liefert Energie im Fahrbetrieb für Verbraucher und lädt gleichzeitig die Batterie.

83 Benennen Sie die wesentlichen Funktionselemente der Batterie:
- a) Endpole
- b) Plattenverbinder
- c) Plusplatten
- d) Minusplatten
- e) Verschlussstopfen
- f) Kunststoff-Seperatoren
- g) Direktzellenverbinder

zu Aufg. 80

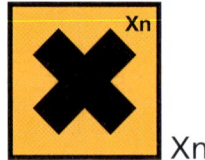

zu Aufg. 81

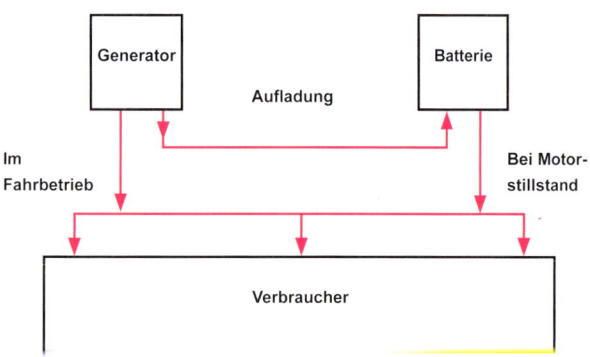

zu Aufg. 83

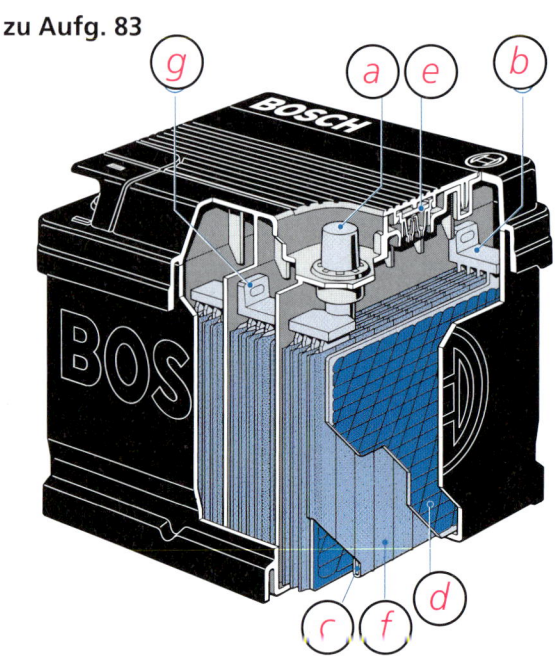

84 Der Durchmesser des Pluspols

    [X] a) ist größer als der des Minuspols.
    [ ] b) ist kleiner als der des Minuspols.
    [ ] c) ist genauso groß wie der Durchmesser des Minuspols.

zu Aufg. 87/88

85 Die Leerlauf- und Ruhespannung der Batterie liegt bei

    [ ] a) 12 Volt.
    [X] b) 12,6 Volt.
    [ ] c) 14,4 Volt.

86 Die Nennspannung einer Batterie liegt bei

    [X] a) 12 Volt.
    [ ] b) 12.6 Volt.
    [ ] c) 14.4 Volt.

87 Was bedeutet die Bezeichnung der Batterie 12 V 44 Ah 450 A?

12 V: *Nennspannung von 12 Volt*

44 Ah: *Nennkapazität, die Batterie kann 20 Stunden einen Strom von mindestens 2,2 Volt abgeben, bis die Klemmenspannung von 10,5 Volt erreicht ist*

450 A: *Kälteprüfstrom, das ist die Stromstärke, die eine voll geladene Batterie bei –18 °C für die Dauer von 10 Sekunden abgibt, ohne dass die Klemmenspannung 7,5 Volt unterschreitet*

88 Wie lautet die Bezeichnung der Batterie nach der europäischen Norm?

5 44   Zählnummer   *045*

1.10 Beleuchtung

89 Welche der aufgeführten lichttechnischen Einrichtungen der Frontbeleuchtung ist nicht gesetzlich vorgeschrieben?

    [ ] a) Abblendlicht
    [ ] b) Fernlicht
    [ ] c) Standlicht
    [X] d) Nebelscheinwerfer

90 Benennen Sie die lichttechnischen Einrichtungen der Frontbeleuchtung.

    a) *Abblendlicht*
    b) *Fernlicht*
    c) *Standlicht*
    d) *Nebelscheinwerfer*
    e) *Blinkleuchte*

91 Wie hoch ist die Leistung der 12-V-Lampe für Abblendlicht?
- [ ] a) 50 Watt
- [X] b) 55 Watt
- [ ] c) 60 Watt

zu Aufg. 92

92 Benennen Sie die Funktionselemente der Halogenlampe. Ordnen Sie die Buchstaben der Abbildung zu.
- a) Lampenkolben
- b) Lampensockel
- c) Glühwendel für Fernlicht
- d) Glühwendel für Abblendlicht
- e) Elektrischer Anschluss

93 Welche Bezeichnung hat die o. a. Halogenlampe?
- [ ] a) H1
- [X] b) H4
- [ ] c) H7

94 Benennen Sie die gesetzlich vorgeschriebenen lichttechnischen Einrichtungen der Heckbeleuchtung und geben Sie die erforderliche Wattzahl der Leuchten an.
- a) *Schlussleuchte: 5 Watt*
- b) *Rückstrahler ----*
- c) *Kennzeichenleuchte, 5 Watt*
- d) *Nebelschlussleuchte, 21 Watt*
- e) *Bremsleuchte, 21 Watt*
- f) *Rückfahrscheinwerfer, 21 Watt/35 Watt*

95 Die Leuchte für das Bremslicht ist durchgebrannt. Welche Leuchte ist auszuwählen?
- [ ] a) R 10 W
- [X] b) P 21 W
- [ ] c) R 5 W

Technische Mathematik

1.11 Volumen, Hubraum, Verdichtungsverhältnis

Grundlagen Hubraum, Verdichtungsverhältnis

Der Hubraum ist das Volumen in cm³ oder l zwischen dem unteren und oberen Totpunkt des Kolbens eines Motorenzylinders. Es gilt

$$V_h = \frac{d^2 \cdot \pi}{4} \cdot s$$

Für Mehrzylindermotoren gilt
Motorhubraum = Hubraum eines Zylinders · Zylinderzahl

$$V_H = V_h \cdot i$$

Der Zylinderhubraum ist das von Zylinder, Kolben und Zylinderkopf eingeschlossene Volumen. Befindet sich der Kolben im unteren Totpunkt, dann gilt
Zylinderhubraum = Hubraum + Verdichtungsraum
Das Verdichtungsverhältnis ε (epsilon) gibt an, wie oft der Verdichtungsraum V_c im Zylinderhubraum enthalten ist. Es gilt

$$\varepsilon = \frac{V_h + V_c}{V_c}$$

---

1 Ein Otto-Viertaktmotor hat einen Zylinderdurchmesser von d = 78 mm und einen Hub s = 65 mm. Berechnen Sie den Hubraum V_h in l.
- ☐ a) 0,28 l
- ☒ b) 0,31 l
- ☐ c) 0,35 l

zu Aufg. 1

$$V_h = \frac{7,8^2 \cdot 3,14}{4} \cdot 6,5 =$$

$$310,4 \text{ cm}^3 = 0,31 \text{ l}$$

2 Ein Vierzylindermotor hat einen Motorhubraum von 2,1 l und einen Kolbendurchmesser von d = 92,5 mm. Berechnen Sie den Hub s des Motors in mm.
- ☐ a) 65,45 mm
- ☒ b) 78,16 mm
- ☐ c) 81,87 mm

zu Aufg. 2

$$V_h = \frac{2,1}{4} = 0,525 \text{ dm}^3$$

$$s = \frac{4 \cdot 525\,000}{92,5^2 \cdot 3,14} = 78,16 \text{ mm}$$

3 Berechnen Sie das Verdichtungsverhältnis ε. Zylinderdurchmesser d = 73 mm, Hub s = 65 mm, Verdichtungsraum V_c = 45 cm³
- ☐ a) 6
- ☒ b) 7
- ☐ c) 8

zu Aufg. 3

$$V_h = \frac{73^2 \cdot 3,14}{4} \cdot 65 = 271\,912 \text{ cm}^3$$

$$\varepsilon = \frac{272 + 45}{45} = 7$$

4 Ein Vierzylindermotor hat einen Motorhubraum von 2,3 l. Der Verdichtungsraum ist zu berechnen, wenn 1. das Verdichtungsverhältnis ε = 9 ist. Berechnen Sie den Kolbendurchmesser, wenn 2. der Hub s = 80,25 mm beträgt.
- 1) ☐ a) V_c = 0,87 dm³
- ☒ b) V_c = 0,072 dm³
- ☐ c) V_c = 1,75 dm³
- 2) ☐ a) d = 98,5 mm
- ☐ b) d = 83,7 mm
- ☒ c) d = 91,2 mm

zu Aufg. 4

$$V_h = \frac{2,3}{4} = 0,575 \text{ dm}^3$$

$$1)\ V_c = \frac{0,575}{9-1} = 0,072 \text{ dm}^3$$

$$2)\ d = \sqrt{\frac{4 \cdot 0,575}{0,8025 \cdot 3,14}} = 0,912 \text{ dm}$$

$$= 91,2 \text{ mm}$$

Wartungsarbeiten

1.12 Wartung Motor

1 Welche Wartungsarbeiten sind laut Wartungsplan am Motor durchzuführen?

Motorölkontrolle, evtl. auffüllen, Kühlmittelstand und Frostschutz prüfen, Undichtigkeiten am Schmier- und Kühlsystem prüfen, Scheibenwaschanlage prüfen, Zahnriemen für Nockenwellenantrieb prüfen, Luftfilter warten, Zündkerzen ersetzen, Auspuffanlage prüfen

2 Welche Unfallverhütungsvorschriften sind zu beachten?

Kühlsystem: *Systemdruck abbauen durch Drehen des Verschlussdeckels um 90°, vor Öffnen Verschlussdeckel mit Lappen abdecken, da sonst Verbrühungsgefahr*

Kühlflüssigkeit: *Berührung mit Augen und Haut vermeiden, ausgetretene Kühlflüssigkeit mit Universalbinder aufnehmen*

Schmiersystem: *Motor abkühlen lassen, Lüftungsstecker am Lüfter abziehen, bei Motorölwechsel UVV zur Bedienung von Hebebühnen beachten*

Motoröl: *Ausgetretenes Öl sofort aufnehmen, da sonst Verletzungen durch Ausrutschen, Hautkontakt vermeiden*

3 Welche Prüfungen und Messungen sind im Rahmen der Motorwartung durchzuführen?

Sichtprüfung des Motors, der Kühlmittelschläuche, der Auspuffanlage auf Undichtigkeiten, Sichtprüfung des Motors auf Beschädigungen, Verschleiß, z. B. Zahnriemen, Keilrippenriemen, Auspuffanlage
Messen des Frostschutzes des Kühlsystems und der Scheiben-Wisch-Wasch-Anlage, Kühlmittelstand, Motorölstand an Standardmarken prüfen

4 Wie erfolgt die Messung des Frostschutzes im Kühlsystems bzw. in der Scheiben-Wisch-Wasch-Anlage?

Mithilfe eines Saugballs wird Kühlflüssigkeit aus der Kühlanlage abgesaugt. Die Temperatur wird auf der Temperaturskala, der Volumenanteil des Frostschutzmittels auf der Schwimmerskala des Schwimmkörpers abgelesen. Die Gefriersicherheit wird mithilfe einer Tabelle ermittelt.

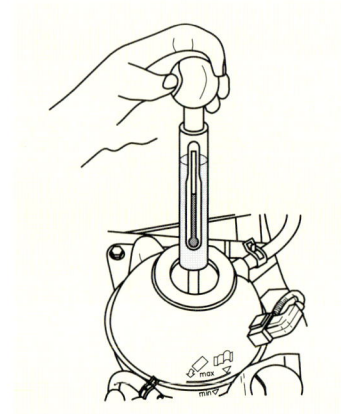

| Technologie | Mathematik | **Diagnose** |

5 Wie erfolgt die Eigendiagnose?

In das Steuergerät ist ein zusätzliches Programm integriert. Nach dem Einschalten der Spannungsversorgung werden die Sensoren und Aktoren auf ihre Betriebsbereitschaft überprüft. Die Prüfung erfolgt mithilfe von Spannungs- oder Widerstandsmessungen. Dabei können Leitungsunterbrechungen und Kurzschlüsse erkannt werden. Diese Prüfung wird auch als „statischer Systemcheck" bezeichnet. Befindet sich das System in Betrieb, werden die eingehenden Signale von den Sensoren und die ausgehenden Signale zu den Aktoren auf ihre Plausibilität bzw. Logik hin verglichen. Diese Form der Eigendiagnose wird als „dynamischer Systemcheck" bezeichnet.

6 Der gemessene Frostschutz beträgt 20:80. Wie tief darf die Temperatur sinken?

Laut Tabelle ist das Kühlsystem nur bis –10 °C frostsicher.

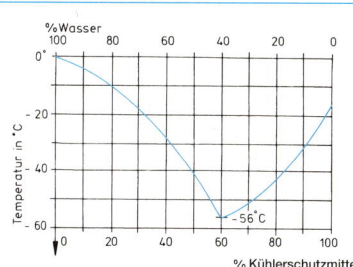

7 Welcher Frostschutz ist dem Kunden zu empfehlen?

Empfehlenswert ist eine Mischung von 40:60. Dies ergibt einen Frostschutz von bis –25 °C.

8 Unterhalb des Zylinderkopfdeckels werden Ölspuren festgestellt. Welche Ursachen sind hier möglich?

Vermutlich ist die Dichtung für den Zylinderkopfdeckel defekt

9 Der Zahnriemen zeigt einige Anrisse. Warum muss er sofort ausgetauscht werden?

Veränderungen des Zahnriemens führen dazu, dass die OT-Stellungen von NW und KW nicht mehr stimmen. Der Abriss eines Zahnriemens führt zu schweren Motorschäden.

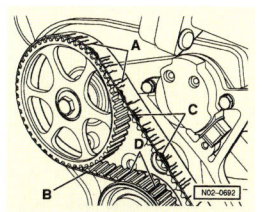

10 Die Zündkerze ist verölt. Worauf weist dies hin?

Der schwärzliche Ölfilm weist auf Öleintritt in den Brennraum hin.

11 Erkannte Fehler werden in einem Fehlerspeicher abgelegt. Welche Aussage macht die Eigendiagnose?

Die Eigendiagnose trifft lediglich die Aussage, dass z. B. die jeweilige Spannungsauswertung den Sollwerten nicht entspricht, d. h., dass der Wert gegenüber dem Sollwert entweder zu klein oder zu groß ist. Sie gibt nicht den Grund dafür an. Daher ist die Aussage der Eigendiagnose nur ein zu prüfender Fehlerhinweis.

1.13 Wartung Kraftübertragung, Fahrwerk, Reifen

12 Welche Wartungsarbeiten sind laut Wartungsplan für die Kraftübertragung, das Fahrwerk, die Lenkung und die Bereifung durchzuführen?

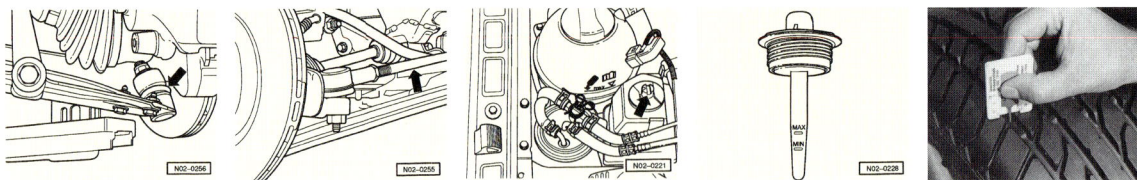

Kupplungshydrauliksystem prüfen, Ölstand Schaltgetriebe prüfen, Undichtigkeiten am Getriebe prüfen, Spiel, Befestigung und Dichtungsbälge der Spurstangenköpfe, Sichtprüfung der Dichtungsbälge der Achsgelenke auf Undichtigkeiten und Beschädigungen, Ölstand bei Servolenkung prüfen, Reifen auf Zustand, Reifenlaufbild, Fülldruck und Profiltiefe prüfen

13 Welche Unfallverhütungsvorschriften sind beim Arbeiten mit der Hebebühne zu beachten?

Fahrzeug gegen Wegrollen sichern, Tragarme an die vom Hersteller vorgesehenen Punkte ansetzen, Fahrzeug mit Hebebühne zuerst geringfügig anheben und nochmals richtigen Sitz der Tragarme prüfen, beim Absenken wegen Quetschgefahr Gefahrenbereich beachten

14 Welche Prüfarbeiten sind im Rahmen der Wartung von Kraftübertragung, Fahrwerk, Lenkung und Reifen durchzuführen?

Überwiegend Sichtprüfungen von Ölständen, Undichtigkeiten, Beschädigungen, Korrosion, Verschleiß, sachgemäßen Befestigungen. Lediglich bei Reifen müssen die Profiltiefe mit einem Profiltiefenmesser und der Fülldruck mit einem Manometer gemessen werden.

15 Ein Dichtungsbalg der Antriebswelle ist beschädigt. Wodurch kann die Beschädigung verursacht werden und welche Folgen kann sie haben?

Die Beschädigung kann durch Steine oder andere harte Gegenstände hervorgerufen werden. Damit können Staub und Feuchtigkeit in das Achsgelenk eindringen und die Funktion des Gelenks beeinträchtigen.

16 Der Reifen hat auf der Lauffläche Auswaschungen. Worauf deutet dies hin?

Auswaschungen im Profil deuten auf einen defekten Schwingungsdämpfer hin.

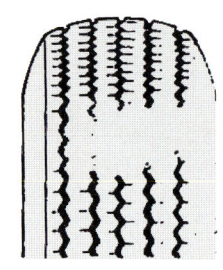

17 Der Reifen hat an einer Stelle oberhalb der Scheuerrippe im Seitengummi Beschädigungen. Worauf weist dies hin?

Die Seitenbeschädigungen weisen auf Kollisionen mit Bordsteinen beim Einparken hin.

1.14 Wartung Bremsen

18 Welche Wartungsarbeiten sind laut Wartungsplan am Bremssystem durchzuführen?

Bremsflüssigkeitsstand prüfen, Fälligkeit des Wechsels der Bremsflüssigkeit prüfen, Sichtprüfung auf Undichtigkeiten und Beschädigungen, Dicke der Bremsbeläge vorn und hinten prüfen, Bremsscheibe auf Riefen untersuchen

19 Welche Unfallverhütungsmaßnahmen sind zu beachten?

UVV zur Bedienung der Hebebühne beachten, Berührung von Haut und Augen mit Bremsflüssigkeit vermeiden, ausgetretene Bremsflüssigkeit mit Universalbinder aufnehmen

20 Wie muss die Bremsflüssigkeit entsorgt werden?

Bremsflüssigkeit wird in speziellen Behältern sortenrein gesammelt und dann einer Wiederverwertung zugeführt. Um sie vor Feuchtigkeit zu schützen, ist ein besonderes Sammel- und Entnahmesystem erforderlich.

21 Worauf ist beim Arbeiten mit Bremsflüssigkeit zu achten?

Bremsflüssigkeit greift Lacke an. Daher sind Spritzer sofort mit Wasser abzuwaschen.

22 Worauf ist bei Werkzeugen und Prüfgeräten, die mit Bremsflüssigkeit in Berührung kommen, zu achten?

Sie müssen frei von Mineralölrückständen sein, da Mineralöl sämtliche Gummiteile (Bremsschläuche, Dichtungen, Manschetten usw.) zerstört.

23 Welche Messungen sind im Rahmen der Wartung erforderlich?

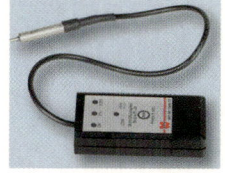

Dicke der Bremsbeläge messen, Wasseranteil in der Bremsflüssigkeit messen, Bremsflüssigkeit prüfen

24 Wie wird die Güte der Bremsflüssigkeit überprüft?

Ein Bremsflüssigkeitstestgerät misst mit einem Sensor über die elektrische Leitfähigkeit der Bremsflüssigkeit den Wassergehalt. Die Anzeige erfolgt über LED-Anzeige.

25 Der mit einem Bremsflüssigkeitstester gemessene Wassergehalt beträgt 3 %. Welche Ursachen führen zu diesem Wasseranteil und welche Folgen kann das haben?

Bremsflüssigkeit ist hygroskopisch, d. h., sie nimmt durch das Atemloch des Bremsflüssigkeitsbehälters und durch die Schläuche Wasser auf. Durch Feuchtigkeit wird der Siedepunkt abgesenkt. Bei längerem Bremsen auf Gefällstrecken mit entsprechender Wärmeentwicklung kann es zur Dampfblasenbildung kommen. Da Wasserdampf zusammendrückbar ist, fällt das Bremspedal ohne Widerstand bis zum Bodenblech durch, ohne dass das Fahrzeug abgebremst wird. Die Bremsflüssigkeit muss daher mindestens alle zwei Jahre ausgetauscht werden.

26 Die Bremsscheibe hat Riefen. Worauf deutet dies hin?

Riefen auf der Bremsscheibe deuten auf abgenutzte Bremsbeläge hin.

1.15 Wartung Energieversorgung, Beleuchtung

27 Welche Wartungsarbeiten sind laut Wartungsplan an der Starterbatterie durchzuführen?

Ladezustand prüfen, bei Batterien mit Zellverschlussstopfen: Säurestand prüfen, Anschlussklemmen prüfen

28 Welche Wartungsarbeiten sind laut Wartungsplan an der Beleuchtungsanlage durchzuführen?

Frontbeleuchtung: Funktion prüfen

29 Worauf ist beim Ausbau der Batterie zu achten?

Zuerst Minusleitung und dann Plusleitung abklemmen, beim Einbau umgekehrt, beim Herausnehmen nicht kippen

30 Welche Unfallverhütungsvorschriften sind beim Umgang mit der Batterie zu beachten?

Beim Aus- bzw. Einbau der Batterie darauf achten, dass kein Werkzeug die Anschlusspole überbrückt. Bei falschem Abklemmen (zuerst Pluspol) besteht für Ringträger die Gefahr von schweren Verbrennungen. Kontakt von Batteriesäure mit Augen, Haut und Kleidung vermeiden.
Schutzbrille, Handschuhe und Schürze tragen.
Feuer, Rauchen und offenes Licht ist verboten.
Batterien nicht kippen, da aus Entgasungsöffnungen Batteriesäure austreten kann.
Ausgetretene Batteriesäure mit Universalbinder sofort aufnehmen.
Beim Laden der Batterie für Lüftung des Raumes sorgen.

| Technologie | Mathematik | **Diagnose** |

31 Wie erfolgt die Prüfung des Ladezustands mit dem Säureprüfer?

Die Säure wird aus der Batterie abgesaugt und es wird geprüft, wie tief der Schwimmkörper in die Batteriesäure eintaucht. Auf der Skale wird die Dichte abgelesen: 1,28 kg/l = geladen, 1,12 kg/l = entladen

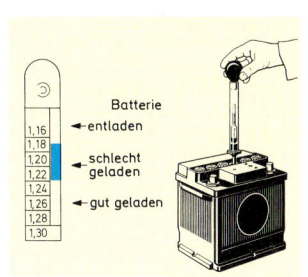

32 Wie erfolgt die Ermittlung des Ladezustands einer Batterie mit magischem Auge?

Das magische Auge (Power Control System) gibt durch unterschiedliche Farben den Ladezustand an: grün = Batterie geladen, schwarz = die Batterie muss geladen werden, gelb = die Batterie ist verbraucht.

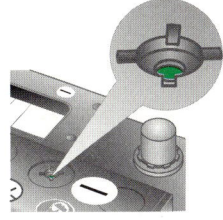  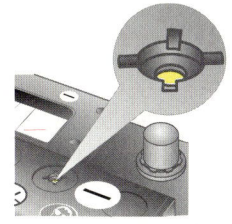

33 Welche Voraussetzungen sind bei der Scheinwerfereinstellung erforderlich?

Richtiger Reifendruck, Streuscheiben sind nicht beschädigt, Reflektor ist einwandfrei, vom Hersteller vorgeschriebene Fahrzeugbelastung herstellen, Fahrzeug einige Meter rollen oder durchfedern, damit sich Federn setzen, Fahrzeug auf ebener Fläche, Neigungsmaß einstellen

34 Wie erfolgt die Scheinwerfereinstellung mit automatischer Leuchtweitenregelung und Scheinwerfern mit Xenon-Lampen?

Scheinwerfergrundeinstellung und Justiereinstellung erfolgt mit einem Diagnosetester.

35 Die Batterie gibt nicht genügend Leistung ab, die Spannung der Batterie fällt stark ab. Welche Ursachen sind möglich?

Batterie ist entladen, Anschlussklemmen sind oxidiert oder lose, keine metallische Masseverbindung, Batterie sulfatiert, Batterie defekt

36 Die Batterie ist nicht ausreichend geladen. Welche Ursachen kann dies haben?

Keilrippenriemen locker, Fehler im Generator oder Spannungsregler, Anzahl der angeschlossenen Verbraucher ist zu hoch, Batterie sulfatiert

Lernfeld 2: Demontieren, Instandsetzen und Montieren von fahrzeugtechnischen Baugruppen und Systemen

Technologie

2.1 Korrosion, Korrosionsschutz

1 Ordnen Sie den Abbildungen die folgenden Begriffe zu. Beanspruchung auf
- a) Zug
- b) Druck
- c) Knickung
- d) Abscherung
- e) Biegung
- f) Torsion

2 Geben Sie an, durch welche der oben genannten Begriffe die dargestellten Funktionsteile beansprucht werden.

3 Was versteht man unter Korrosion?
- ☐ a) Eine von der Werkstückoberfläche ausgehende Rissbildung
- ☐ b) Die Zerstörung der Werkstückoberfläche durch mechanische Beanspruchung, z. B. Reibung
- ☒ c) Eine Zerstörung der Werkstückoberfläche durch chemische und elektrochemische Ursachen

4 Korrosion entsteht, wenn sich Eisen verbindet mit
- ☐ a) Sauerstoff.
- ☐ b) Wasserstoff.
- ☒ c) Luftsauerstoff und Luftfeuchtigkeit.

5 Welche Elemente sind in Rost enthalten?
- ☐ a) Eisen und Stickstoff
- ☒ b) Eisen und Sauerstoff
- ☐ c) Eisen und Wasserstoff

6 Elektrochemische Korrosion tritt auf, wenn
- ☐ a) zwei gleiche Metalle und ein Elektrolyt zusammentreffen.
- ☒ b) zwei verschiedene Metalle und ein Elektrolyt zusammentreffen.
- ☐ c) wenn ein Metall und ein Elektrolyt zusammentreffen.

zu Aufg. 1

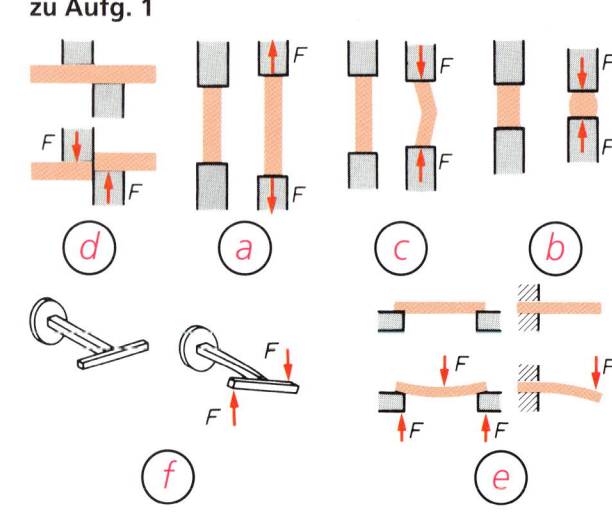

zu Aufg. 2

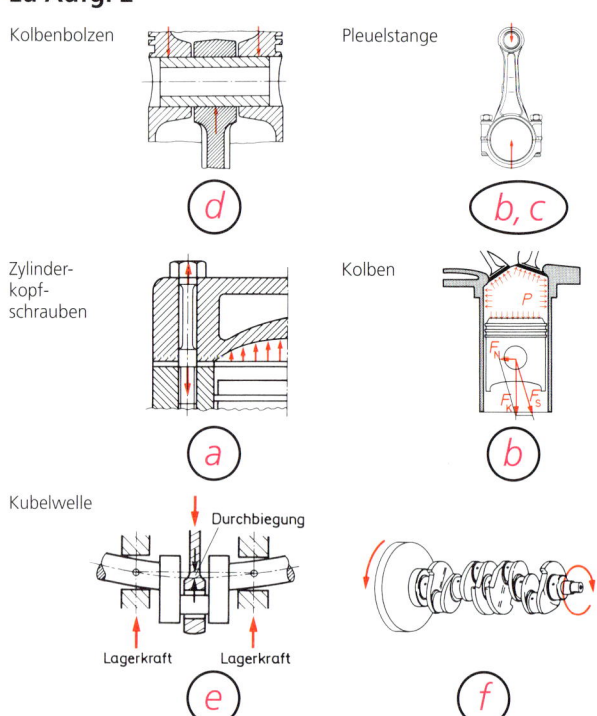

zu Aufg. 6

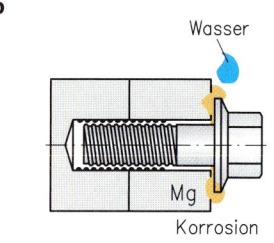

Technologie	**Mathematik**	**Diagnose**	

7 Bei einer elektrochemischen Korrosion zersetzt sich
- [X] **a)** das unedlere Metall.
- [ ] **b)** das edlere Metall.
- [ ] **c)** beides.

8 Elektrochemische Korrosion ist umso stärker,
- [X] **a)** je weiter die beiden Metalle in der elektrochemischen Spannungsreihe entfernt sind.
- [ ] **b)** je näher beide Metalle in der elektrochemischen Spannungsreihe zusammenliegen.
- [ ] **c)** wenn sie dicht in der elektrochemischen Spannungsreihe zusammenliegen.

9 Beurteilen Sie die Korrosion in der Darstellung.
- [ ] **a)** Flächige Korrosion
- [X] **b)** Kontaktkorrosion
- [ ] **c)** Lochkorrosion

10 Ordnen Sie die Korrosionsschutzarten den Bauteilen im Kfz zu.
- **a)** Verzinken und Lackieren
- **b)** Aufbringen von kunststoff-, kautschuck- oder bitumenhaltiger Masse
- **c)** Sprühen mit Ölen, Wachsen, Rosthemmern
- **d)** Spezialbeschichtungen von Maschinenelementen
- **e)** Vielschichtige Beschichtungen
- **f)** Dacromieren

2.2 Werkstoffe

11 Stahl ist eine Eisen-Kohlenstoff-Legierung von
- [ ] **a)** 0,00 bis 0,05 % C.
- [X] **b)** 0,05 bis 2,06 % C.
- [ ] **c)** 2,06 bis 5 % C.

12 Welchen Einfluss hat Kohlenstoff auf die Eigenschaften von Stahl?
- [X] **a)** Er erhöht die Zugfestigkeit und die Härte.
- [ ] **b)** Er erhöht die Zähigkeit und die Umformbarkeit.
- [ ] **c)** Er erhöht die Schweißbarkeit und die Zerspanbarkeit.

13 Vergütungsstahl ist ein Stahl, dessen Festigkeit erhöht wird
- [ ] **a)** ausschließlich durch Legierungsbestandteile.
- [X] **b)** durch Erwärmen, Abschrecken und anschließendes Anlassen bei hohen Temperaturen.
- [ ] **c)** durch Schmieden.

14 Aus welchem Werkstoff werden Pleuelstangen hergestellt?
- [ ] **a)** Baustahl
- [X] **b)** Vergütungsstahl
- [ ] **c)** Einsatzstahl

15 Aus welchem Werkstoff werden Kolbenbolzen hergestellt?
- [ ] **a)** Vergütungsstahl
- [X] **b)** Einsatzstahl
- [ ] **c)** Baustahl

16 Welche Funktionsteile werden aus einem hochlegierten Stahl mit den Legierungsbestandteilen Chrom und Silzium gefestigt?
- [ ] **a)** Kurbelwelle
- [ ] **b)** Pleuelstange
- [X] **c)** Einlassventile

zu Aufg. 9

zu Aufg. 10

Technologie

17 Gusseisen ist eine Eisen-Kohlenstoff-Legierung von
- ☐ a) 0,00 bis 0,05 % C.
- ☐ b) 0,05 bis 2,06 % C.
- ☒ c) 2,06 bis 5 % C.

18 In Grauguss ist der Kohlenstoff als Graphit eingelagert in Form von
- ☒ a) Lamellen.
- ☐ b) Kugeln.
- ☐ c) Flocken.

19 Im Vergleich von Gusseisen mit Lamellengraphit hat Gusseisen mit Kugelgraphit
- ☒ a) eine größere Festigkeit.
- ☐ b) eine geringere Festigkeit.
- ☐ c) eine geringere Härte.

20 Warum werden Zylinderkurbelgehäuse häufig aus Gusseisen mit Lamellengraphit hergestellt?
- ☒ a) Schwingungsdämpfend, gute Gleiteigenschaften
- ☐ b) Hohe Festigkeit, gut gießbar
- ☐ c) Gute Wärmeleitfähigkeit, gut umformbar

21 Welche Eigenschaften von Aluminium sind richtig? (mehrere Antworten)
- ☐ a) Schlechte elektrische Wärmeleitfähigkeit
- ☒ b) Gut elektrische Wärmeleitfähigkeit
- ☐ c) Schlechte Wärmeleitfähigkeit
- ☒ d) Gute Wärmeleitfähigkeit
- ☐ e) Geringe Wärmeausdehnung
- ☒ f) Hohe Wärmeausdehnung
- ☒ g) Korrosionsbeständig
- ☐ h) Nicht korrosionsbeständig

22 Welcher Legierungsbestandteil gibt der Alu-Legierung eine höhere Festigkeit?
- ☒ a) Silizium
- ☐ b) Chrom
- ☐ c) Nickel

23 Welche Teile werden aus einer Aluminium-Silizium-Legierung hergestellt?
- ☒ a) Kolben
- ☐ b) Karosserieteile
- ☐ c) Gelenkwellen

24 Welchen Vorteil haben Magnesiumlegierungen gegenüber Alu-Legierungen?
- ☒ a) Geringere Dichte
- ☐ b) Höhere Festigkeit
- ☐ c) Höhere Korrosionsbeständigkeit

25 Welche Eigenschaften von reinem Kupfer sind *nicht* richtig?
- ☒ a) Geringe Wärmeleitfähigkeit
- ☐ b) Hohe Wärmeleitfähigkeit
- ☐ c) Hohe elektrische Leitfähigkeit

26 Welche gemeinsamen Eigenschaften haben Kunststoffe (mehrere Antworten)?
- ☒ a) Geringe Dichte
- ☐ b) Hohe Dichte
- ☐ c) Gute Wärmeleitfähigkeit
- ☒ d) Geringe Wärmeleitfähigkeit
- ☒ e) Hohes elektrisches Isoliervermögen
- ☐ f) Geringes elektrisches Isoliervermögen
- ☒ g) Geringe Temperaturbeständigkeit
- ☐ h) Hohe Temperaturbeständigkeit
- ☒ i) Hohe Wärmedehnung
- ☐ j) Geringe Wärmedehnung
- ☒ k) Korrosionsfest

27 Ein thermoplastischer Kunststoff
- ☐ a) verträgt Betriebstemperaturen bis 400 °C.
- ☐ b) kann nur einmal verformt werden.
- ☒ c) ist auch nach mehrmaliger Erwärmung plastisch verformbar.

28 Ein duroplastischer Kunststoff
- ☐ a) ist auch nach mehrmaliger Erwärmung plastisch verformbar.
- ☒ b) ist nach einmaliger Druck- und Wärmebehandlung nicht mehr plastisch verformbar.
- ☐ c) wird in Formen gegossen und härtet dann aus.

29 Thermoplastischer Kunststoff ist nicht
- ☐ a) Acrylglas.
- ☒ b) Epoxidharz.
- ☐ c) Polyurethan.

30 Duroplastischer Kunststoff ist
- ☒ a) Melaminformaldehyd.
- ☐ b) Polyethylen.
- ☐ c) Polyamid.

31 Mit welchem Füllstoff erreicht man bei Schichtpressstoffen eine hohe mechanische Festigkeit?
- [ ] a) Baumwolle
- [X] b) Glasfaser
- [ ] c) Papier

32 Karosserieteile bestehen aus
- [X] a) Epoxidharz und Glasfaser.
- [ ] b) Polyester und Glasfaser.
- [ ] c) Phenolformaldehyd und Baumwolle.

33 Kunststoffabdeckungen für Heckleuchten bestehen aus
- [X] a) Polystyrol.
- [ ] b) Polyethylen.
- [ ] c) Polyamid.

34 Wie werden Sinterwerkstoffe hergestellt?
- [ ] a) Unterschiedliche Metalle werden im flüssigen Zustand gemischt.
- [ ] b) Metallpulver wird mit Epoxidharz in Formen unter Druck und Erwärmung gesintert.
- [X] c) Metallpulver wird in Formen gepresst und unter hohem Druck unterhalb des Schmelzpunkts gesintert.

35 Welche Eigenschaften haben Sintermetalle nicht?
- [ ] a) Metallische und nichtmetallische Werkstoffe lassen sich verbinden.
- [X] b) Die Teile müssen nach dem Sintern nachgearbeitet werden.
- [ ] c) Die Teile müssen nach dem Sintern nicht mehr nachgearbeitet werden.

36 Welche Werkstoffe können durch Sintern nicht verbunden werden?
- [ ] a) Kohle und Kupfer
- [X] b) Eisen und Kunststoff
- [ ] c) Kupfer und Zinn

2.3 Schraubenverbindungen

37 Die Abbildung zeigt unterschiedliche Verbindungsarten. Welche gehört nicht zu einer lösbaren Verbindung
- [ ] a) Darstellung 1
- [ ] b) Darstellung 2
- [X] c) Darstellung 3

38 Wie unterscheidet sich die Verbindung 1 von der Verbindung 2?
- [X] a) Die Kraft wird durch Reibschluss übertragen.
- [ ] b) Die Kraft wird durch Formschluss übertragen.
- [ ] c) Die Kraft wird durch Stoffschluss übertragen.

39 Benennen Sie die Kenngrößen einer Schraube und tragen Sie die Buchstaben in die Abbildung ein.
a) Nenndurchmesser, b) Flankendurchmesser,
c) Kerndurchmesser, d) Steigung,
e) Flankenwinkel

Benennen Sie die Kenngrößen einer Mutter und tragen Sie die Buchstaben in die Abbildung ein.
A) Nenndurchmesser, B) Flankendurchmesser,
C) Kerndurchmesser, D) Steigung,
E) Flankenwinkel

zu Aufg. 37/38

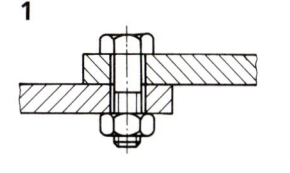
1
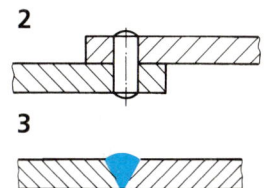
2

3

zu Aufg. 39

Maße Bolzen: Kleine Buchstaben
Maße Mutter: Große Buchstaben

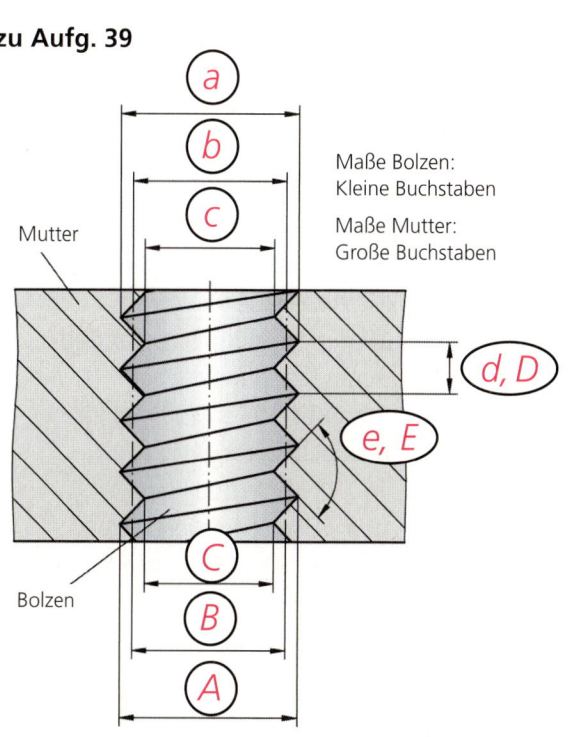

40 Was bedeutet die Schraubenbezeichnung M 12?
- [X] **a)** Metrisches Gewinde mit 12 mm Nenndurchmesser
- [ ] **b)** Metrisches Gewinde mit 12 mm Kerndurchmesser
- [ ] **c)** Metrisches Gewinde mit 12 mm Flankendurchmesser

41 Ordnen Sie die u. a. Schraubenverbindungen der Abbildung zu.
a) Dehnschraube, **b)** Passschraube, **c)** Stiftschraube, **d)** Sechskantschraube, **e)** Zylinderschraube mit Innensechskant

42 Wodurch wird ein Verschieben der Bauteile einer Schraubenverbindung verhindert?
- [X] **a)** Durch Reibkräfte zwischen den Bauteilen
- [ ] **b)** Durch den Schraubenschaft
- [ ] **c)** Durch die Anzugskraft der Mutter

43 Wo werden Dehnschrauben eingesetzt?
- [ ] **a)** Bei Bauteilen, die einer starken Zugkraft ausgesetzt sind.
- [ ] **b)** Bei Bauteilen, die einer starken Druckkraft ausgesetzt sind.
- [X] **c)** Bei Bauteilen, die einer stark schwellenden Belastung ausgesetzt sind.

44 Welche Bedeutung hat die Aufschrift auf dem Schraubenkopf?
- [ ] **a)** Herstellerzeichen
- [X] **b)** Festigkeitsklasse
- [ ] **c)** Kurzform der Schraubenbezeichnung

45 Was besagt die Bezeichnung 10.9 auf dem Schraubenkopf?
- [ ] **a)** Metrisches Gewinde, 10 mm Nenndurchmesser und 9 mm Kerndurchmesser
- [ ] **b)** Schraube 10 · 9 = 90 mm Länge
- [X] **c)** Mindestzugfestigkeit 100 · 10 = 1 000 N/mm² und Mindeststreckgrenze 10 · 10 · 9 = 900 N/mm²

46 Wie verhindern die abgebildeten Schraubensicherungen ein selbsttätiges Lösen? Ordnen Sie zu.
- **a)** Formschluss
- **b)** Stoffschluss
- **c)** Kraftschluss

47 Wodurch wird die Spannkraft einer Schraubenverbindung erzeugt?
- [ ] **a)** Durch die Festigkeit des Werkstoffs
- [X] **b)** Durch die Elastizität des Werkstoffs
- [ ] **c)** durch die Plastizität des Werkstoffs

zu Aufg. 41

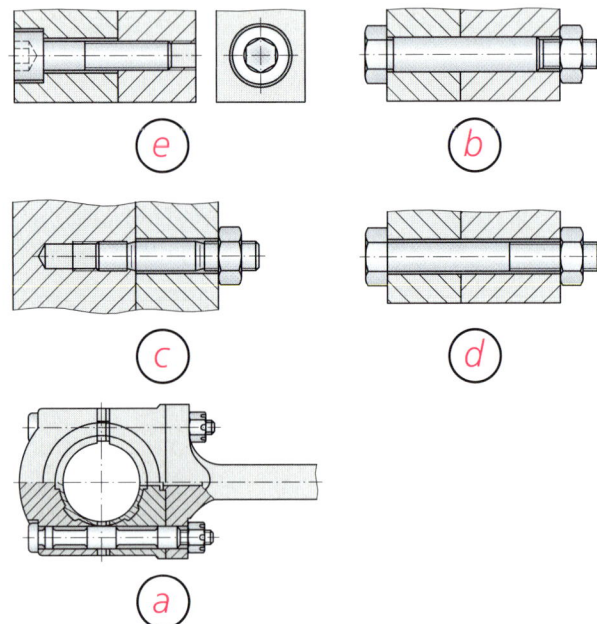

zu Aufg. 44

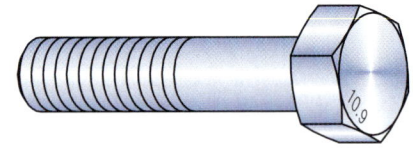

zu Aufg. 46

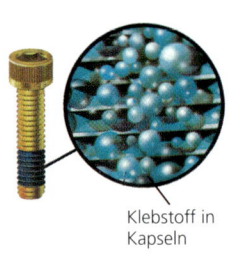 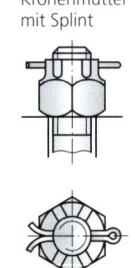 

Klebstoff in Kapseln — Kronenmutter mit Splint — Federring

48 Die Abbildung zeigt das Spannungs-Dehnungs-Diagramm. Wie weit darf die Mutter der Schraubenverbindung angezogen werden?

- [ ] a) Bis kurz vor der Bruchgrenze
- [ ] b) Bis zur Streckgrenze
- [X] c) Bis zur Dehngrenze

zu Aufg. 48

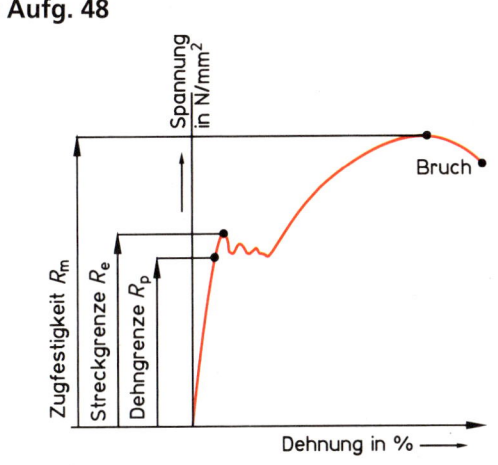

49 Was passiert mit einer Zylinderkopfschraube, die bis über die Streckgrenze angezogen wird?

- [ ] a) Die Schraube dehnt sich und nimmt bei Entlastung die ursprüngliche Form wieder an. Sie übt eine Spannkraft aus.
- [X] b) Die Schraube dehnt sich bleibend und nimmt bei Entlastung nicht mehr die Ursprungslänge an. Sie verliert an Spannkraft.
- [ ] c) Die Schraube erzeugt eine höhere Spannkraft.

50 Markieren Sie in der Abb. formschlüssige und kraftschlüssige Verbindungen.

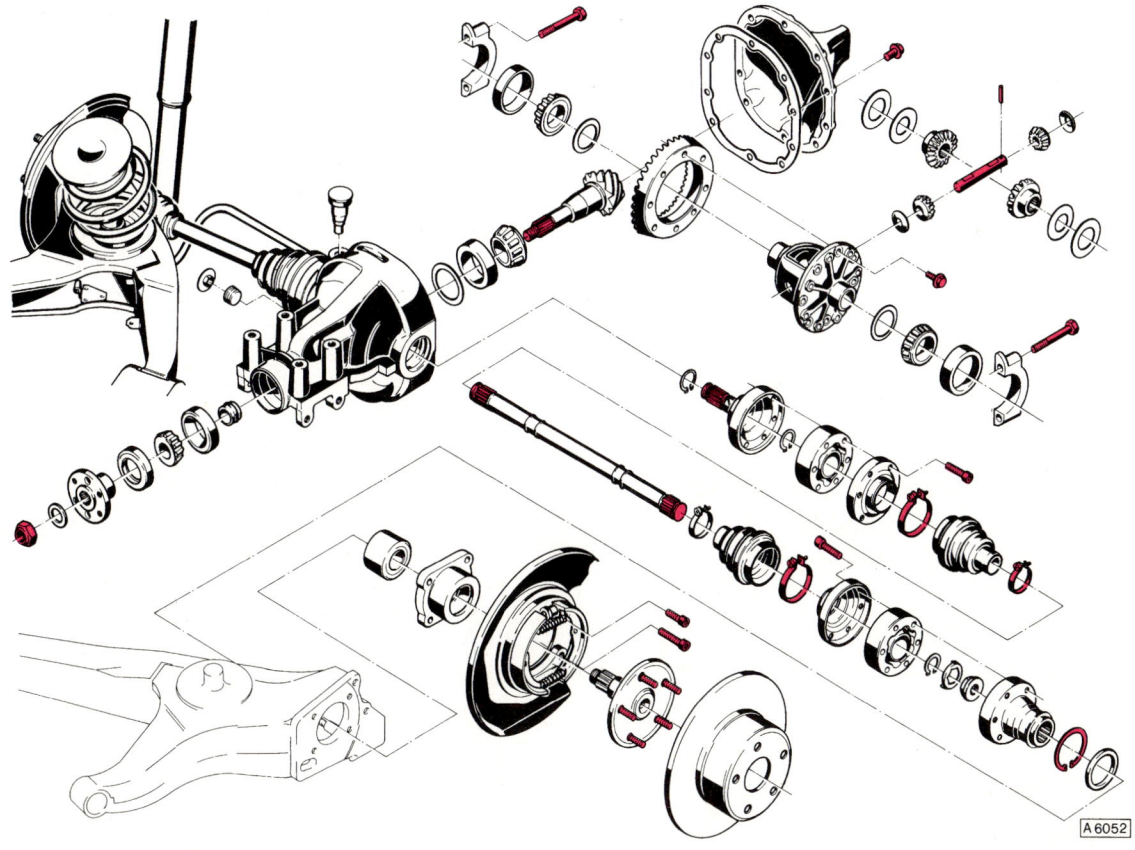

Technologie | Mathematik | Diagnose

2.4 Werkstoffbearbeitung

51 Welche Werkzeuge würden Sie für folgende Arbeiten auswählen?
- a) Flachstahl auf Maß und Winkligkeit bearbeiten
- b) Bandstahl von 10 mm Stärke ablängen
- c) Festgerostete und festgebrannte Mutter am Auspuff entfernen
- d) Dünnes Blech trennen
- e) Blech von 6 mm Stärke ablängen
- f) Kreisrundes Loch von 50 mm Durchmesser in Blechplatte von 3 mm Stärke herstellen
- g) Kreisrundes Loch von 100 mm Durchmesser in Blechplatte von 1 mm Stärke herstellen
- h) Nut in Werkstück herstellen
- i) Unregelmäßige Aussparung schneiden

zu Aufg. 51

Flachmeißel: c
Kreuzmeißel: h
Aushaumeißel: f
Säge: b
Feile: a
Durchlaufschere: d
Figurenschere: g
Handhebelschere: e
Knabber-Blechschere: i

52 Welche Bewegungen müssen beim Bohren zusammenwirken, damit eine Spanabnahme möglich ist?
- ☐ a) Drehbewegung des Bohrers
- ☐ b) Schnittbewegung
- ☐ c) Längsbewegung des Bohrers
- ☐ d) Vorschubbewegung
- ☒ e) Schnitt- und Vorschubbewegung

53 Ordnen Sie dem Bohrer die u. a. Begriffe zu.
- a) Schnittbewegung
- b) Vorschubbewegung
- c) Spannut
- d) Führungsfase
- e) Hauptschneide
- f) Nebenschneide
- g) Spitzenwinkel

zu Aufg. 53

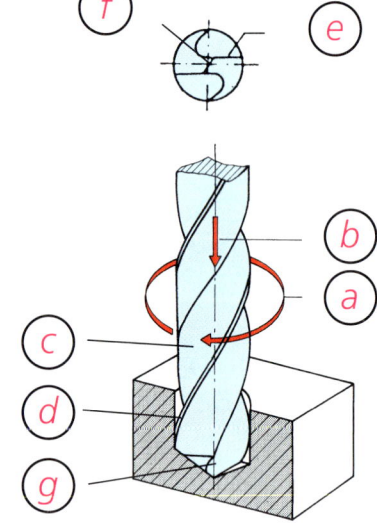

54 Pressstoffteile einer Karosserie sollen gebohrt werden. Welche der nebenstehenden Bohrer eignen sich für diese Arbeit?
- ☐ a) Bohrer-Typ W
- ☐ b) Bohrer-Typ N
- ☒ c) Bohrer-Typ H

zu Aufg. 54

Typ W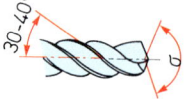

Typ N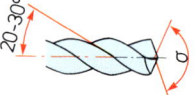

Typ H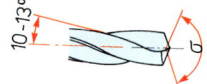

55 Mit einem Bohrer ($d = 14$ mm) sollen Bohrarbeiten durchgeführt werden. Wie wird der Bohrer eingespannt?
- ☐ a) Bohrfutter
- ☐ b) Innenkegel der Bohrspindel
- ☒ c) Über Reduzierhülse in die Bohrspindel

56 Ein dünnes Blech 200 x 100 mm soll gebohrt werden. Wie wird das Blech eingespannt?
- ☐ a) Maschinenschraubstock eingespannt
- ☐ b) Von Hand gehalten und auf den Maschinenschraubstock gelegt
- ☐ c) Von Hand gehalten und auf den Bohrtisch gelegt
- ☐ d) Von Hand gehalten und auf eine Holzunterlage gelegt
- ☒ e) Mit einem Feilkloben gehalten und auf Holzunterlage gelegt

57 Welche Gewindekenngröße stellt die Linie 1 in der Abbildung dar?
- ☒ a) Nenndurchmesser
- ☐ b) Kerndurchmesser
- ☐ c) Flankendurchmesser

58 Welche Gewindekenngröße stellt die Linie 2 in der Abbildung dar?
- ☐ a) Nenndurchmesser
- ☒ b) Kerndurchmesser
- ☐ c) Flankendurchmesser

59 Tragen Sie das Maß M 12 in die Zeichnung ein.

60 Ordnen Sie folgende Bezeichnungen den dargestellten Gewindebohrern zu.
- a) Vorschneider
- b) Mittelschneider
- c) Fertigschneider

zu 57/58/59

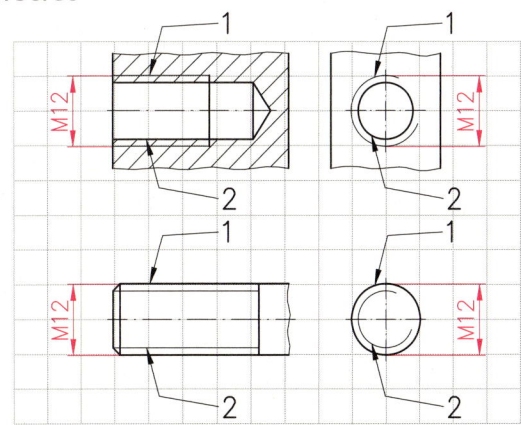

zu Aufg. 61

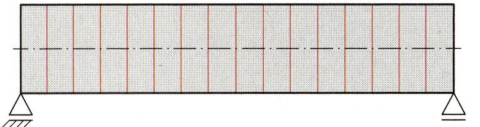

2.5 Biegen

61 Welche Veränderungen treten beim Biegen eines Stabs auf? Kreuzen Sie die richtigen Antworten an. (mehrere Antworten möglich)
- ☒ a) Die äußere Werkstofffaser wird gedehnt.
- ☐ b) Die äußere Werkstofffaser wird gestaucht.
- ☐ c) Die äußere Werkstofffaser bleibt neutral.
- ☐ d) Die innere Werkstofffaser wird gedehnt.
- ☒ e) Die innere Werkstofffaser wird gestaucht.
- ☐ f) Die innere Werkstofffaser bleibt neutral.
- ☐ g) Die mittlere Werkstofffaser wird gedehnt.
- ☐ h) Die mittlere Werkstofffaser wird gestaucht.
- ☒ i) Die mittlere Werkstofffaser bleibt neutral.

62 Beim Biegen von Blechen ist zu beachten:
- ☐ a) Biegen möglichst längs zur Walzrichtung.
- ☒ b) Biegen möglichst quer zur Walzrichtung.
- ☐ c) Biegen schräg zur Walzrichtung.

63 Beim Biegen von Rohren sollten die Schweißnähte
- ☐ a) in der äußeren Zone liegen.
- ☐ b) in der inneren Zone liegen.
- ☒ c) in der neutralen Zone liegen.

zu Aufg. 60

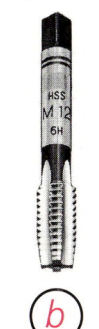  

 b    c   a

zu Aufg. 62

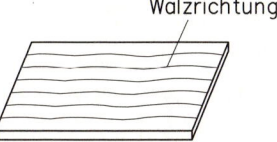

2.6 Prüfen und Messen

65 Ordnen Sie der Abbildung die Maße zu.
  a) Nennmaß
  b) Passmaß
  c) Oberes Grenzabmaß
  d) Unteres Grenzabmaß

zu Aufg. 65

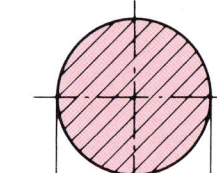
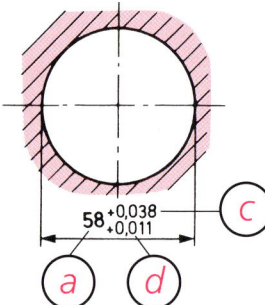

66 Was versteht man unter dem Istmaß?
  ☐ a) Das Istmaß entspricht dem Nennmaß.
  ☒ b) Das Istmaß entspricht dem tatsächlich am Werkstück gemessenen Maß.
  ☐ c) Das Istmaß entspricht dem Passmaß.

67 Die Bezugstemperatur beim Messen ist
  ☐ a) 10 °C.
  ☐ b) 15 °C.
  ☒ c) 20 °C.

68 Ordnen Sie den markierten Teilen der Messschieber die entsprechenden Messungen zu.
  a) Außenmessung
  b) Innenmessung
  c) Tiefenmessung

zu Aufg. 68

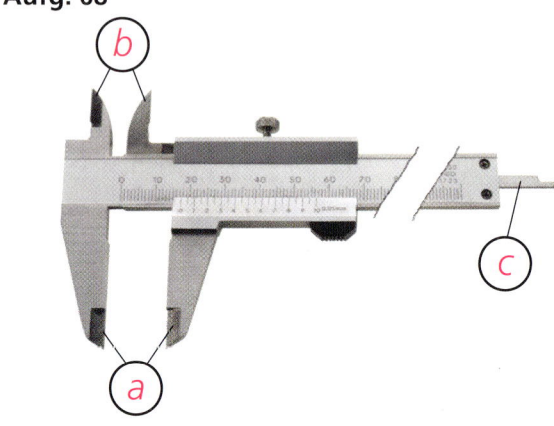

69 Bestimmen Sie die Messgenauigkeit der dargestellten Nonien (Abb.).
  a) __0,05__ mm
  b) __0,02__ mm

zu Aufg. 69

a) 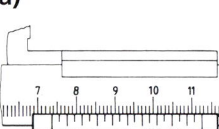 b)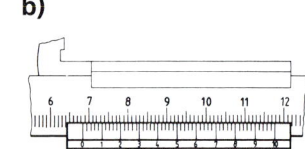

70 Lesen Sie den Messwert ab (Abb.).
  a) __0,8__ mm
  b) __36,75__ mm
  c) __17,25__ mm
  d) __5,99__ mm
  e) __2,02__ mm
  f) __11,37__ mm

zu Aufg. 70

a) 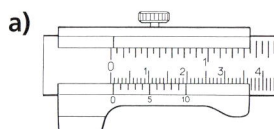 b)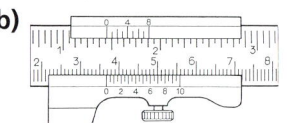

c) 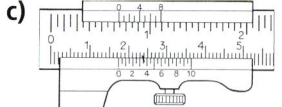 d)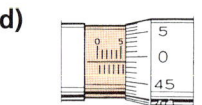

e) 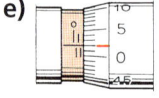 f)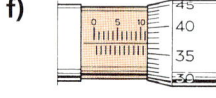

71 Wie groß ist der Werkzeugwinkel (Abb.)?
  ☐ a) 113°
  ☒ b) 67°
  ☐ c) 23°

72 Mit einer Messuhr kann
  ☐ a) das Istmaß gemessen werden.
  ☒ b) der Unterschied zwischen Soll- und Istmaß gemessen werden.
  ☐ c) das Nennmaß gemessen werden.

zu Aufg. 71

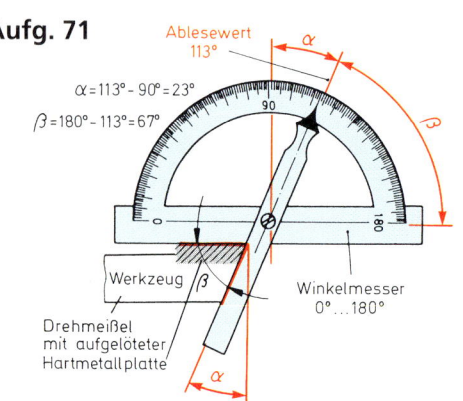

Technische Mathematik

2.7 Längen, Winkel

Ergänzende Informationen: Längeneinheiten

Längeneinheit ist das Meter (m). Weiter verwendete Einheiten sind:
1 m = 10 dm = 100 cm = 1 000 mm
1 dm = 10 cm = 100 mm
1 cm = 10 mm
1 µm = 0,001 mm

Bei Reifen, Felgen, Gewinden und Rohren wird die Längeneinheit Zoll verwendet:
1 Inch = 1 Zoll = 1" = 25,4 mm

Winkeleinheiten:
1 Grad (1°) = 60 Minuten (60′)
1 Minute (1′) = 60 Sekunden (1″)

Kreisumfang: $U = d \cdot \pi$

Kreisbogen: $l_B = \dfrac{d \cdot \pi \cdot \alpha}{360}$

---

1 Verwandeln Sie in mm:
a) 26,7 cm:
b) 24,8 dm:
c) 4,45 m:

Verwandeln Sie in dm:
d) 324 mm:
e) 13,5 cm:
f) 8,67 m:

Verwandeln Sie in cm:
g) 46 mm:
h) 13,6 dm:
i) 2,23 m:

Verwandeln Sie in m:
k) 43,7 mm:
l) 94 cm:
m) 124,5 dm:

Verwandeln Sie in mm:
n) 5 µm:
o) 10 µm:
p) 500 µm:

Verwandeln Sie in mm:
q) 1/4":
r) 3/8":
s) 1/2":

2 Berechnen Sie die Maßtoleranz für $25^{-0,2}_{+0,3}$.
☐ a) 0,1 mm
☒ b) 0,5 mm
☐ c) 0,3 mm

3 Ermitteln Sie das Lagerspiel, wenn Kurbelwelle und Lager zusammengebaut werden.

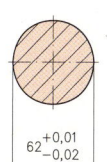

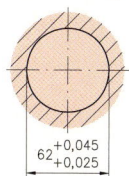

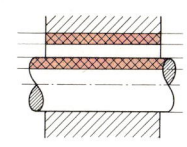

$62^{+0,01}_{-0,02}$ $62^{+0,045}_{+0,025}$

Größtspiel 1: __0,065__ mm;
Kleinstspiel 2: __0,015__ mm

---

zu Aufg. 1

267 mm	0,0437 m
2 480 mm	0,94 m
4 450 mm	12,45 m
3,24 dm	0,005 mm
1,35 dm	0,01 mm
86,7 dm	0,5 mm
4,6 cm	6,35 mm
136 cm	9,525 mm
223 cm	12,7 mm

zu Aufg. 3

Größtspiel = 62,045 − 61,980
         = 0,065 mm

Kleinstspiel = 62,025 − 62,010
          = 0,015 mm

| Technologie | **Mathematik** | Diagnose |

4 Ein Flachstahl soll 12 Bohrungen in gleichen Abständen erhalten. Berechnen Sie den Lochabstand.
- ☐ a) 45,5 mm
- ☐ b) 46,6 mm
- ☒ c) 43,6 mm

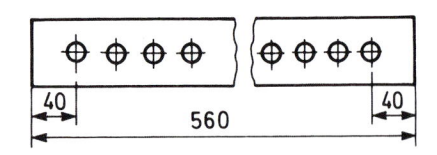

zu Aufg. 4

$$P = \frac{l}{n-1}$$

$$P = \frac{480}{12-1} = 43{,}6 \text{ mm}$$

5 Ein Flansch hat 5 Bohrungen auf einem Lochkreisdurchmesser von 80 mm. Berechnen Sie die Teilung.
- ☐ a) 50,42 mm
- ☐ b) 34,50 mm
- ☒ c) 40,24 mm

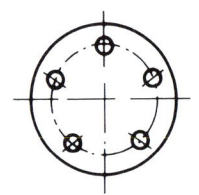

zu Aufg. 5

$$P = \frac{d \cdot \pi}{n} = \frac{80 \cdot 3{,}14}{5} = 50{,}24 \text{ mm}$$

$$l_2 = l_1 - d = 50{,}24 - 10$$
$$= 40{,}24 \text{ mm}$$

6 Wie viele Umdrehungen hat ein Reifen vom Durchmesser 600 mm auf einer Strecke von 100 km ausgeführt?
- ☐ a) 4 487
- ☐ b) 27 896
- ☒ c) 53 079

zu Aufg. 6

$$U = d \cdot \pi$$

$$U = 600 \cdot 3{,}14 = 1884 \text{ mm}$$

$$= 1{,}884 \text{ m}$$

$$U_{100} = \frac{100\,000}{1{,}884} = 53\,079 \text{ Umdrehungen}$$

7 Wie lang ist der Keilriemenumfang?
- ☐ a) 1 256,98 mm
- ☒ b) 1 341,91 mm
- ☐ c) 1 467,75 mm

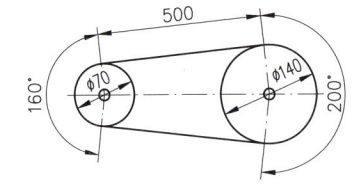

zu Aufg. 7

$$l_{ges} = 2\,l_1 + l_2 + l_3$$

$$2\,l_1 = 2 \cdot 500 = 1000 \text{ mm}$$

$$l_2 = \frac{d \cdot \pi \cdot \alpha}{360} = \frac{70 \cdot 3{,}14 \cdot 160}{360}$$

$$= 97{,}69 \text{ mm}$$

$$l_3 = \frac{d \cdot \pi \cdot \alpha}{360} = \frac{140 \cdot 3{,}14 \cdot 200}{360}$$

$$= 244{,}22 \text{ mm}$$

$$l_{ges} = 1\,341{,}91 \text{ mm}$$

2.8 Längenänderung

Ergänzende Informationen: Längenausdehnung

Bauteile dehnen sich bei Erwärmung und schrumpfen bei Abkühlung.
Die Längenzunahme bzw. -abnahme ist:

$$\Delta l = l_1 \cdot \alpha \cdot (t_1 - t_2) \text{ (mm)}$$

Endlänge = Anfangslänge + Längenänderung

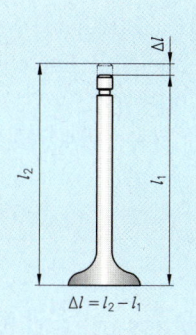

$$l_2 = l_1 + \Delta l$$

Längenausdehnungszahl α in 1/K	
Stahl, niedrig legiert	0,000011
Stahl, hoch legiert	0,000017
Stahl, unlegiert	0,000011
Alu-Legierung	0,000022
Grauguss, unlegiert	0,0000105

Größe	Formelzeichen	Einheit
Länge	l	mm
Ausdehnungszahl	α	1/k
Temperatur	t	°C oder K

8 Der Kolbenboden eines Kolbens mit $d = 80$ mm erwärmt sich im Betrieb auf 220 °C. Wie groß ist der aktuelle Durchmesser des Kolbens? ($\alpha = 0{,}000022$)
- [ ] a) 80,675 mm
- [ ] b) 80,145 mm
- [X] c) 80,352 mm

9 Das Einlassventil aus hochlegierten Stahl hat bei 20 °C eine Länge von 124 mm. Im Betrieb verlängert sich das Ventil auf 124,08 mm. Auf welche Temperatur wurde das Ventil erhitzt? ($\alpha = 0{,}000017$)
- [ ] a) 254,76 °C
- [X] b) 359,51 °C
- [ ] c) 435,50 °C

10 Der Kolben ($\alpha = 0{,}000022$) hat einen Durchmesser von 79,6 mm, der Zylinder aus GG ($\alpha = 0{,}0000105$) von 80 mm. Im Betrieb erhöht sich die Kolbentemperatur von 20 °C auf 195 °C. Berechnen Sie das Spiel.
- [ ] a) 0,234 mm
- [X] b) 0,161 mm
- [ ] c) 0,345 mm

11 Das Auslassventil hat bei einer Temperatur von 20 °C eine Länge von 135 mm. Berechnen Sie die Endlänge des Ventils, wenn es auf 800 °C erhitzt wird. ($\alpha = 0{,}000017$)
- [ ] a) 135,85 mm
- [ ] b) 135,97 mm
- [X] c) 136,79 mm

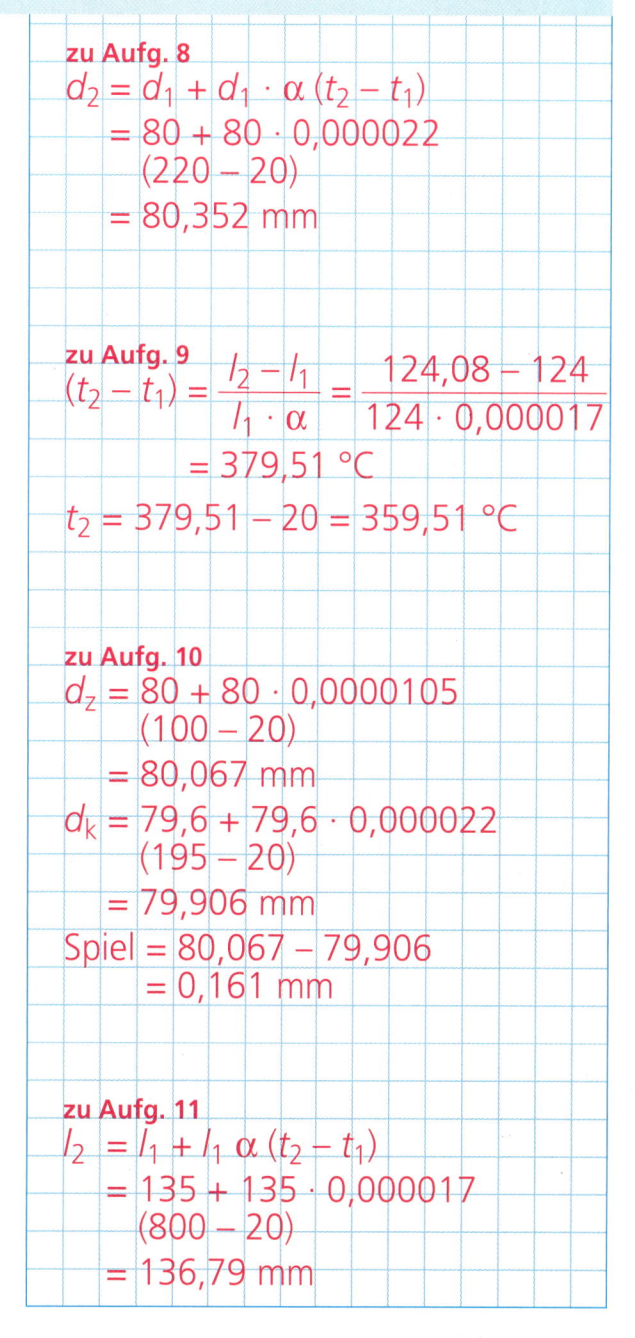

zu Aufg. 8
$$d_2 = d_1 + d_1 \cdot \alpha \cdot (t_2 - t_1)$$
$$= 80 + 80 \cdot 0{,}000022 \cdot (220 - 20)$$
$$= 80{,}352 \text{ mm}$$

zu Aufg. 9
$$(t_2 - t_1) = \frac{l_2 - l_1}{l_1 \cdot \alpha} = \frac{124{,}08 - 124}{124 \cdot 0{,}000017}$$
$$= 379{,}51 \text{ °C}$$
$$t_2 = 379{,}51 - 20 = 359{,}51 \text{ °C}$$

zu Aufg. 10
$$d_z = 80 + 80 \cdot 0{,}0000105 \cdot (100 - 20)$$
$$= 80{,}067 \text{ mm}$$
$$d_k = 79{,}6 + 79{,}6 \cdot 0{,}000022 \cdot (195 - 20)$$
$$= 79{,}906 \text{ mm}$$
$$\text{Spiel} = 80{,}067 - 79{,}906$$
$$= 0{,}161 \text{ mm}$$

zu Aufg. 11
$$l_2 = l_1 + l_1 \cdot \alpha \cdot (t_2 - t_1)$$
$$= 135 + 135 \cdot 0{,}000017 \cdot (800 - 20)$$
$$= 136{,}79 \text{ mm}$$

| Technologie | Mathematik | Diagnose |

12 Zum Einschrumpfen eines Ventilringes (d = 35 mm) aus hoch legiertem Stahl (α = 0,000017) wird er von 20 °C auf −60 °C abgekühlt. Berechnen Sie die Durchmesserverringerung.

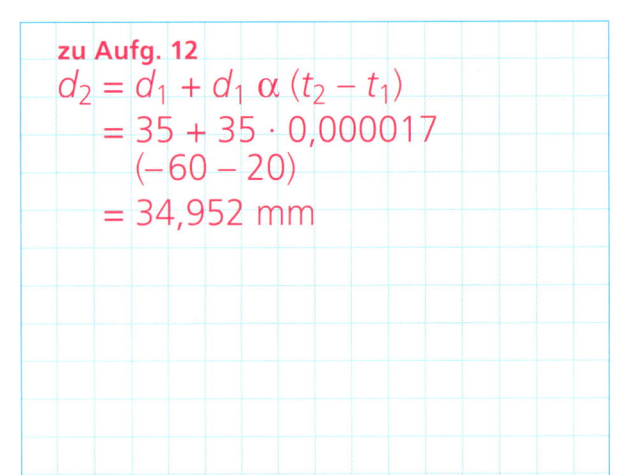

☒ a) 34,592 mm
☐ b) 34,346 mm
☐ c) 34,456 mm

zu Aufg. 12
$d_2 = d_1 + d_1 \alpha (t_2 - t_1)$
$= 35 + 35 \cdot 0,000017 (-60 - 20)$
$= 34,952$ mm

2.9 Massen und Kräfte

Ergänzende Informationen: Massen, Kräfte und ihre Wirkungen

Masse
Die Masse ist ein Maß für die Stoffmenge eines Körpers. Die Masseneinheit ist das Kilogramm. 1 kg Masse entspricht einem Platin-Iridium-Zylinder von 39 mm Durchmesser und 39 mm Länge. Die Masse ist ortsunabhängig, d. h., die Masse eines Körpers ist überall (Erde, Mond) gleich.

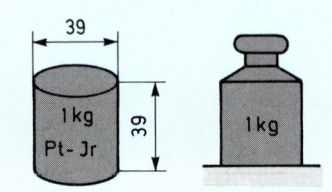

Gewichtskraft
Die Gewichtskraft ist die Kraft, mit der die Masse eines Körpers auf die Unterlage drückt. Sie ist ortsabhängig, d. h., sie ist von der Anziehungskraft der Erde abhängig. Eine Masse von 1 kg wird von der Erde mit einer Kraft von 9,81 N angezogen, d. h., die Masse 1 kg drückt mit einer Kraft von rund 10 N auf die Unterlage. Aufgrund der Abplattung der Erde ist die Gewichtskraft unterschiedlich.

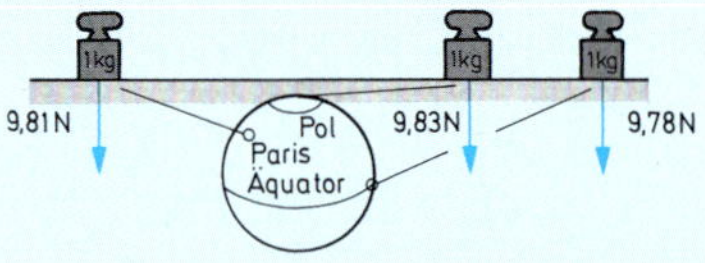

Zusammenhang zwischen Kraft und Masse
Der Physiker Isaac Newton hat das dynamische Grundgesetz formuliert: Eine Kraft ist umso größer, desto größer die Masse m und desto größer die Beschleunigung a:

Kraft ist Masse · Beschleunigung

$$F = m \cdot a$$

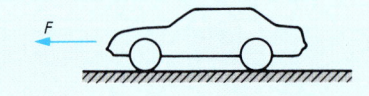

Die Einheit der Kraft ergibt sich aus der Formel.

Wenn die Masse m = 1 kg mit a = 1 kg/s² beschleunigt wird, so gilt F = 1 kg · 1 m/s² = 1 kgm/s²

Das Ergebnis 1 kgm/s² wird als Newton bezeichnet.

Newton ist die Krafteinheit:

1 kgm/s² = Newton = 1 N = 0,1 daN

Gewichtskraft
Jede Masse wird von der Erde durch die Erdanziehungskraft mit der Erdbeschleunigung von g = 9,81 m/s² angezogen und auf die Unterlage gedrückt. Die Kraft, mit der die Masse eines Körpers auf die Unterlage drückt, bezeichnet man als Gewichtskraft.

Auch hier gilt das dynamische Grundgesetz:

$$F_G = m \cdot g$$

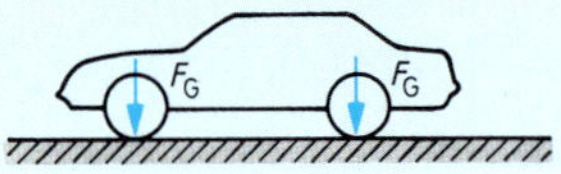

Eine Masse von m = 1 kg wird durch die Erdanziehungskraft g = 9,81 m/s² mit einer Kraft von

F_G = 1 kg · 9,81 m/s² = 9,81 kgm/s² = 9,81 N ≈ 10 N

auf die Unterlage gedrückt.

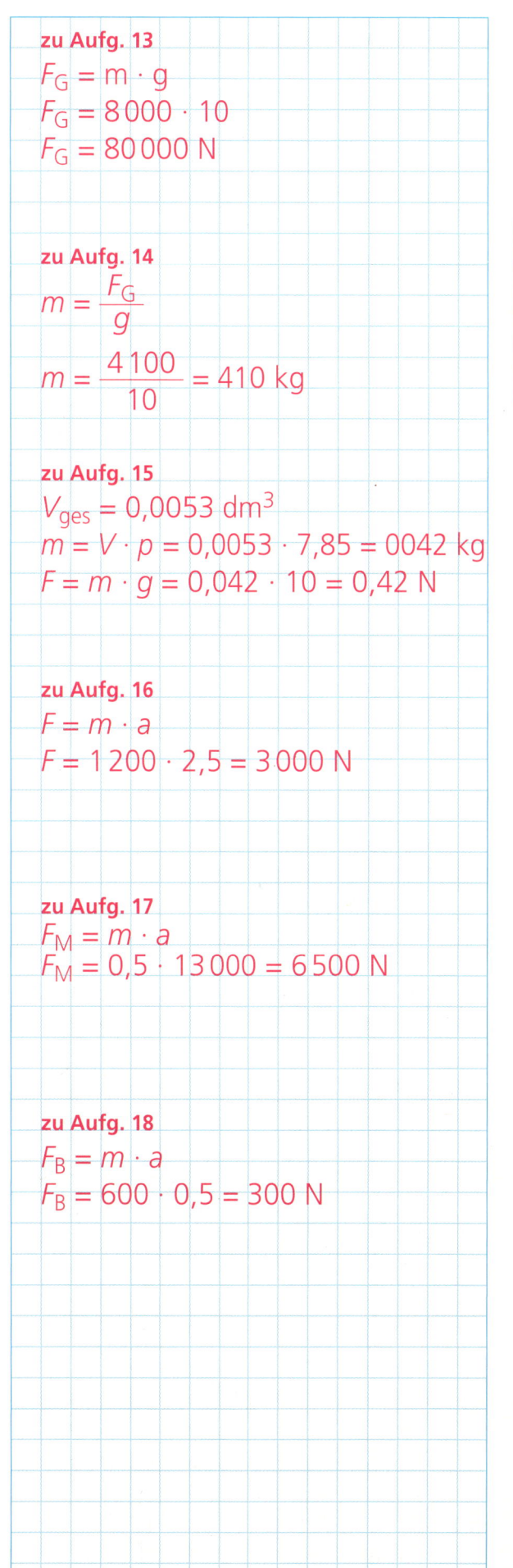

13 Berechnen Sie die Gewichtskraft eines Lkw mit der Masse $m = 8000$ kg.
- [ ] a) 8 000 N
- [X] b) 80 000 N
- [ ] c) 800 000 N

zu Aufg. 13
$F_G = m \cdot g$
$F_G = 8000 \cdot 10$
$F_G = 80000$ N

14 Berechnen Sie die Masse eines Motorblocks, der mit seiner Gewichtskraft von $F_G = 4,1$ kN auf seine Lagerung drückt.
- [X] a) 410 kg
- [ ] b) 4 100 kg
- [ ] c) 41 000 kg

zu Aufg. 14
$m = \dfrac{F_G}{g}$
$m = \dfrac{4100}{10} = 410$ kg

15 Berechnen Sie die Gewichtskraft eines Kolbenbolzens in N. Seine Abmessungen sind: Länge 54 mm, Außendurchmesser $D = 15$ mm, Innendurchmesser $d = 10$ mm.
- [ ] a) 0,22 N
- [X] b) 0,42 N
- [ ] c) 0,54 N

zu Aufg. 15
$V_{ges} = 0,0053$ dm³
$m = V \cdot \rho = 0,0053 \cdot 7,85 = 0042$ kg
$F = m \cdot g = 0,042 \cdot 10 = 0,42$ N

16 Berechnen Sie die Kraft, die erforderlich ist, ein Fahrzeug der Masse $m = 1200$ kg mit $a = 2,5$ m/s² zu beschleunigen.
- [X] a) 3 000 N
- [ ] b) 3 200 N
- [ ] c) 4 200 N

zu Aufg. 16
$F = m \cdot a$
$F = 1200 \cdot 2,5 = 3000$ N

17 Berechnen Sie die Massenkraft F_M eines Kolbens mit der Masse $m = 0,5$ kg und einer Beschleunigung von $a = 13000$ m/s².
- [ ] a) 3 000 N
- [ ] b) 4 000 N
- [X] c) 6 500 N

zu Aufg. 17
$F_M = m \cdot a$
$F_M = 0,5 \cdot 13000 = 6500$ N

18 An einem Kranhaken hängt ein Motor der Masse $m = 600$ kg. Beim Heben erhält der Motor eine Beschleunigung von 0,5 m/s². Berechnen Sie die Beschleunigungskraft F_B.
- [ ] a) 250 N
- [X] b) 300 N
- [ ] c) 350 N

zu Aufg. 18
$F_B = m \cdot a$
$F_B = 600 \cdot 0,5 = 300$ N

| Technologie | Mathematik | Diagnose |

2.10 Reibungskraft

Ergänzende Informationen: Reibungskraft

Ein Körper setzt seiner Verschiebung auf einer Unterlage eine Widerstandskraft entgegen. Die Widerstandskraft wird als Reibung bezeichnet. Haftreibungskraft verhindert eine Bewegung zwischen den in Ruhe befindlichen Teilen. Bewegt sich ein Körper, wirkt nur noch die niedrigere Gleitreibungskraft.

Die Reibungskraft ist abhängig von der
- Normalkraft F_N in N,
- Reibungszahl μ.

$$F_R = F_N \cdot \mu \text{ (N)}$$

Haftreibung $V = 0$

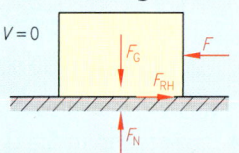

Gleitreibung $V > 0$

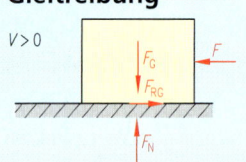

Werkstoffpaarung	Haftreibungszahl		Gleitreibungszahl	
	trocken	geschmiert	trocken	geschmiert
St auf St	0,15	0,1	0,1	0,01
St auf GG	0,18	0,1	0,16	0,01
St auf Bz	0,18	0,1	0,16	0,01
Al-Legierung auf GG	–	–	–	0,005
Bremsbelag bzw. Kupplungsbelag auf GG	0,5		0,4	–
Reifen auf trockenem Asphalt	0,85		0,6	
Reifen auf nassem Asphalt	0,4		0,25	
Reifen auf Eis	0,1		0,05	

19 Ein Graugussteil der Masse $m = 600$ kg wird auf einer Stahlunterlage verschoben. Berechnen Sie die Kraft zur Überwindung
  a) der Haftreibung,
  b) der Gleitreibung.

1) ☐ a) 700 N
   ☐ b) 800 N
   ☒ c) 1 080 N
2) ☒ a) 960 N
   ☐ b) 700 N
   ☐ c) 800 N

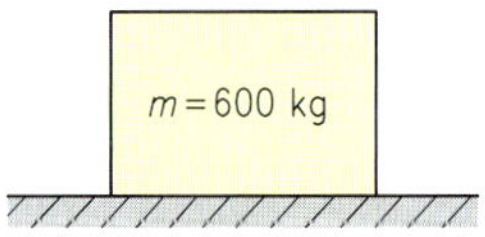

$m = 600$ kg

zu Aufg. 19

$F_G = m \cdot g$
$F_G = 600 \cdot 100 = 6\,000$ N
1) $F_{RH} = F_G \cdot \mu_0$
$F_{RH} = 6\,000 \cdot 0,18 = 1\,080$ N
2) $F_{RG} = F_G \cdot \mu_G$
$F_{RG} = 6\,000 \cdot 0,16 = 960$ N

20 Eine Schraubenverbindung soll Kräfte bis $F = 8$ kN übertragen. Berechnen Sie die erforderliche Anpresskraft F_N in kN.

☐ a) 40 kN
☒ b) 53 kN
☐ c) 62 kN

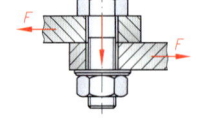

zu Aufg. 20

$F_N = \dfrac{F_{RH}}{\mu_0}$

$F_N = \dfrac{8}{0,15} = 53$ kN

21 Die Kolben einer Scheibenbremse wirken mit einer Kraft von $F_N = 10$ kN gegen die Bremsscheibe. Berechnen Sie die Reibungskraft (Bremskraft).

☐ a) 6 kN
☒ b) 8 kN
☐ c) 10 kN

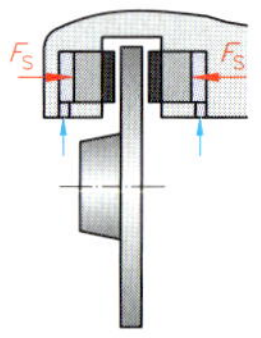

zu Aufg. 21

$F_R = F_N \cdot \mu \cdot z$
$F_R = 10 \cdot 0,4 \cdot 2 = 8$ kN

| Technologie | Mathematik | Diagnose |

22 Eine kraftschlüssige Schraubenverbindung mit zwei Schrauben wird so angezogen, dass von jeder Schraube eine Anpresskraft von 60 kN aufgebracht wird. Berechnen Sie die Kraft F.

- [ ] a) 10 kN
- [X] b) 18 kN
- [ ] c) 22 kN

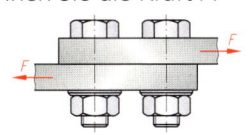

zu Aufg. 22

$F_{RH} = F_N \cdot \mu_0$
$F_{RH} = 60 \cdot 0{,}15 = 9$ kN
$F = 2\, F_{RH} = 18$ kN

23 Eine Einscheiben-Trockenkupplung soll ein Drehmoment von $M_k = 150$ Nm übertragen. Berechnen Sie die Reibungskraft F_R und die notwendige Normalkraft F_N.
($r_m = 90$ mm)

- [ ] a) 1556 N
- [X] b) 1667 N
- [ ] c) 1756 N

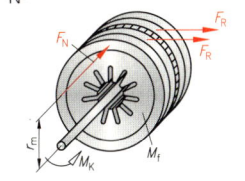

zu Aufg. 23

$F_R = \dfrac{M}{r_m} = \dfrac{150}{0{,}09} = 1666{,}7$ N

$F_N = \dfrac{F_R}{\mu \cdot z} = \dfrac{1666{,}6}{0{,}5 \cdot 2} = 1666{,}7$ N

24 Berechnen Sie die Antriebskraft F_{AN} in N am Reifenumfang, die zum Anfahren aufgewendet werden darf, wenn kein Rutschen erfolgt.
(Masse des Pkw: 1200 kg, $g = 9{,}81$ m/s²)

1) bei trockenem Asphalt
2) bei nassem Asphalt

1)
- [ ] a) 4502 N
- [ ] b) 4820 N
- [X] c) 5003 N

2)
- [X] a) 2354 N
- [ ] b) 3652 N
- [ ] c) 2916 N

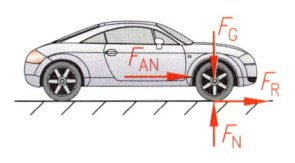

zu Aufg. 24

$F_G = m \cdot g = 1200 \cdot 9{,}81$
$\quad\quad = 11\,772$ N
pro Radpaar: 5886 N

1) $F_{RH} = F_G \cdot \mu_0 = 5886 \cdot 0{,}85$
$\quad\quad = 5003{,}1$ N

2) $F_{RH} = F_G \cdot \mu_0 = 5886 \cdot 0{,}4$
$\quad\quad = 2354{,}4$ N

2.11 Drehmoment

Ergänzende Informationen: Drehmoment

Ein Drehmoment entsteht, wenn eine Kraft an einem Hebelarm angreift. Das Drehmoment ist umso größer,
– desto größer die Kraft F in Newton (N),
– desto größer der Hebelarm r in m ist.

Drehmoment = Kraft x Hebelarm

$$M = F \cdot r \text{ (Nm)}$$

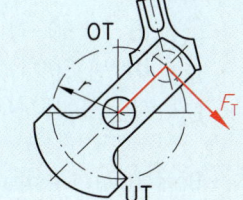

25 Berechnen Sie das Drehmoment, mit dem eine Zylinderkopfschraube angezogen wird, wenn die Umschaltknarre 400 mm lang und die Handkraft $F_H = 150$ N beträgt.

- [ ] a) 50 N
- [X] b) 60 N
- [ ] c) 70 N

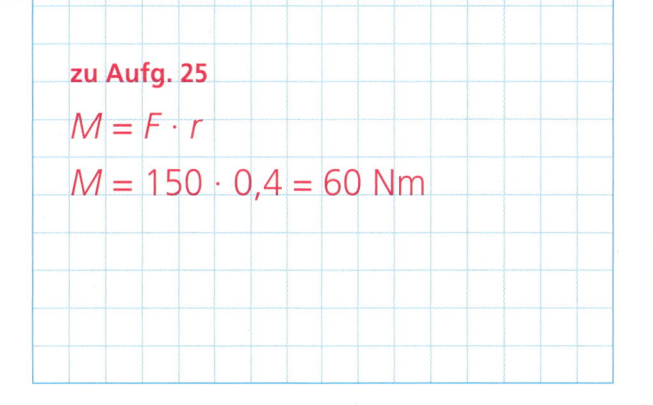

zu Aufg. 25

$M = F \cdot r$
$M = 150 \cdot 0{,}4 = 60$ Nm

| | | Technologie | Mathematik | Diagnose |

26 Eine Verschraubung soll mit einem 200 mm langen Schlüssel gelöst werden. Sie war mit einem Drehmoment von $M = 10$ Nm angezogen worden. Berechnen Sie die erforderlichen Handkraft F_H.
- ☐ a) 40 N
- ☒ b) 50 N
- ☐ c) 60 N

zu Aufg. 26

$$F_H = \frac{M}{l}$$

$$F_H = \frac{10}{0{,}2} = 50 \text{ N}$$

27 Die Kupplungsbeläge einer Einscheiben-Trockenkupplung mit einem mittleren Durchmesser von $d = 150$ mm übertragen ein Motordrehmoment von $M = 90$ Nm. Berechnen Sie die Drehkraft.
- ☐ a) 120 N
- ☒ b) 1200 N
- ☐ c) 12 000 N

zu Aufg. 27

$$F = \frac{M}{r_m}$$

$$F = \frac{90}{0{,}075} = 1\,200 \text{ N}$$

28 Bei einem Ottomotor wirkt eine mittlere Umfangskraft $F_U = 5\,500$ N am Kurbelzapfen. Das Motordrehmoment ist $M = 350$ Nm. Berechnen Sie 1) den Kurbelradius, 2) den Hub des Motors.

1)
- ☒ a) 64 mm
- ☐ b) 128 mm
- ☐ c) 32 mm

2)
- ☒ a) 128 mm
- ☐ b) 64 mm
- ☐ c) 256 mm

zu Aufg. 28

1) $r = \dfrac{M}{F_U}$

$r = \dfrac{350}{5\,500} = 0{,}064$ m

2) $s = 2 \cdot r$

$s = 2 \cdot 64 = 128$ mm

29 Der Teilkreisdurchmesser des kleinen Zahnrads ist 60 mm, der des großen Zahnrads 100 mm. Das große, rechte Rad treibt das kleine, linke Rad an. Das Antriebsmoment beträgt $M_1 = 40$ Nm.
Berechnen Sie 1) die Kraft F_U, die das kleine Zahnrad antreibt; 2) das Abtriebsmoment M_2.

1)
- ☐ a) 300 N
- ☒ b) 800 N
- ☐ c) 1 200 N

2)
- ☐ a) 10 Nm
- ☒ b) 24 Nm
- ☐ c) 34 Nm

zu Aufg. 29

1) $F_U = \dfrac{M_1}{r_1}$

$F_U = \dfrac{40}{0{,}05} = 800$ N

2) $M_2 = F_U \cdot r_2$

$M_2 = 800 \cdot 0{,}03 = 24$ Nm

30 Berechnen Sie das Drehmoment an der großen und kleinen Keilriemenscheibe, wenn die Riemenkraft $F = 400$ N ist. Der Durchmesser der kleinen Scheibe beträgt 100 mm, der der großen Scheibe 180 mm.

1)
- ☒ a) 20 Nm
- ☐ b) 15 Nm
- ☐ c) 42 Nm

2)
- ☒ a) 36 Nm
- ☐ b) 28 Nm
- ☐ d) 56 Nm

zu Aufg. 30

1) Kleine Riemenscheibe
$M_1 = 400 \cdot 0{,}05 = 20$ Nm

2) Große Riemenscheibe
$M_2 = 400 \cdot 0{,}09 = 36$ Nm

2.12 Hebel

Ergänzende Informationen: Hebelgesetz

Ein Hebel ist gekennzeichnet durch einen Drehpunkt, zwei Hebelarme und Kräfte, die an den Hebelarmen angreifen. Wir unterscheiden

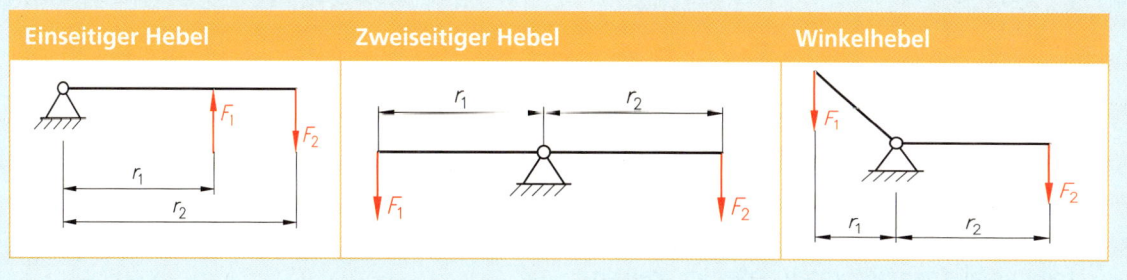

Einseitiger Hebel	Zweiseitiger Hebel	Winkelhebel

An den Hebeln wirkt jeweils ein rechtsdrehendes Moment $M_2 = F_2 \cdot r_2$ und ein linksdrehendes Moment $M_1 = F_1 \cdot r_1$. Der Hebel ist im Gleichgewicht, wenn $M_1 = M_2$. Es gilt

$$M_1 \cdot r_1 = M_2 \cdot r_2$$

---

31 Bei einer Blechschere werden die Kräfte durch eine Hebelübersetzung erzeugt. Berechnen Sie die Schneidkraft F_2, wenn die Handkraft $F_1 = 80$ kN und die Hebelarme $r_1 = 210$ mm und $r_2 = 30$ mm groß sind.

- ☐ a) 320 N
- ☐ b) 480 N
- ☒ c) 560 N

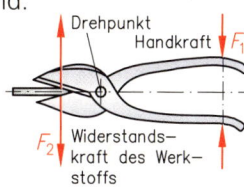

zu Aufg. 31

$$F_2 = \frac{F_1 \cdot r_1}{r_2}$$

$$F_2 = \frac{80 \cdot 210}{30} = 560 \text{ N}$$

---

32 An einem Handbremshebel wirkt eine Handkraft von $F_1 = 80$ N. Die Hebelarme sind $r_1 = 420$ mm und $r_2 = 80$ mm. Bestimmen Sie die Kraft F_2 im Bremsseil.

- ☐ a) 220 N
- ☒ b) 420 N
- ☐ c) 620 N

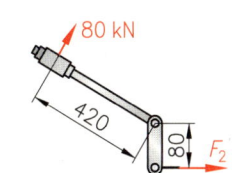

zu Aufg. 32

$$F_2 = \frac{F_1 \cdot r_1}{r_2}$$

$$F_2 = \frac{80 \cdot 420}{80} = 420 \text{ N}$$

---

33 Berechnen Sie die Bremskraft F_2 für das Hebelsystem der Bremsanlage, wenn die Fußkraft $F_1 = 160$ N beträgt.

- ☐ a) 250 N
- ☐ b) 540 N
- ☒ c) 1 100 N

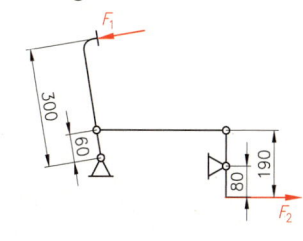

zu Aufg. 33

$$F_{\text{Stange}} = \frac{160 \cdot 300}{60}$$

$$F_{\text{Stange}} = 800 \text{ N}$$

$$F_2 = \frac{800 \cdot 110}{80}$$

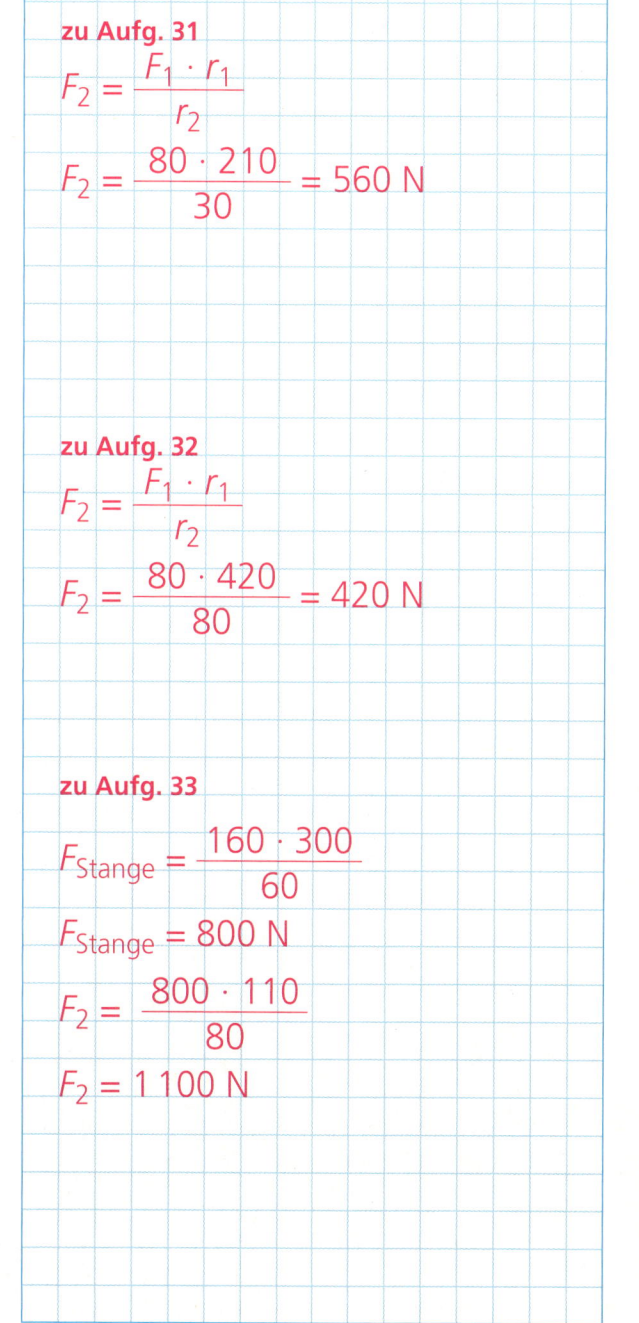

$$F_2 = 1\,100 \text{ N}$$

34 Am Schalthebel einer Getriebeschaltung sind die Hebelarme $r_1 = 320$ mm und $r_2 = 50$ mm. Die Schaltkraft F_2 beträgt 450 N. Berechnen Sie die Handkraft F_1.

- ☐ a) 34,5 N
- ☐ b) 60,8 N
- ☒ c) 70,3 N

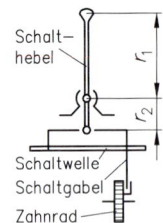

zu Aufg. 34

$$F_1 = \frac{F_2 \cdot r_2}{r_1}$$

$$F_1 = \frac{450 \cdot 50}{320} = 70{,}3 \text{ N}$$

35 Größere Werkstücke werden mit Spannelementen auf dem Bohrtisch befestigt. Berechnen Sie die Spannkraft F_1, wenn die Schraubenkraft $F_2 = 10$ kN, $a = 50$ mm und $b = 100$ mm beträgt.

- ☐ a) 4,55 kN
- ☒ b) 6,67 kN
- ☐ c) 12,89 kN

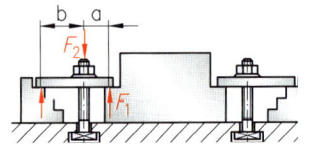

zu Aufg. 35

Drehpunkt links

$$F_1 = \frac{F_2 \cdot b}{(a + b)}$$

$$F_1 = \frac{10 \cdot 100}{150} = 6{,}67 \text{ kN}$$

36 An einem Winkelhebel wirken die Kräfte $F_1 = 8$ kN und $F_2 = 5$ kN. Berechnen Sie den Hebelarm r_1.

- ☐ a) 231,6 mm
- ☐ b) 289,7 mm
- ☒ c) 312,5 mm

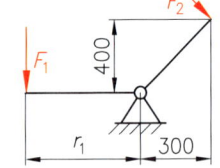

zu Aufg. 36

$$r_2 = \sqrt{300^2 + 400^2}$$

$$r_2 = 500 \text{ mm}$$

$$r_1 = \frac{F_2 \cdot r_2}{F_1}$$

$$r_1 = \frac{5 \cdot 500}{8} = 312{,}5 \text{ N}$$

2.13 Festigkeit

Ergänzende Informationen: Festigkeit

Den inneren Widerstand (Kräfte) des Werkstoffs gegen Verformungen oder Zerstörungen durch äußere Kräfte bezeichnet man als Festigkeit.
Die inneren Kräfte bezeichnet man als Spannung.

$$\text{Spannung} = \frac{\text{Kraft}}{\text{Querschnitt}}$$

$$\sigma = \frac{F}{S} \left(\frac{N}{mm^2}\right)$$

Zugfestigkeit R_m ist die höchste Spannung des Werkstoffs vor dem Zerreißen.

$$\text{Zugfestigkeit} = \frac{\text{höchste Zugkraft}}{\text{Anfangsquerschnitt}}$$

$$R_m = \frac{F}{S_0} \left(\frac{N}{mm^2}\right)$$

Damit keine Schäden an Bauteilen auftreten, dürfen die auftretenden Spannungen nur einen Bruchteil der Höchstspannung erreichen. Diesen Bruchteil der Spannung nennen wir zulässige Spannung σ_{zul}.
Das Verhältnis von Zugfestigkeit R_m zur zulässigen Spannung ergibt die Sicherheit υ (sprich ny).

Die zulässige Zugkraft ist dann

$$F_{zul} = \frac{R_m}{\upsilon} \cdot S \text{ (N)}$$

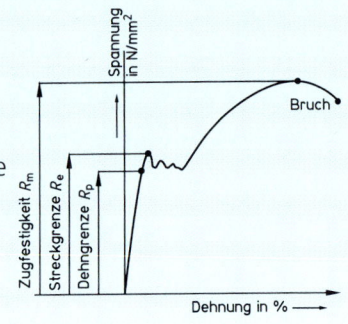

Technologie	Mathematik	Diagnose

37 Die Kette eines Flaschenzugs mit einem Durchmesser des Kettenrundstahls $d = 6$ mm wird beim Hochheben eines Motors der Masse $m = 320$ kg belastet. Wie groß ist die Zugfestigkeit?

- [ ] a) 40 N/mm²
- [X] b) 57 N/mm²
- [ ] c) 63 N/mm²

zu Aufg. 37

$$F = m \cdot g = 320 \cdot 10 = 3200 \text{ N}$$

$$R_m = \frac{F_m}{S_o} = \frac{3200}{2 \cdot \frac{6^2 \cdot \pi}{4}} = 57 \text{ N/mm}^2$$

38 Berechnen Sie die Zugfestigkeit R_m eines Winkelstahls 40 x 40 x 5 mm, wenn er eine maximale Zugkraft von 1 480 N übertragen kann.

- [X] a) 3,95 N/mm²
- [ ] b) 4,12 N/mm²
- [ ] c) 6,12 N/mm²

zu Aufg. 38

$$R_m = \frac{F_m}{S_o} = \frac{1480}{375} = 3{,}95 \text{ N/mm}^2$$

39 Ein Rundstahl $d = 20$ mm Durchmesser hat eine Zugfestigkeit von 520 N/mm². Wie groß darf die Belastung sein, wenn die Sicherheit $\upsilon = 2$ beträgt?

- [ ] a) 45 978 N
- [X] b) 81 640 N
- [ ] c) 65 432 N

zu Aufg. 39

$$F_{zul} = \frac{R_m}{\upsilon} \cdot S = \frac{520}{2} \cdot \frac{20^2 \cdot \pi}{4}$$

$$= 81640 \text{ N}$$

40 Ein Seil mit 30 Drähten von 0,8 mm Durchmesser wird durch eine Zugkraft von 8 000 N beansprucht. Wie groß ist die Zugspannung (Zugfestigkeit)?

- [X] a) 531 N/mm²
- [ ] b) 456 N/mm²
- [ ] c) 658 N/mm²

zu Aufg. 40

$$R_m = \frac{F_m}{S_o} = \frac{8000}{30 \cdot \frac{0{,}80^2 \cdot \pi}{4}}$$

$$= 531 \text{ N/mm}^2$$

41 Welche Last kann mit einer Abschleppstange aus Vierkantstahl 12 x 15 mm gezogen werden, wenn die Zugfestigkeit $R_m = 370$ N/mm² und die Sicherheit $\upsilon = 3$ beträgt? ($g = 10$ m/s²)

1)
- [ ] a) 16 500 N
- [X] b) 22 200 N
- [ ] c) 32 500 N

2)
- [ ] a) 1 650 kg
- [X] b) 2 220 kg
- [ ] c) 3 250 kg

zu Aufg. 41

1) $F_{zul} = \dfrac{R_m}{\upsilon} \cdot S = \dfrac{370}{3} \cdot 12 \cdot 15$

$= 22200 \text{ N}$

2) $m = \dfrac{F}{g} = \dfrac{22200}{10} = 2220 \text{ kg}$

42 Wie hoch kann eine Schraube M 10 mit 600 N/mm² Zugfestigkeit bei 6-facher Sicherheit belastet werden?
(Kerndurchmesser $d_3 = 8{,}160$ mm)

- [ ] a) 3 476 N
- [ ] b) 4 598 N
- [X] c) 5 227 N

zu Aufg. 42

$$F_{zul} = \frac{R_m}{\upsilon} \cdot S = \frac{600}{6} \cdot \frac{8{,}16^2 \cdot \pi}{4}$$

$$= 5227 \text{ N}$$

2.14 Arbeit, Leistung, Energie

Ergänzende Informationen: Arbeit, Leistung, Energie

Arbeit
Mechanische Arbeit wird verrichtet, wenn ein Körper unter Einwirkung einer Kraft F einen Weg s zurücklegt. 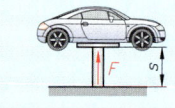
- Beim Anheben eines Fahrzeugs mit einer Hebebühne wirkt eine Kraft F und wird ein Weg s zurückgelegt.
- Wird ein Fahrzeug beschleunigt, so wirkt eine Antriebskraft F längs eines Weges s:
  Arbeit = Kraft · Weg $W = F \cdot s$

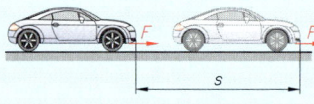

Die Einheit der Arbeit ist Newtonmeter (Nm), Joule (J) oder Wattsekunde (Ws).

Ein Fahrzeug kann auf unterschiedliche Weise auf eine höhere Ebene gebracht werden. Wird das Fahrzeug durch die Hebebühne hochgehoben, ist die Kraft F groß und der Weg s kurz. Wird das Fahrzeug über eine schiefe Ebene auf dieselbe Höhe gebracht, so ist die Kraft kleiner, der Weg aber länger. Das Produkt aus Kraft und Weg ist in beiden Fällen gleich.

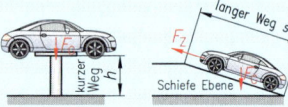

$$F_Z \cdot s = F_G \cdot h$$

Leistung
Die in einer bestimmten Zeit verrichtete Arbeit bezeichnet man als Leistung.

Leistung = $\dfrac{\text{Arbeit}}{\text{Zeit}}$ $P = \dfrac{W}{t}$; $P = \dfrac{F \cdot s}{t}$; $P = F \cdot v$

Die Einheit der Leistung ist das Watt (W) bzw. Joule/Sekunde (J/s) bzw. Newtonmeter/Sekunde (Nm/s).

Energie
Energie ist die Fähigkeit eines Körpers, Arbeit zu verrichten.

Energie = gespeicherte Arbeit

Wir unterscheiden folgende Energiearten:

- Potentielle Energie
  In dem Fahrzeug, das durch die Hebebühne auf eine bestimmte Höhe gebracht wurde, ist Hubarbeit gespeichert. Man nennt diese gespeicherte Arbeit Energie der Lage oder potentielle Energie.
- Kinetische Energie
  Die während der Beschleunigung auf eine bestimmte Geschwindigkeit verrichtete Arbeit ist in der Bewegung des Fahrzeugs gespeichert. Man nennt diese gespeicherte Arbeit Bewegungsenergie oder kinetische Energie. Es gilt:
  Beschleunigungsarbeit = Bewegungsenergie
  Bewegungsenergie = Bremsarbeit

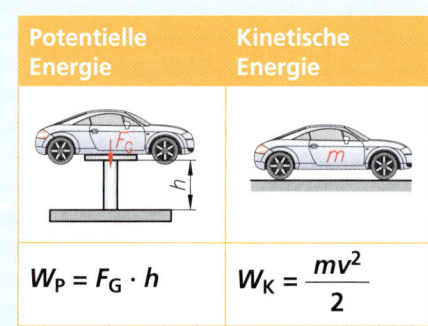

Potentielle Energie	Kinetische Energie
$W_P = F_G \cdot h$	$W_K = \dfrac{mv^2}{2}$

43 Eine Hebebühne hebt ein Fahrzeug in 8 Sekunden 1,5 m hoch. Es wird dabei eine Arbeit von $W = 17\,250$ Nm verrechnet. Berechnen Sie 1) die Kraft F in N, die notwendig ist, den Wagen zu heben, 2) die erforderliche Leistung in kW, 3) die Masse des Fahrzeugs.

1)
- [X] a) 1150 N
- [ ] b) 1260 N
- [ ] c) 1320 N

2)
- [ ] a) 1,5 kW
- [X] b) 0,216 kW
- [ ] c) 0,56 kW

3)
- [ ] a) 90 kg
- [ ] b) 110 kg
- [X] c) 115 kg

zu Aufg. 43

1) $F_G = \dfrac{W}{h} = \dfrac{17\,250}{1,5} = 11\,500$ N

2) $P = \dfrac{W}{t} = \dfrac{17\,250}{8} = 2156$ W
   $= 2,16$ kW

3) $m = \dfrac{F_G}{g} = \dfrac{11\,500}{10} = 1150$ kg

Technologie	Mathematik	Diagnose

44 Ein Pkw mit 1050 kg wird von einer Geschwindigkeit 80 km/h in 6 Sekunden bis zum Stillstand abgebremst. Die Bremskraft beträgt 800 N. Berechnen Sie
1) den Bremsweg in m ($s = \frac{v \cdot t}{2}$),
2) die Bremsarbeit in N,
3) die Leistung in kW,
4) die Energie, die in Bremsarbeit umgewandelt wird.

1)
- [ ] a) 33,54 m
- [X] b) 66,67 m
- [ ] c) 89,27 m

2)
- [ ] a) 22 325 Nm
- [ ] b) 45 817 Nm
- [X] c) 53 336 Nm

3)
- [X] a) 8,9 kW
- [ ] b) 9,2 kW
- [ ] c) 10,5 kW

4)
- [ ] a) 103 585 Nm
- [ ] b) 222 678 Nm
- [X] c) 259 259 Nm

45 Um die Wirkung eines Frontalzusammenstoßes bei 50 km/h zu demonstrieren, wird ein Pkw der Masse m = 1 400 kg durch einen Kran hochgezogen. Danach lässt man das Fahrzeug im freien Fall auf den Boden aufschlagen. Berechnen Sie die Höhe, auf die der Pkw hochgezogen werden muss.
- [ ] a) 6,45 m
- [ ] b) 7,87 m
- [X] c) 9,65 m

46 Ein Anhänger mit einem Gewicht von 3,2 t soll eine Rampe hochgezogen werden, die auf einer Länge von 12 m um 1 m ansteigt. Berechnen Sie die Zugkraft in N.
- [ ] a) 1345 N
- [X] b) 2667 N
- [ ] c) 3245 N

47 Eine Last von 200 kg soll mithilfe einer schiefen Ebene auf die 1,6 m hohe Ladefläche eines Lkw geladen werden. Berechnen Sie die Länge der Rampe, wenn der Kraftaufwand 80 N nicht übersteigen soll.
- [ ] a) 20 m
- [ ] b) 30 m
- [X] c) 40 m

zu Aufg. 44

1) $s = \dfrac{v \cdot t}{2} = \dfrac{80 \cdot 6}{3,6 \cdot 2} = 66,67 \text{ m}$

2) $W = F \cdot s = 800 \cdot 66,67$
$= 53\,336 \text{ Nm}$

3) $P = \dfrac{W}{t} = \dfrac{53\,336}{6} = 8889 \dfrac{\text{Nm}}{\text{s}}$
$\triangleq 8,9 \text{ kW}$

4) $W_k = \dfrac{m \cdot v^2}{2} = \dfrac{1050 \left(\dfrac{80}{3,6}\right)^2}{2}$
$= 259\,259 \text{ Nm}$

zu Aufg. 45
$F_G = m \cdot g = 1400 \cdot 10 = 14\,000 \text{ N}$

$W_{kin} = \dfrac{m \cdot v^2}{2} = \dfrac{1400 \left(\dfrac{50}{3,6}\right)^2}{2}$

$W_{kin} = 135\,030,86 \text{ Nm}$

$W_{kin} = W_{pot}$

$h = \dfrac{W_{pot}}{F_G} = \dfrac{135\,030,86}{14\,000}$

$h = 9,65 \text{ m}$

zu Aufg. 46

$F_z = \dfrac{F_G \cdot h}{F_z}$

$F_z = \dfrac{32\,000 \cdot 1}{12} = 2666,67 \text{ N}$

zu Aufg. 47

$s = \dfrac{F_G \cdot h}{F_z}$

$s = \dfrac{2\,000 \cdot 1,6}{80} = 40 \text{ m}$

$F_G = m \cdot g$

$F_G = 200 \cdot 10 = 2\,000 \text{ N}$

2.15 Drehzahl, Schnittgeschwindigkeit, Umfangsgeschwindigkeit

Ergänzende Informationen: Drehzahl, Schnittgeschwindigkeit, Umfangsgeschwindigkeit

Die Umfangsgeschwindigkeit v eines Körpers ist der Weg $s = d \cdot \pi$, den er am Kreisumfang in einer Sekunde zurücklegt. Die Umfangsgeschwindigkeit eines Bohrers bezeichnet man als Schnittgeschwindigkeit.

Die Umfangs- bzw. Schnittgeschwindigkeit ist abhängig von
- der Drehzahl n,
- dem Kreisdurchmesser d.

Unter Drehzahl bzw. Umdrehungsfrequenz versteht man die Anzahl der Umdrehungen in einer bestimmten Zeit, z. B. 1/min bzw. 1/s.

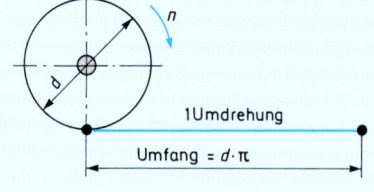

$$v = d \cdot \pi \cdot n \quad \text{(m/min)}$$

(d in m, n in 1/min)

$$n = \frac{v}{d \cdot \pi} \; ; \quad d = \frac{v}{n \cdot \pi}$$

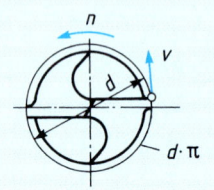

48 Ein Werkstück aus Messing soll eine Bohrung von 12 mm Durchmesser erhalten. Berechnen Sie die einzustellende Drehzahl. $v = 40$ m/min
- [ ] a) 808 1/min
- [X] b) 1 062 1/min
- [ ] c) 1 265 1/min

zu Aufg. 48

Ms: $v = 40$ m/min

$$n = \frac{v}{d \cdot \pi}$$

$$n = \frac{40}{0{,}012 \cdot 3{,}14} = 1062 \, \frac{1}{m}$$

49 Ein Bohrer von 20 mm Durchmesser hat eine Drehzahl von 800 1/min. Berechnen Sie die Schnittgeschwindigkeit.
- [X] a) 50,24 m/min
- [ ] b) 36,78 m/min
- [ ] c) 42,75 m/min

zu Aufg. 49

St 42: $v_{max} = 40$ m/min

$$v = d \cdot \pi \cdot n$$

$$v = 0{,}02 \cdot 3{,}14 \cdot 800 = 50{,}24 \text{ m/min}$$

50 An einer Handbohrmaschine lässt sich eine maximale Drehzahl von 900 1/min einstellen. Berechnen Sie den maximal verwendbaren Bohrerdurchmesser, wenn eine Schnittgeschwindigkeit von 30 m/min nicht überschritten werden soll.
- [ ] a) 8 mm
- [X] b) 11 mm
- [ ] c) 15 mm

zu Aufg. 50

$$d_{max} = \frac{v}{n \cdot \pi}$$

$$d_{max} = \frac{30}{900 \cdot 3{,}14}$$

$$d_{max} = 0{,}011 \text{ m} = 11 \text{ mm}$$

| Technologie | Mathematik | Diagnose |

51 Ein Pkw fährt mit einer Geschwindigkeit von 90 km/h. Welche Drehzahl haben die Räder, wenn der Reifendurchmesser 606 mm beträgt?

- [X] a) 13,14 1/min
- [ ] b) 20,5 1/min
- [ ] c) 80,8 1/min

zu Aufg. 51

$$n = \frac{v}{d \cdot \pi}$$

$$n = \frac{25}{0{,}606 \cdot 3{,}14} = 13{,}14 \; \frac{1}{\min}$$

52 Auf einer Bohrmaschine befindet sich das folgende Nomogramm zum Ablesen unterschiedlicher Werte. Bestimmen Sie die fehlenden Werte in der Tabelle.

zu Aufg. 52

	a)	b)	c)
n in 1/min	1 000	630	500
d in mmm	8	15	25
v in m/min	25	30	40

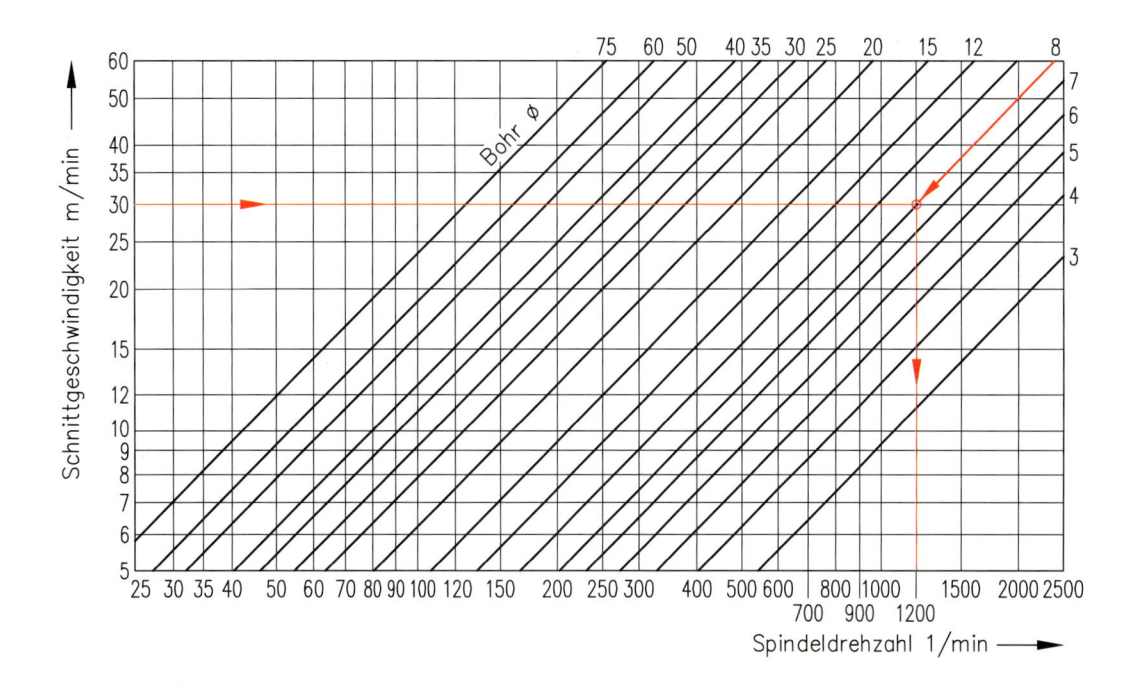

2.16 Biegen

Ergänzende Informationen: Biegen

Beim Biegen z. B. eines Stabes treten folgende Veränderungen auf:
- Die äußeren Werkstofffasern werden gedehnt.
- Die inneren Werkstofffasern werden gestaucht.
- In der Mitte des Stabes befindet sich eine Faserschicht, die weder gedehnt noch gestaucht wird. Diese Faserschicht wird als „neutrale Faser" bezeichnet. Sie bleibt in ihrer Länge unverändert und wird deshalb zur Berechnung der gestreckten Länge verwendet.

53 Aus einem 6 mm dicken Bandstahl sind 8 Ringe mit einem Innendurchmesser von 450 mm herzustellen. Wie viel Meter Bandstahl wird benötigt?

- [ ] a) 6,88 m
- [X] b) 11,46 m
- [ ] c) 14,56 m

zu Aufg. 53
$U = d \cdot \pi \cdot i$
$U = 0{,}456 \cdot 3{,}14 \cdot 8$
$U = 11{,}46 \; m$

Technologie — Mathematik — Diagnose

54 Ein 580 mm langer Rundstahl mit einem Durchmesser von 12 mm wird zu einem Ring gebogen. Wie groß ist der innere Durchmesser des Ringes in mm?
- [X] a) 172,71 mm
- [ ] b) 167,45 mm
- [ ] c) 154,34 mm

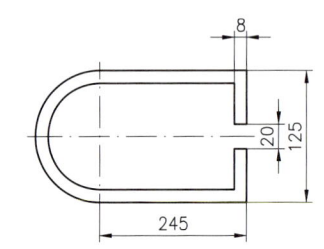

zu Aufg. 54
$$d = \frac{U}{\pi}$$
$$d_{neutral} = \frac{580}{3,14} = 184,7 \text{ mm}$$
$$d_i = 184,7 - 12 = 172,71 \text{ mm}$$

55 Ein Ring aus Rundstahl mit 20 mm Durchmesser hat einen Außendurchmesser von 300 mm. Berechnen Sie die gestreckte Länge in mm.
- [X] a) 879,20 mm
- [ ] b) 1004,8 mm
- [ ] c) 1235,75 mm

zu Aufg. 55
$$U = d \cdot \pi$$
$$U = 280 \cdot 3,14 = 879,20 \text{ mm}$$

56 Berechnen Sie die gestreckte Länge in mm.
- [X] a) 139,02 mm
- [ ] b) 156,87 mm
- [ ] c) 169,67 mm

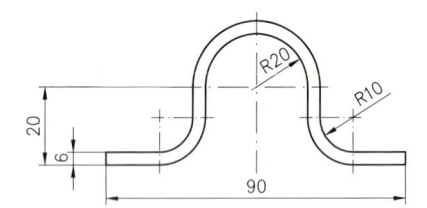

zu Aufg. 56
$$l_{ges} = 2l_1 + 2l_2 + 2l_3 + l_4$$
$$2l_1 = 90 - (40 + 16 + 16) = 18 \text{ mm}$$
$$2l_2 = 2\frac{d \cdot \pi}{4} = 2\frac{26 \cdot 3,14}{4}$$
$$= 40,82 \text{ mm}$$
$$2l_3 = 2(20 - 16) = 8 \text{ mm}$$
$$l_4 = \frac{d \cdot \pi}{2} = \frac{46 \cdot 3,14}{2}$$
$$= 72,2 \text{ mm}$$
$$l_{ges} = 139,02 \text{ mm}$$

57 Berechnen Sie die gestreckte Länge in cm.
- [ ] a) 14,55 cm
- [X] b) 24,46 cm
- [ ] c) 32,78 cm

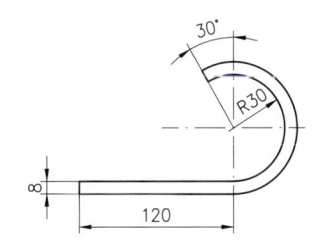

zu Aufg. 57
$$l_{ges} = l_1 + l_2 + l_3$$
$$l_1 = 120 \text{ mm}$$
$$l_2 = \frac{d \cdot \pi}{2} = \frac{68 \cdot 3,14}{2}$$
$$= 106,76$$
$$l_3 = \frac{d \cdot \pi \cdot \alpha}{360} = \frac{68 \cdot 3,14 \cdot 30}{360}$$
$$= 17,79 \text{ mm}$$
$$l_{ges} = 244,55 \text{ mm}$$

58 Berechnen Sie die gestreckte Länge in m.
- [ ] a) 0,567 m
- [X] b) 0,763 m
- [ ] c) 0,805 m

zu Aufg. 58
$$l_{ges} = 2l_1 + 2l_2 + l_3$$
$$2l_1 = 125 - 20 = 105 \text{ mm}$$
$$2l_2 = 2(245 - 8) = 474 \text{ mm}$$
$$l_3 = \frac{d \cdot \pi}{2} = \frac{117 \cdot 3,14}{2}$$
$$= 183,69 \text{ mm}$$
$$l_{ges} = 762,69 \text{ mm}$$

Demontieren, Instandsetzen, Montieren

2.17 Schraubenverbindung

1 Welche Montageregeln sind beim Montieren einer Schraubenverbindung zu beachten?

Auswahl der Verbindungselemente: Schrauben und Muttern nach Werkstoffanforderungen und konstruktiven Anforderungen auswählen, Schraubensicherung auswählen, Auswahl der Werkzeuge: Schlüsselweite der Schraubenschlüssel und Schraubendreher sind den Größen der Schrauben anzupassen. Schraubenschlüssel nach Örtlichkeit und Zugängigkeit, z. B. gekröpfter Ringschlüssel, und nach Aufgabe, z. B. Drehmomentschlüssel, auswählen.

Montage: Anzugsmoment des Herstellers ermitteln, Reihenfolge der Schrauben nach Vorgaben der Hersteller anziehen. Durchsteckschrauben mit einem zweiten Schraubenschlüssel festhalten, möglichst nur die Mutter drehen. Schrauben/Muttern gleichmäßig und evtl. in Stufen anziehen.

Schraubenschlüssel durch Aufsetzen von Rohren nicht verlängern. Dies führt zur Überbeanspruchung der Schraube. Schraubenschlüssel richtig ansetzen. Bei schrägem Ansetzen kann die Schraube beschädigt werden.

2 Wie kann man abgebrochene Schrauben aus einem Gewindeloch entfernen?

Entfernen mithilfe eines Ausdrehstifts: Vorbohren und Nachbohren der Schraube, Ausdrehstift einschlagen, Ausdrehstift ausdrehen.

3 Wie können korrodierte oder beschädigte Muttern gelöst werden?

Schraubenverbindung mit Drahtbürste säubern und Gewinde mit Rostlöser besprühen, leichter Schlag mit dem Kunststoffhammer auf den Schraubenkopf oder die Mutter.

Lässt sich die Mutter nicht lösen, Mutter mit Meißel aufmeißeln oder mithilfe eines Mutternsprengers sprengen. Bei Schraubenverbindungen mit Innensechskant-, Schlitz- oder Kreuzschlitzschrauben evtl. Schlagschraubendreher einsetzen.

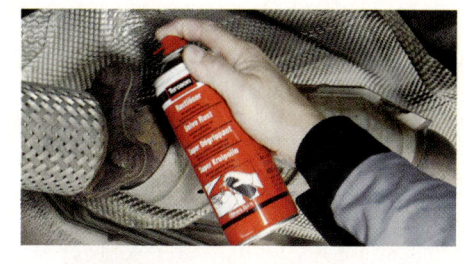

4 Wie kann die Höhe des Drehmoments beim Anziehen einer Schraubenverbindung festgestellt werden?

Drehmomentschlüssel mit einer Skala, auf der das Drehmoment abgelesen werden kann, oder einstellbarer Drehmomentschlüssel. Bei ihm wird das Drehmoment durch Drehen des Griffes eingestellt. Bei Erreichen des eingestellten Wertes rastet der Schlüssel hör- und fühlbar aus.

5 Eine Schraubenverbindung am Fahrzeug löst sich ständig. Welche Ursachen sind möglich?

Durch wechselnde Belastungen und Erschütterungen im Betrieb können sich Schraubenverbindungen lösen. Daher sind die Verbindungen gegen Lockern und Lösen mit einer Schraubensicherung zu sichern.

6 Trotz Anzugs der Zylinderkopfschrauben und einer neuen Zylinderkopfdichtung ist die Verbindung nicht dicht. Welche Ursachen kann das haben?

Vermutlich sind die Zylinderkopfschrauben über das vorgeschriebene Anzugsmoment angezogen worden. Die Zylinderkopfschrauben haben sich bleibend gedehnt, die Schraube hat ihre Spannkraft verloren. Der Verbrennungsdruck ist größer als die Vorspannkraft, die Verbindung hebt ab und ist undicht.

2.18 Werkstoffbearbeitung von Hand, Bohren, Gewindeschneiden

7 Nach welchen Gesichtspunkten werden Meißel ausgewählt?

Meißel werden nach dem Verwendungszweck ausgewählt: 1. Zerspanen: Meißeln schmaler Flächen mit dem Flachmeißel; Meißeln von Nuten mit dem Kreuzmeißel; 2. Trennen: Trennendes Meißeln zur Teilung von Blechen bzw. Herstellung von Aussparungen mit dem Aushaumeißel; 3. Abscheren (Keilschneiden) z. B. eines Schrauben- oder Nietkopfs mit dem Flachmeißel

| Technologie | Mathematik | **Diagnose** |

8 Welche Unfallverhütungsmaßnahmen sind zu beachten?

Der Meißelkopf muss gratfrei sein. Beim Spanen ist eine Schutzbrille zu tragen. Zum Schutz anderer Personen gegen wegfliegende Späne ist ein Schutzschild aufzustellen.

9 Worauf ist bei der Auswahl eines Sägeblatts zu achten?

Für weiche Werkstoffe sollte das Sägeblatt eine große Teilung, für harte Werkstoffe ein kleine Teilung haben.
Auch dünne Werkstücke sollten mit einer Säge mit kleiner Teilung gesägt werden, da sonst das Sägeblatt hakt und Zähne ausbrechen.

1" = 25,4 mm
groß — 14 Zähne
mittel — 22 Zähne
klein — 32 Zähne

10 Welche Regeln sind beim Spannen von Werkstücken, Blechen und Rohren, die abgesägt werden, zu beachten? Geben Sie die Gründe an.

Das Werkstück muss nahe der Schnittstelle, Bleche zwischen zwei Winkelstähle eingespannt werden, da damit das Federn des Werkstücks und Zahnbruch durch Klemmen verhindert wird. Rohre sind nur bis zur Innenwandung anzusägen, dann umzuspannen und im gleichen Schnitt weiterzusägen. Damit wird ein Haken der Zähne vermieden.

11 Worauf ist bei der Auswahl von Feilen zu achten?

1. Auswahl nach der gewünschten Oberfläche: Schrupp- oder Schlichtfeile; 2. Auswahl nach der Form des Werkstücks: Flachfeile, Formfeile, z. B. Rundfeile, Vierkantfeile usw.

12 Was ist beim Spannen der Werkstücke, die durch Feilen zu bearbeiten sind, zu beachten?

Werkstücke kurz und fest einspannen, druckempfindliche Hohlkörper mit Beilagen bzw. Werkstücke durch Schutzbacken vor Verspannungen schützen, runde Werkstücke in Prismenbacken, Bleche zwischen Spannwinkel spannen.

13 Welche Unfallverhütungsmaßnahmen sind zu beachten?

Das Feilenheft muss fest und sicher sitzen, das Arbeiten mit Feilen ohne Feilenheft führt zu schweren Verletzungen.

14 Welche Unfallverhütungsvorschriften sind beim Scheren von Blechen zu beachten?

Beim Arbeiten mit Blechen sind Arbeitshandschuhe zu tragen.

Technologie	Mathematik	**Diagnose**

15 Im Werkzeugschrank sind drei Bohrertypen vorhanden: großer Spanwinkel, mittlerer Spanwinkel, kleiner Spanwinkel. Welcher Bohrertyp eignet sich für welchen Werkstoff?

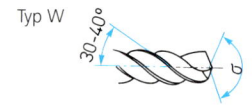

Großer Spanwinkel (Typ W): weiche Werkstoffe wie Kupfer, Aluminium

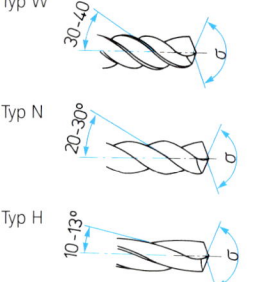

Mittlerer Spanwinkel (Typ N): normale Werkstoffe wie Stahl, Grauguss

Kleiner Spanwinkel (Typ H): harte Werkstoffe wie hochfester Stahl, Messing, Kunststoffe, Pressstoffe

16 Welche Arbeitsregeln sind beim Spannen folgender Werkstücke bei Bohrarbeiten zu beachten: Flachstahl; großes Werkstück, z. B. Doppel-T-Träger; zylindrisches Werkstück; dünnes Blech?

Flachstahl: Maschinen-Schraubstock; großes Werkstück: mit Spannelementen auf dem Bohrtisch; zylindrisches Werkstück: im Prisma lagern; dünnes Blech: mit Feilkloben festhalten und auf Holzunterlage legen

17 Begründen Sie wichtige Unfallverhütungsvorschriften beim Bohren.

Eng anliegende Kleidung, insbesondere Ärmel tragen, da lose Kleidung von der Bohrspindel erfasst und aufgewickelt werden kann. Langes Haar durch Kopfschutzhauben sichern, da Haare durch die Bohrspindel aufgewickelt werden können. Vor dem Einschalten der Maschine muss der Spannschlüssel aus dem Bohrfutter entfernt werden.

18 Für eine Zylinderkopf-Innensechskantschraube M 8 ist eine Bohrung mit einer entsprechenden Senkung herzustellen. Geben Sie 1) die Reihenfolge der Arbeitsgänge an, ermitteln Sie 2) die Abmessungen der Schraube aus einem Tabellenbuch und berechnen Sie 3) die Drehzahlen. Der Werkstoff ist Grauguss bis 260 N/mm^2.

1) Abmessungen der Innensechskantschraube aus Tabellenbuch ermitteln: Kopfdurchmesser = 13 mm, Kopfhöhe = 8 mm,

2) Bohrung herstellen, Bohrerdurchmesser d = 8,5 mm; Schnittgeschwindigkeit v = 20 m/min, Drehzahl n = 796 1/min

3) Senkung mit Zapfensenker herstellen, Durchmesser d = 14 mm, 8,5 mm tief, Schnittgeschwindigkeit v = 10 m/min, Drehzahl n = 227 1/min

19 Wie wird ein Innengewinde M 8 hergestellt?

1) Bohren des Kernloch-Durchmessers: aus Tabelle d = 6,8 mm; mithilfe der Näherungsformel d = 0,8 x 8 = 6,4 mm;
2) Kernloch ansenken;
3) Gewindebohrer zum Vorschneiden in Windeisen spannen, in Kernlochbohrung einsetzen und unter gleichmäßigem Druck ein bis zwei Gewindegänge eindrehen;
4) Rechtwinkliges Anschneiden mit Flachwinkel überprüfen;
5) Gewindebohrer eindrehen: halber Gewindegang in Schneidrichtung, dann Gewindebohrer etwas zurückdrehen;
6) Nach dem Vorschneiden Mittel- und Fertigschneider jeweils von Hand eindrehen und dann mit Windeisen fertigschneiden. Kühlschmiermittel verwenden.

20 Beim Feilen mit der Schlichtfeile entstehen Riefen. Welche Ursache kann das haben?

Späne setzen sich zwischen die Zähne der Feile und verursachen Riefen. Eine saubere Oberfläche erhält man, indem man die Feile mit Kreide bestreicht, sodass sich Späne nicht so leicht festsetzen können.

21 Die Säge klemmt. Welche Ursache liegt vor?

Die Säge schneidet nicht frei.

22 Beim Biegen eines Flachstahls entstehen an der äußeren Faser Risse. Welche Ursache kann vorliegen?

Der gewählte Biegeradius ist zu klein.

23 Beim Biegen eines Bleches sind Risse an der Biegestelle entstanden. Welche Ursache kann das haben?

Beim Biegen wurde die Walzrichtung nicht beachtet. Bleche sollten quer zur Walzrichtung gebogen werden.

24 Die Bohrung ist größer als die Angabe auf dem Bohrer. Welche Ursache hierfür gibt es?

Der Bohrer ist fehlerhaft angeschliffen: Er hat ungleich lange Schneidkanten oder ungleiche Schneidenwinkel.

25 Der Bohrer ist ausgeglüht. Welche Ursache hat das?

Es wurde mit zu hoher Schnittgeschwindigkeit gebohrt und/oder kein Kühlschmiermittel verwendet.

26 Die Bohrlochmitte liegt außerhalb der Maßangaben und der Anrisslinien. Welche Ursachen sind möglich?

Die Bohrungsmitte wurde nicht genügend angekörnt, sodass die Anbohrung verläuft. Bei größeren Bohrerdurchmessern muss vorgebohrt werden.

27 Der Bohrer ist beim Austreten aus dem Werkstück abgerissen. Welche Ursache liegt vor?

Der Bohrer hat sich beim Austreten aus der Bohrung verhakt, da die Vorschubgeschwindigkeit bzw. die Vorschubkraft zu groß war.

28 Der Gewindebohrer (Vorschneider) ist abgebrochen. Welche Ursache hat das?

Der Gewindebohrer wurde nach einem halben Gewindegang nicht zurückgedreht, um Späne zu brechen.

2.19 Prüfen und Messen

29 Die Lagerungen von Kurbelwelle und Pleuelstange sollen auf Verschleiß geprüft werden. Zur Verfügung stehen die angegebenen Messmittel. Laut Werkstatt-Handbuch müssen die gemessenen Werte innerhalb der folgenden Spannen liegen:
a) Durchmesser Kurbelwellen-Lager: $d = 58{,}011 - 58{,}038$ mm
b) Durchmesser Pleuel-Lager: $d = 47{,}916 - 47{,}950$ mm
c) Durchmesser KW-Lagerzapfen: $d = 57{,}980 - 58{,}000$ mm
d) Durchmesser KW-Pleuellagerzapfen: $d = 47{,}890 - 47{,}910$ mm
e) Berechnen Sie das Spiel von KW-Lager und KW-Lagerzapfen bzw. P-Lager und KW-Lagerzapfen. Wählen Sie die Messgeräte aus.

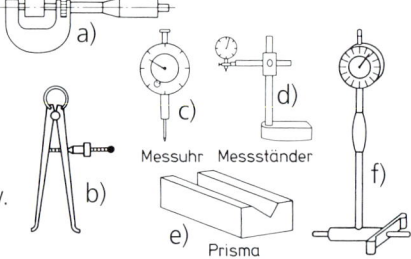

Rundlaufprüfung — *d, e, c*

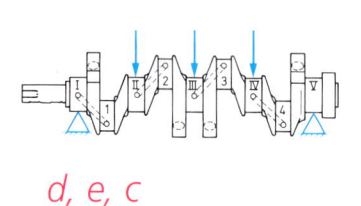

Lagerzapfendurchmesser — *a*

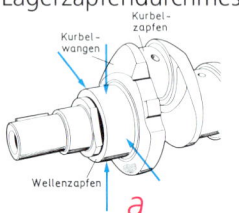

Wangenabstand Hauptlager — *b, a*

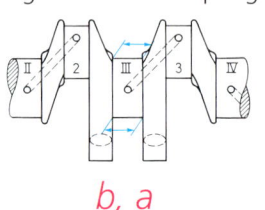

Pleuellagerbohrung — *f*

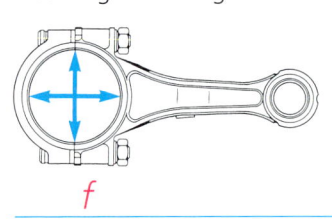

Hauptlager: Durchmesser, Rundheit — *f*

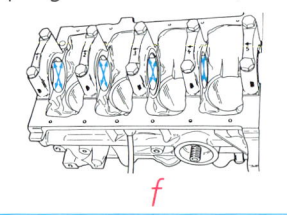

Breite Hauptlager — *a*

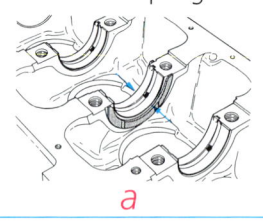

e. Berechnung der Abmessungen

Größtspiel: KW-Lager – KW-Lagerzapfen = 58,038 – 57,980 = 0,058 mm

Kleinstspiel: KW-Lager – KW-Lagerzapfen = 58,000 – 57,980 = 0,011 mm

Größtspiel: Pleuellager – KW-Pleuellagerzapfen = 47,950 – 47,890 = 0,060 mm

Kleinstspiel: Pleuellager – KW-Pleuellagerzapfen = 47,910 – 47,890 = 0,006 mm

Lernfeld 3:
Prüfen und Instandsetzen elektrischer und elektronischer Systeme

Technologie

3.1 Grundlagen, Grundbegriffe

1 An den Anschlussklemmen einer Energieklemme besteht
- [ ] a) am Pluspol Elektronenüberschuss.
- [X] b) am Minuspol Elektronenüberschuss.
- [ ] c) am Minuspol Elektronenmangel.

2 Unter Spannung versteht man
- [X] a) das Bestreben zum Ladungsausgleich zwischen den Polen.
- [ ] b) die Anzahl der Elektronen, die in einer bestimmten Zeit durch den Leiter fließen.
- [ ] c) das Maß des Elektronenmangels am Minuspol.

3 Die elektrische Spannung wird gemessen in
- [X] a) Volt.
- [ ] b) Ampere.
- [ ] c) Ohm.

4 Unter elektrischem Potential versteht man
- [ ] a) die elektrische Spannung zwischen dem Pluspol und dem Minuspol einer Energiequelle.
- [X] b) die elektrische Spannung zwischen dem Pluspol und einem Bezugspunkt.
- [ ] c) die elektrische Spannung zwischen dem Minuspol und einem Bezugspunkt.

5 Geben Sie an, welches elektrische Potential in den drei Abbildungen jeweils besteht.

6 Was versteht man unter elektrischer Stromstärke?
Die elektrische Stromstärke gibt an,

wie viel freie Elektronen in einer bestimmten Zeit durch den Leiterquerschnitt fließen.

7 Die elektrische Stromstärke wird gemessen in
- [ ] a) Volt.
- [X] b) Ampere.
- [ ] c) Ohm.

8 Der Elektronenstrom fließt im Stromkreis über den Verbraucher
- [ ] a) vom Pluspol zum Minuspol der Energiequelle.
- [X] b) vom Minuspol zum Pluspol der Energiequelle.
- [ ] c) vom Pluspol zum Minuspol des Verbrauchers und wird dort verbraucht.

9 Unter technischer Stromrichtung im Stromkreis versteht man den Stromfluss
- [X] a) vom Pluspol zum Minuspol.
- [ ] b) vom Minuspol zum Pluspol.
- [ ] c) vom Minuspol zum Verbraucher.

zu Aufg. 5

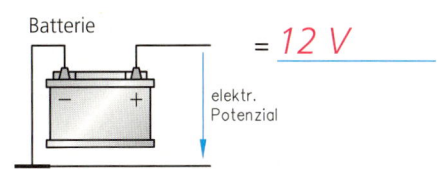

a) Generator: = *14,3 V*

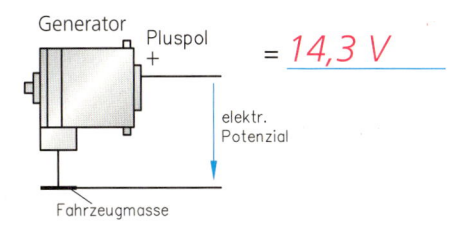

b) Batterie: = *12 V*

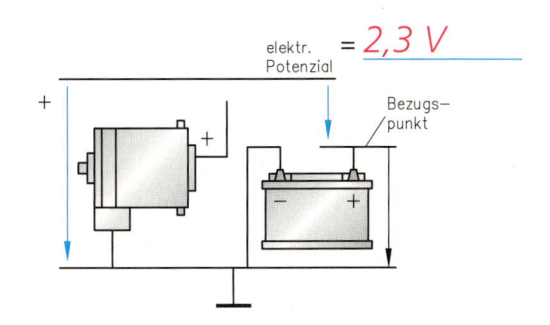

c) = *2,3 V*

10 Ein Wechselstrom verändert in gleichen Zeitabständen *seine Größe und Richtung.*

11 Bei einem Drehstrom sind
- [ ] **a)** 3 Wechselspannungen um 90° gegeneinander verschoben.
- [X] **b)** 3 Wechselspannungen um 120° gegeneinander verschoben.
- [ ] **c)** 3 Wechselspannungen um 180° gegeneinander verschoben.

12 Unter der Frequenz versteht man
- [X] **a)** die Anzahl der Perioden pro Sekunde.
- [ ] **b)** die Anzahl positiver Schwingungen pro Sekunde.
- [ ] **c)** die Anzahl der negativen Schwingungen pro Sekunde.

13 Die Frequenz wird gemessen in
- [ ] **a)** Farad.
- [ ] **b)** Ohm.
- [X] **c)** Hertz.

14 Wie groß ist die Frequenz der abgebildeten Schwingung?
- [ ] **a)** 1
- [X] **b)** 2
- [ ] **c)** 4

15 Ergänzen Sie den folgenden Satz. Der Widerstand einer Leitung ist abhängig *vom Werkstoff, vom Querschnitt und von der Länge des Leiters.*

16 Der Widerstand kann mithilfe von Stromstärke und Spannung ermittelt werden, indem man
- [ ] **a)** Spannung mit Stromstärke multipliziert.
- [X] **b)** Spannung durch Stromstärke dividiert.
- [ ] **c)** Spannung und Stromstärke addiert.

17 Je höher die Spannung, desto
- [X] **a)** höher ist der Strom bei konstantem Widerstand.
- [ ] **b)** niedriger ist der Strom bei konstantem Widerstand.
- [ ] **c)** höher ist der Strom bei höherem Widerstand.

18 Je höher der Widerstand, desto
- [ ] **a)** höher ist der Strom bei gleich bleibender Spannung.
- [X] **b)** geringer ist der Strom bei gleich bleibender Spannung.
- [ ] **c)** höher ist der Strom bei höherer Spannung.

19 Das Produkt aus Strom und Spannung ergibt
- [ ] **a)** den Widerstand.
- [ ] **b)** die elektrische Arbeit.
- [X] **c)** die elektrische Leistung.

20 Die elektrische Arbeit ergibt sich, wenn man
- [ ] **a)** die Leistung durch die Zeit dividiert.
- [X] **b)** die Leistung mit der Zeit multipliziert.
- [ ] **c)** die Leistung und die Zeit addiert.

21 Die elektrische Leistung wird gemessen in
- [ ] **a)** kWh.
- [X] **b)** kW.
- [ ] **c)** Voltamperesekunden.

22 Die elektrische Arbeit wird gemessen in
- [X] **a)** kWh.
- [ ] **b)** kW.
- [ ] **c)** Hertz.

3.2 Sicherung, Leitung, Spannungsfall

23 Welches Symbol stellt eine Sicherung dar?
- [ ] **a)** Darstellung 1
- [X] **b)** Darstellung 2
- [ ] **c)** Darstellung 3

zu Aufg. 14

zu Aufg. 23

| Technologie | Mathematik | Diagnose |

24 Eine Sicherung schützt einen Stromkreis gegen
- [X] a) zu hohe Ströme.
- [ ] b) zu hohe Spannungen.
- [ ] c) zu hohen Leitungswiderstand.

25 Eine Flachsicherung ist rot gekennzeichnet. Wie hoch darf der Nennstrom maximal sein?
- [ ] a) 7,5 A
- [X] b) 10 A
- [ ] c) 16 A

26 Wie werden Sicherungen überprüft?
- [X] a) Sichtprüfung
- [ ] b) Oszilloskop
- [ ] c) Motortester

27 Welche Anlagen sind nicht abgesichert?
- [X] a) Startanlage
- [ ] b) Beleuchtungsanlage
- [ ] c) Motormanagement

zu Aufg. 25

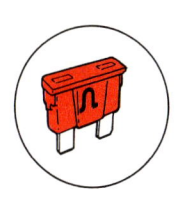

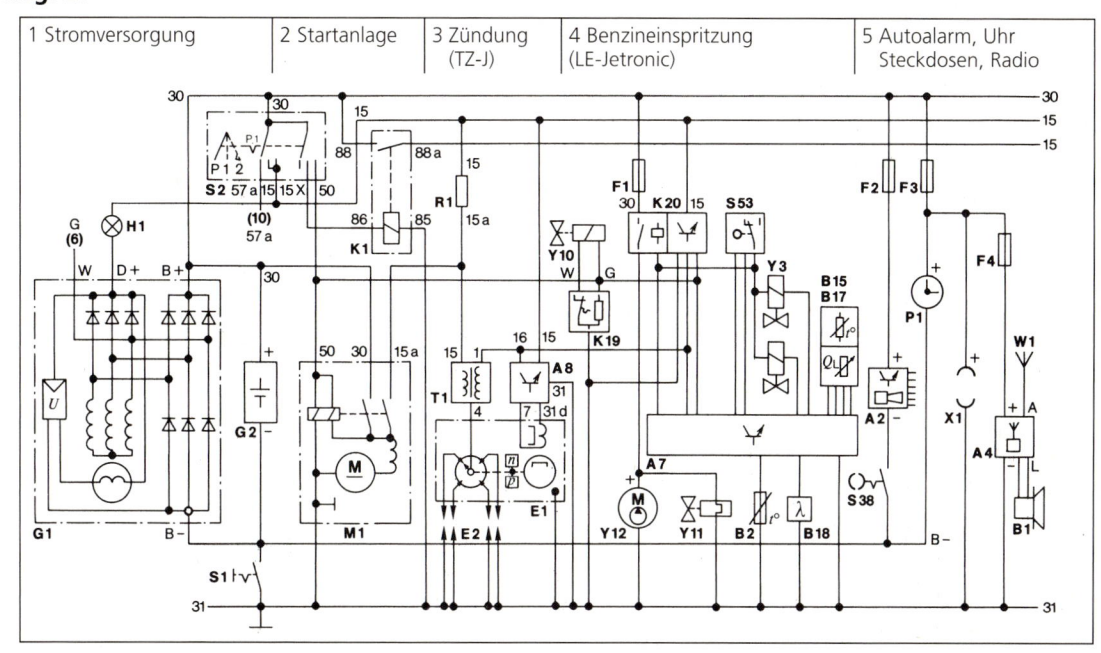

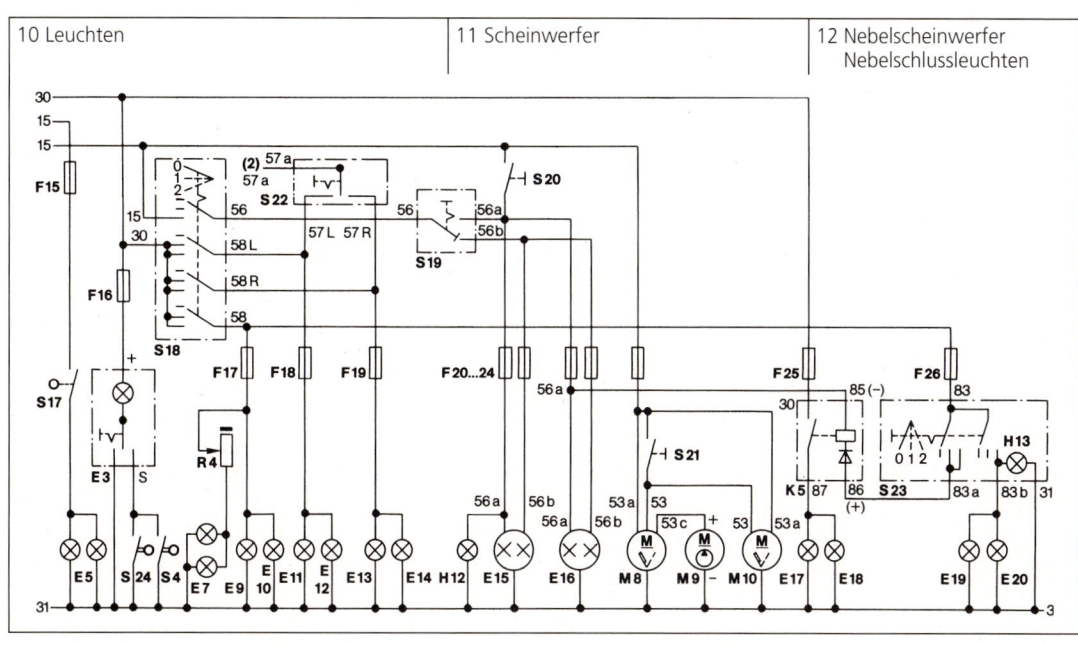

zu Aufg. 27

28. Wonach richtet sich der Querschnitt einer Leitung?

Stromstärke, Länge

spezifischer Widerstand,

zulässiger Spannungsfall

29. Eine Leitung hat eine braune Grundfarbe. Welchen Verwendungszweck hat die Leitung?
    - [ ] a) Kabel Kl. 15
    - [X] b) Masseleitung
    - [ ] c) Leitung Batterie Plus – Lichthauptschalter

30. Im Schaltplan steht für eine Leitung die Bezeichnung GRGN 0,75. Welche Aussage ist falsch?
    - [ ] a) Die Grundfarbe ist grau.
    - [ ] b) Die Kennfarbe ist grün.
    - [X] c) Die Leitung ist 75 mm lang.
    - [ ] d) Der Leitungsquerschnitt beträgt 0,75 mm².

31. Unter Spannungsfall einer Leitung versteht man
    - [X] a) den Unterschied zwischen Batteriespannung und Verbraucherspannung.
    - [ ] b) die Spannungsdifferenz zwischen Pluspol und Minuspol der Batterie.
    - [ ] c) den Spannungsabfall durch Sulfatierung der Batterie.

32. Wie groß darf der Spannungsfall in der Starterhauptleitung bei einer 12-Volt-Anlage sein?
    - [ ] a) 0,1 V
    - [ ] b) 0,4 V
    - [X] c) 0,5 V

33. Wie groß darf der Spannungsfall in der Ladeleitung bei einer 12-Volt-Anlage sein?
    - [ ] a) 0,1 V
    - [ ] b) 0,3 V
    - [X] c) 0,4 V

34. Wie groß darf der Spannungsabfall der Leitungen bei einer 12-Volt-Anlage vom Lichtschalter Kl. 30 zum Scheinwerfer sein?
    - [ ] a) 0,1 V
    - [X] b) 0,3 V
    - [ ] c) 0,4 V

3.3 Widerstände, Schaltungen

35. Welches Symbol stellt einen verstellbaren Widerstand dar?
    - [ ] a) Darstellung 1
    - [ ] b) Darstellung 2
    - [X] c) Darstellung 3

36. Die Schaltung der Widerstände stellt eine
    - [X] a) Reihenschaltung dar.
    - [ ] b) Parallelschaltung dar.
    - [ ] c) Gruppenschaltung dar.

37. Bei einer Reihenschaltung von Widerständen
    - [X] a) fließt der gleiche Strom durch alle Widerstände.
    - [ ] b) ist der Gesamtstrom die Summe der Teilströme.
    - [ ] c) liegt an allen Widerständen die gleiche Spannung an.

38. Bei einer Reihenschaltung von Widerständen
    - [X] a) ist die Gesamtspannung gleich der Summe der Teilspannungen.
    - [ ] b) liegt an allen Widerständen die gleiche Spannung an.
    - [ ] c) ist der Gesamtwiderstand die Summe der Kehrwerte der Teilwiderstände.

zu Aufg. 30

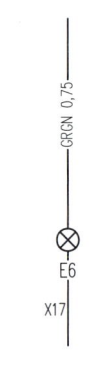

zu Aufg. 35

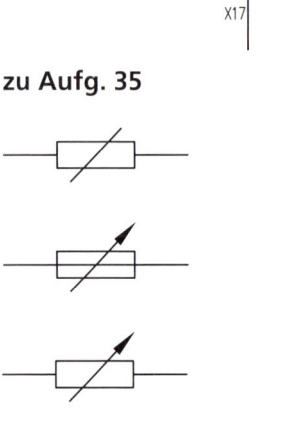

zu Aufg. 36

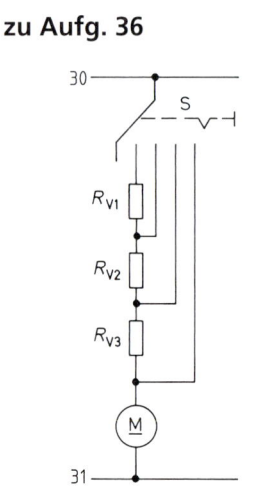

| | Technologie | Mathematik | Diagnose |

39 Bei einer Reihenschaltung von Widerständen ist
- ☐ a) der Widerstand überall gleich.
- ☐ b) der Gesamtwiderstand gleich dem Kehrwert der Teilwiderstände.
- ☒ c) der Gesamtwiderstand gleich der Summe der Teilwiderstände.

40 Was passiert, wenn eine 12-V-Reihenschaltung von Widerständen um einen Widerstand erweitert wird?
- ☐ a) Gesamtwiderstand sinkt, Teilspannung steigt, Strom sinkt
- ☐ b) Gesamtwiderstand steigt, Teilspannung steigt, Strom steigt
- ☒ c) Gesamtwiderstand steigt, Teilspannung fällt, Strom sinkt

41 Die dargestellte Schaltung zur Füllstandsanzeige zeigt eine
- ☒ a) Reihenschaltung.
- ☐ b) Parallelschaltung.
- ☐ c) Gruppenschaltung.

42 Bei einer Parallelschaltung von Widerständen
- ☐ a) ist die Gesamtspannung der Kehrwert der Teilspannungen.
- ☒ b) ist die Spannung an allen Widerständen gleich.
- ☐ c) ist die Gesamtspannung gleich der Summe der Teilspannungen.

43 Bei der Parallelschaltung ist der Gesamtstrom
- ☐ a) an allen Widerständen gleich.
- ☐ b) gleich dem Kehrwert der Teilströme.
- ☒ c) gleich der Summe der Teilströme.

44 Bei der Parallelschaltung von Widerständen ist
- ☐ a) der Gesamtwiderstand gleich der Summe der Teilwiderstände.
- ☒ b) der Gesamtwiderstand gleich der Summe der Kehrwerte der Teilwiderstände.
- ☐ c) die Gesamtspannung gleich der Summe Teilspannungen.

45 Wie kann man bei konstanter Klemmenspannung die Stromstärke der untenstehenden Schaltung verdoppeln?
- ☐ a) Durch Parallelschalten eines halb so großen Widerstands.
- ☒ b) Durch Parallelschalten eines gleich großen Widerstands.
- ☐ c) Durch Parallelschalten eines doppelt so großen Widerstands.

46 Was passiert in einer Parallelschaltung von vier Leuchten, wenn eine Leuchte ausfällt? (12-V-Anlage)
- ☐ a) Gesamtwiderstand kleiner, Strom größer
- ☐ b) Gesamtwiderstand größer, Strom größer
- ☒ c) Gesamtwiderstand größer, Strom kleiner

47 Bei welcher Schalterstellung erreicht der Lüfter die niedrigste Drehzahl?
- ☒ a) Schalterstellung 1
- ☐ b) Schalterstellung 2
- ☐ c) Schalterstellung 3
- ☐ d) Schalterstellung 4

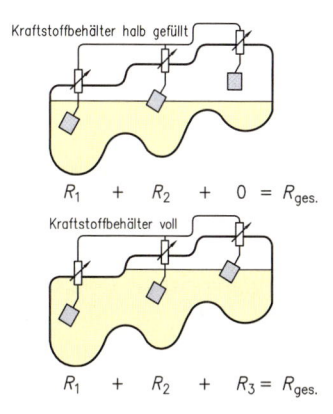

zu Aufg. 41

Kraftstoffbehälter halb gefüllt

$R_1 + R_2 + 0 = R_{ges.}$

Kraftstoffbehälter voll

$R_1 + R_2 + R_3 = R_{ges.}$

zu Aufg. 47

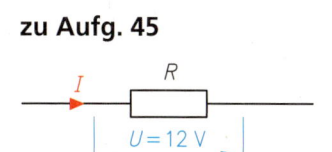

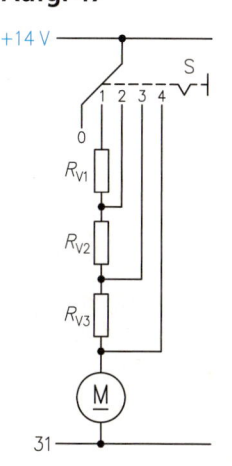

zu Aufg. 45

$U = 12\,V$

48 An welcher Stelle des Stromkreises ist bei geschlossenem Schalter der Strom am kleinsten?
- [X] a) 1
- [ ] b) 2
- [ ] c) 3
- [ ] d) 4

3.4 Schalter, Relais

49 Welcher Schalter wird durch das Schaltzeichen dargestellt?
- [X] a) Schließer, handbetätigt durch Drücken
- [ ] b) Öffner, handbetätigt durch Drehen
- [ ] c) Wechsler, handbetätigt durch Drehen

50 Ordnen Sie den Schaltern die Begriffe zu.
- a) Öffner
- b) Schließer
- c) Wechsler

51 Beim dargestellten Thermozeitschalter wird das Öffnen des Kontakts ermöglicht durch
- [ ] a) NTC-Widerstand.
- [ ] b) PTC-Widerstand.
- [X] c) Bimetall.

52 Wie viele Schaltstellungen hat der Mehrstellenschalter?
- [ ] a) 2
- [X] b) 3
- [ ] c) 4

53 Welche Aufgabe hat ein Relais
- [X] a) Das Relais schaltet durch einen geringen Steuerstrom einen großen Arbeitsstrom.
- [ ] b) Das Relais schaltet durch einen großen Steuerstrom einen gleich großen Arbeitsstrom.
- [ ] c) Das Relais schaltet durch einen hohen Arbeitsstrom einen niedrigen Steuerstrom.

54 Welches Bauelement wird durch das abgebildete Schaltzeichen symbolisiert?
- [ ] a) Thermoschalter
- [ ] b) Magnetventil
- [X] c) Relais

55 Ordnen Sie folgende Begriffe den Abbildungen zu.
- a) Öffner
- b) Schließer
- c) Wechsler

zu Aufg. 48

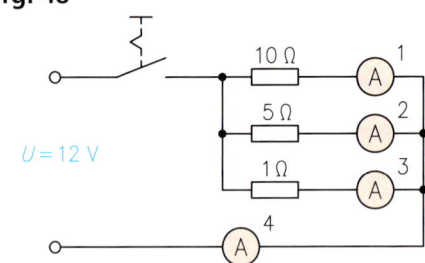

$U = 12\,V$

zu Aufg. 49

zu Aufg. 50

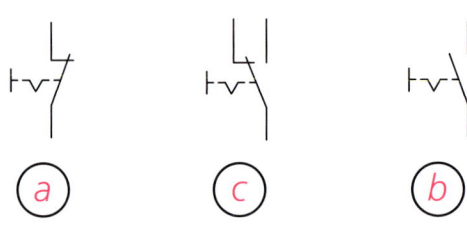

a   c   b

zu Aufg. 51

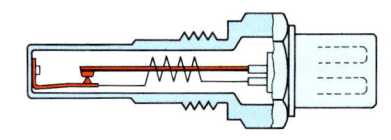

zu Aufg. 52

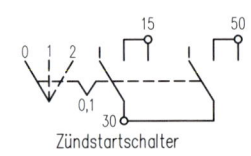

Zündstartschalter

zu Aufg. 54

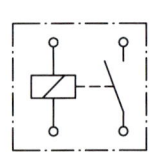

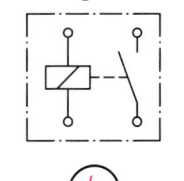

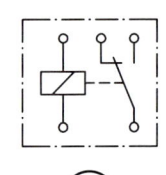

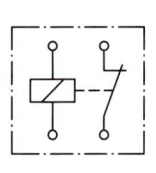

zu Aufg. 55

b   c   a

| Technologie | Mathematik | Diagnose |

56 Geben Sie in der Abbildung die Klemmenbezeichnungen an.

zu Aufg. 56/57

a ___ 86 87 ___ d

b ___ 85 30 ___ c

57 Ordnen Sie der Abbildung aus Frage 56 folgende Buchstaben zu:
- a) Eingang Steuerstrom,
- b) Ausgang Steuerstrom,
- c) Eingang Leistungsstrom,
- d) Ausgang Leistungsstrom.

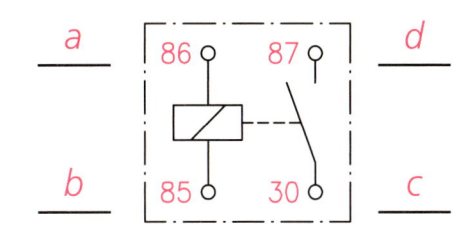

58 Wie wird das dargestellte Relais bezeichnet?
- [ ] a) Glühröhren-Relais
- [X] b) Reed-Relais
- [ ] c) Magnet-Relais

zu Aufg. 58

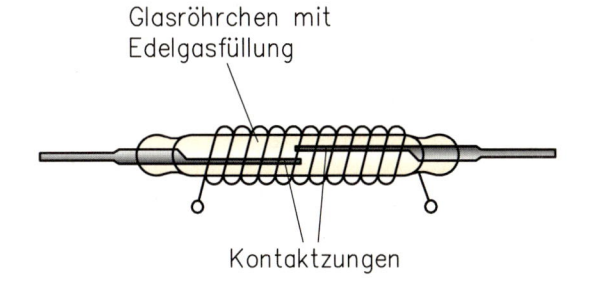

Glasröhrchen mit Edelgasfüllung

Kontaktzungen

59 Wann schließt das dargestellte Relais?
- [ ] a) Wenn der Strom durch die Zungen fließt
- [X] b) Wenn der Strom durch die Wicklung fließt
- [ ] c) Durch einen Permanentmagneten

60 Welche Aufgabe hat das Relais K 1 im dargestellten Schaltplan?
- [X] a) Es schaltet beim Starten größere Stromverbraucher ab.
- [ ] b) Es schaltet den Beleuchtungsstrom ein.
- [ ] c) Es schaltet beim Starten alle Stromverbraucher aus.

zu Aufg. 60

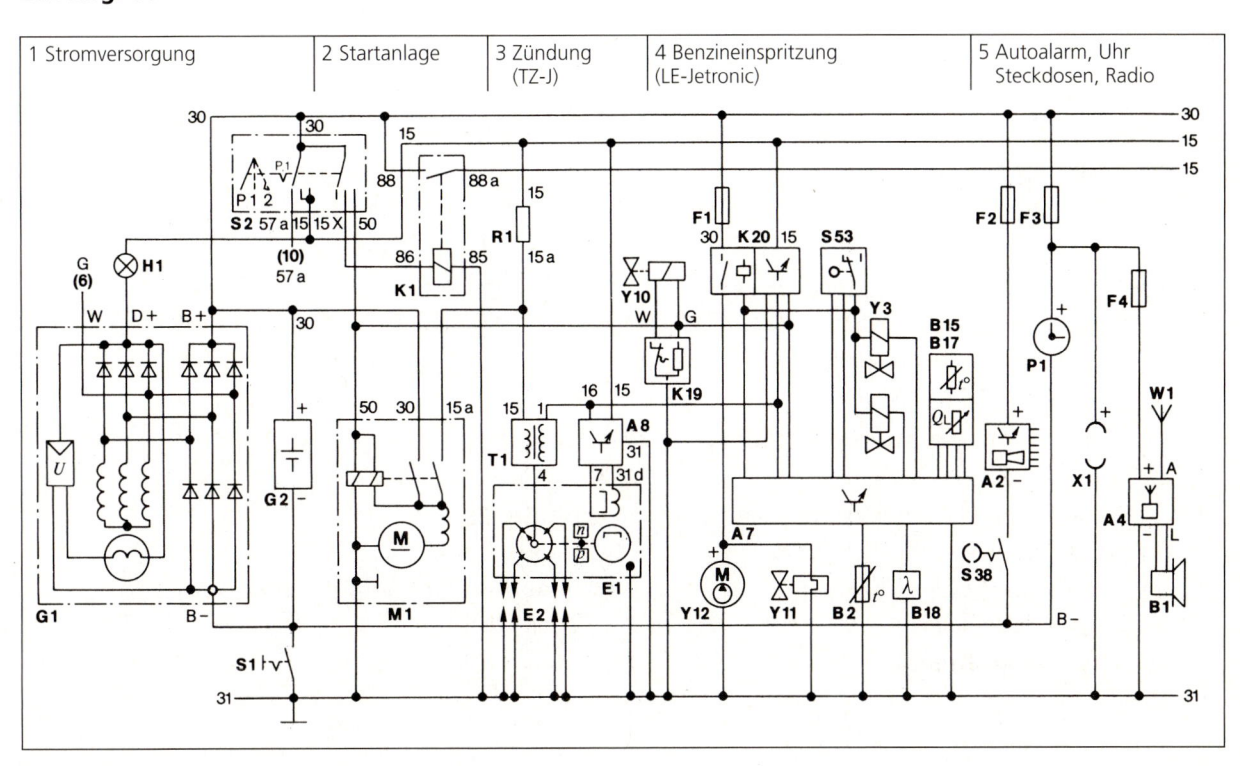

1 Stromversorgung | 2 Startanlage | 3 Zündung (TZ-J) | 4 Benzineinspritzung (LE-Jetronic) | 5 Autoalarm, Uhr Steckdosen, Radio

3.5 Halbleiter

61 Welches der abgebildeten Schaltzeichen stellt eine Diode dar?
- [X] a) Zeichnung 1
- [ ] b) Zeichnung 2
- [ ] c) Zeichnung 3

62 Welches Schaltzeichen stellt eine Zener-Diode dar?
- [ ] a) Zeichnung 1
- [ ] b) Zeichnung 2
- [X] c) Zeichnung 3

63 Welche Darstellung ist richtig?
- [X] a) Zeichnung 1
- [ ] b) Zeichnung 2
- [ ] c) Zeichnung 3

64 Welche Darstellung ist richtig?
- [ ] a) Zeichnung 1
- [ ] b) Zeichnung 2
- [X] c) Zeichnung 3

65 Wie unterscheidet sich die Z-Diode von der normalen Diode?
- [X] a) Sie sperrt den Strom in Sperrrichtung bis zur Zener-Spannung.
- [ ] b) Sie lässt den Strom in Durchlassrichtung bis zur Zener-Spannung durch.
- [ ] c) Sie sperrt den Strom in Durchlassrichtung.

66 Welche Lampen in der dargestellten Schaltung leuchten?
- [X] a) E1
- [ ] b) E2
- [ ] c) keine

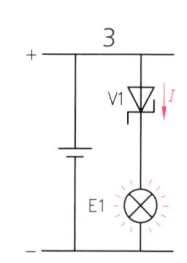

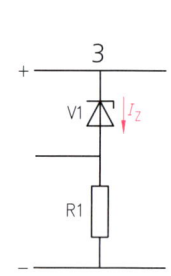

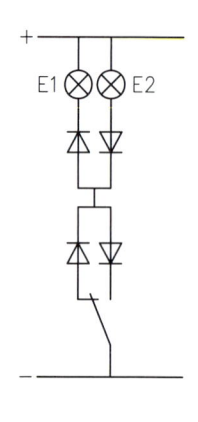

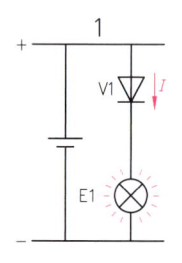

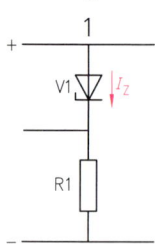

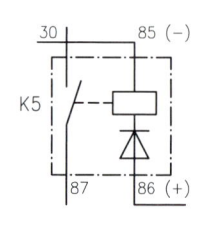

67 Welche Aufgabe hat die Z-Diode in der dargestellten Schaltung?
- [ ] a) Überspannungsschutz
- [X] b) Verpolungsschutz
- [ ] c) Begrenzung des Relaisstroms

68 Welche der dargestellten Verpolschaltungen ist richtig?
- [ ] a) Darstellung 1
- [X] b) Darstellung 2
- [ ] c) Darstellung 3

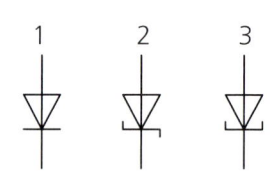

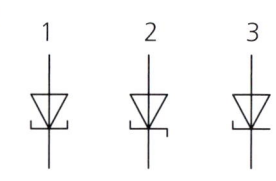

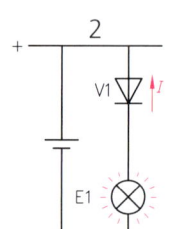

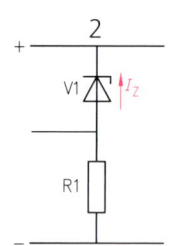

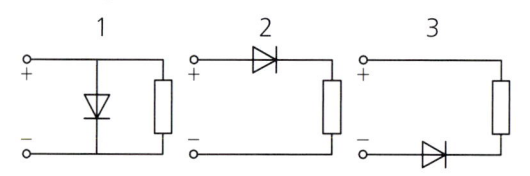

Technologie		**Mathematik**	**Diagnose**

69 Welche Aufgabe hat die Z-Diode V_2?
- ☐ a) Sie richtet den Strom gleich.
- ☐ b) Sie dient dem Verpolungsschutz.
- ☒ c) Sie dient dem Überspannungsschutz.

70 Ordnen Sie die Begriffe den Abbildungen zu.
- a) Leuchtdiode Darstellung: *1*
- b) Fotodiode Darstellung: *2*
- c) Fotowiderstand Darstellung: *3*

71 Welches der in der o. a. Frage dargestellten optoelektronischen Elemente erzeugt bei Lichteinwirkung eine Spannung?
- ☐ a) Leuchtdiode
- ☒ b) Fotodiode
- ☐ c) Fotowiderstand

72 Beim Fotowiderstand wird durch Lichteinwirkung
- ☐ a) die Spannung verringert.
- ☐ b) der Widerstand erhöht.
- ☒ c) der Widerstand verringert.

73 Welches der dargestellten Schaltzeichen stellt einen NPN-Transistor dar?
- ☒ a) Zeichnung 1
- ☐ b) Zeichnung 2
- ☐ c) Zeichnung 3

74 Ordnen Sie die Begriffe den Anschlüssen am Transistor zu.
- a) Kollektor C
- b) Basis B
- c) Emitter E

75 Welche Aufgabe haben die Anschlüsse am Transistor? Ergänzen Sie die drei Sätze
- a) Der Emitter *sendet Ladungsträger aus*.
- b) Die Basis *steuert die Aussendung der Ladungsträger*.
- c) Der Kollektor *sammelt die Ladungsträger*.

76 Das Durchschalten des NPN-Transistors erfolgt über
- ☒ a) die Basis.
- ☐ b) den Kollektor.
- ☐ c) den Emitter.

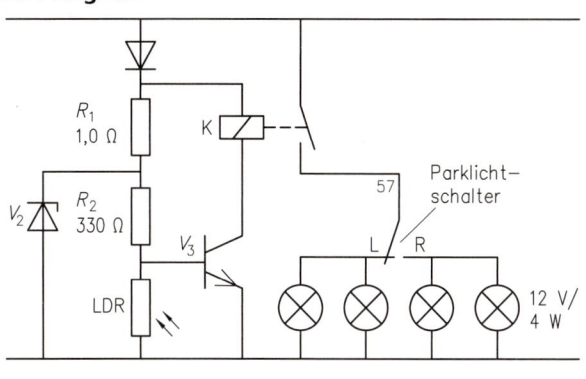

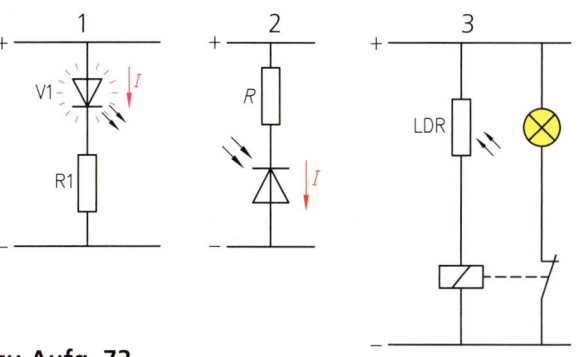

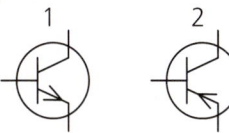

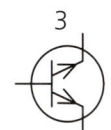

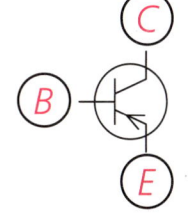

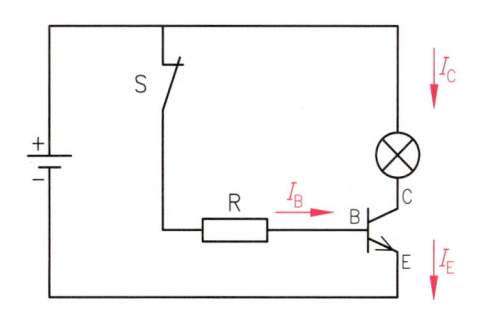

Technologie

77 Wie hoch ist die Schwellenschaltung, bei der die Sperrschicht zwischen Basis und Emitter aufgehoben wird und der Transistor durchschaltet?
- ☐ a) 0,1 V
- ☒ b) 0,7 V
- ☐ c) 1 V

78 In der dargestellten Schaltung (S. 67) arbeitet der Transistor
- ☒ a) als Schalter.
- ☐ b) als Widerstand.
- ☐ c) als Verstärker.

79 Welche Folgen hat es, wenn der Widerstand des Potentiometers verringert wird?
- ☐ a) Der Basisstrom wird geringer, der Kollektorstrom steigt an.
- ☒ b) Der Basisstrom wird größer, der Kollektorstrom steigt an.
- ☐ c) Der Basistrom wird höher, der Kollektorstrom fällt ab.

80 Bei der Verstärkerschaltung des Transistors
- ☐ a) ist der Kollektorstrom unabhängig von der Höhe des Basisstroms.
- ☐ b) führt die Verringerung des Basisstroms zu einer starken Erhöhung des Kollektorstroms.
- ☒ c) führt die Erhöhung des Basisstroms zu einem starken Anstieg des Kollektorstroms.

81 Was versteht man unter einer Darlington-Schaltung?
- ☒ a) Zwei in Reihe geschaltete Transistoren
- ☐ b) Zwei parallel geschaltete Transistoren
- ☐ c) Zwei in Reihe geschaltete Thyristoren

82 Bei einer Darlington-Schaltung steuert
- ☒ a) Transistor V1 den Transistor V2.
- ☐ b) Transistor V2 den Transistor V1.
- ☐ c) Transistor V1 den Kollektorstrom I.

83 Welches Schaltzeichen stellt einen NTC-Widerstand dar?
- ☐ a) Zeichnung 1
- ☒ b) Zeichnung 2
- ☐ c) Zeichnung 3

84 Bei einem NTC-Widerstand
- ☒ a) nimmt der Widerstand mit zunehmender Temperatur ab.
- ☐ b) nimmt der Widerstand mit zunehmender Temperatur zu.
- ☐ c) nimmt der Widerstand mit abnehmender Temperatur zu.

85 Bei einem PTC-Widerstand nimmt der Widerstand
- ☐ a) mit zunehmender Temperatur ab.
- ☒ b) mit zunehmender Temperatur zu.
- ☐ c) mit abnehmender Temperatur zu.

86 PTC-Widerstände werden nicht angewendet
- ☒ a) als Temperatursensor für Kühlmittel.
- ☐ b) bei Heckscheibenheizungen als Überlastungsschutz.
- ☐ c) für Glühstiftkerzen von Dieselmotoren.

zu Aufg. 79/80

zu Aufg. 80

zu Aufg. 83

Technologie | **Mathematik** | **Diagnose**

87 Welches Schaltzeichen stellt einen Kondensator dar?
- [ ] a) Zeichnung 1
- [ ] b) Zeichnung 2
- [X] c) Zeichnung 3

zu Aufg. 87

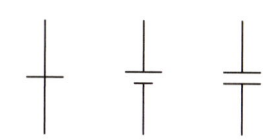

88 Welche Aufgabe hat ein Kondensator?
- [X] a) Er speichert elektrische Energie.
- [ ] b) Er wirkt als Widerstand im elektrischen Stromkreis.
- [ ] c) Er unterbricht den Stromkreis.

89 Welche Aussage über die Funktion des Kondensators in der dargestellten Schaltung ist richtig?
- [ ] a) Er lädt sich, wenn S1 geöffnet, S2 geschlossen ist.
- [ ] b) Er entlädt sich, wenn S1 geschlossen, S2 geöffnet ist.
- [X] c) Er entlädt sich, wenn S1 geöffnet, S2 geschlossen ist.

zu Aufg. 89

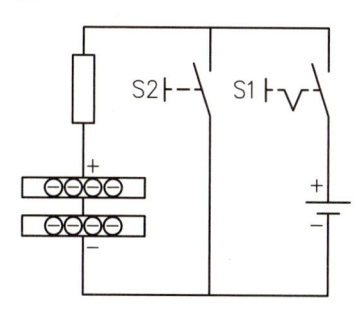

zu Aufg. 90

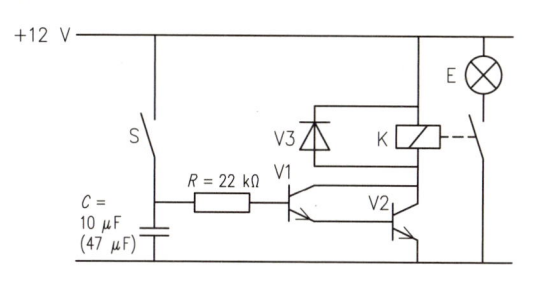

90 Welche Aufgabe erfüllt der Kondensator in dem dargestellten Schaltplan?
- [X] a) Zeitglied zum Ausschalten der Beleuchtung
- [ ] b) Funkentstörung des Drehstromgenerators
- [ ] c) Überlastungsschutz des Drehstromgenerators

zu Aufg. 91/92

3.6 Schaltpläne

91 Welche Darstellung zeigt einen Stromlaufplan in aufgelöster Darstellung?
- [ ] a) Schaltplan 1
- [ ] b) Schaltplan 2
- [X] c) Schaltplan 3

92 Welche Bedeutung unten im Schaltplan hat die Angabe z. B. 6?
- [ ] a) Sicherungsgröße
- [X] b) Strompfad
- [ ] c) Gerätekennzeichnung

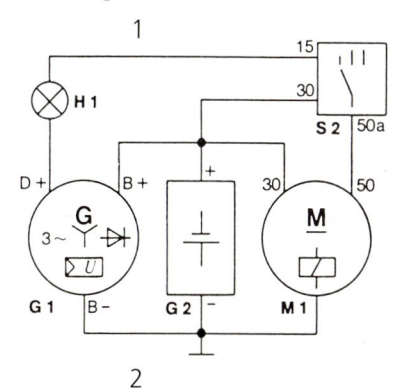

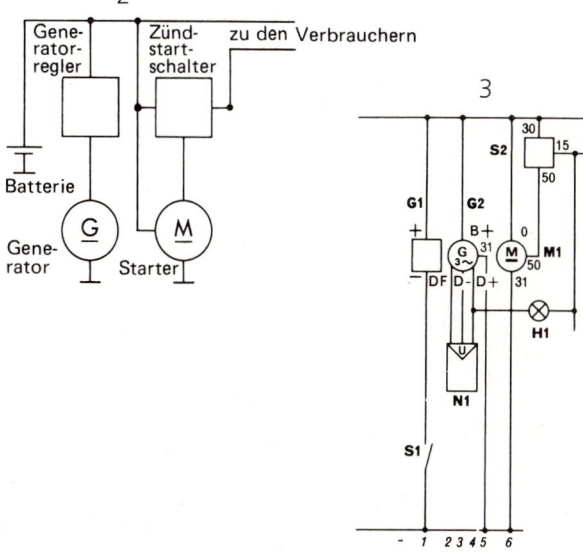

Technologie | Mathematik | Diagnose

3.7 Beleuchtungsanlage

93 Benennen Sie die Funktionsgruppen für die Scheinwerfer (links, Abblend- und Fernlicht) und geben Sie die Klemmenbezeichnungen der Funktionsgruppen an.

Bezeich-nung	Benennung der Schalter	Klemmen
S 19	Abblendschalter	56/56a, 56b
F 20/21	Sicherungen	
E 15	Fernlicht	56a
	Abblendlicht	56b
H 12	Fernlichtkontrolle	56a

zu Aufg. 93

94 Welche Bedeutung haben die Klemmen am Zündstartschalter?

Kl. 15: *geschaltetes Plus hinter der Batterie*

Kl. 15 x: *Entlastung der Kl. 15 beim Starten*

Kl. 30: *Batterie Plus*

Kl. 50: *Starter*

Kl. 57a: *Parklicht*

zu Aufg. 94

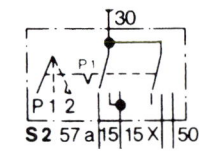

zu Aufg. 95

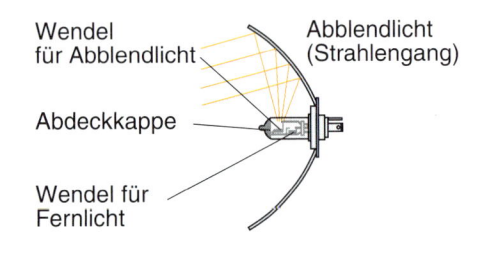

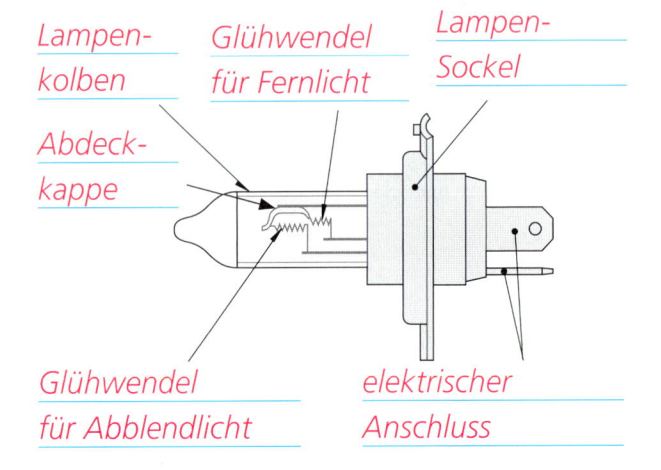

95 Bei einem Parabolreflektor liegt die Glühwendel für das Abblendlicht
- [ ] a) im Brennpunkt.
- [X] b) vor dem Brennpunkt.
- [ ] c) hinter dem Brennpunkt.

96 Benennen Sie die Funktionselemente der Halogenlampe in der Abbildung.

97 Die dargestellte Halogenlampe hat die Bezeichnung
- [ ] a) H 1.
- [X] b) H 4.
- [ ] c) H 7.

zu Aufg. 96

Lampenkolben — *Glühwendel für Fernlicht* — *Lampensockel*

Abdeckkappe

Glühwendel für Abblendlicht — *elektrischer Anschluss*

3.8 Prüfen und Messen

98 Welche elektrische Größe wird bei 1 gemessen?
- [ ] a) Widerstand
- [X] b) Spannung
- [ ] c) Stromstärke

99 Welche elektrische Größe wird bei 2 gemessen?
- [ ] a) Widerstand
- [ ] b) Spannung
- [X] c) Stromstärke

100 Bei geschlossenem Stromkreis misst man zwischen den Anschlüssen 1 und 2
- [X] a) 0 V.
- [ ] b) 11,5 V.
- [ ] c) 14 V.

101 Bei geöffnetem Stromkreis misst man zwischen den Anschlüssen 1 und 2
- [ ] a) 0 V.
- [X] b) 12 V.
- [ ] c) 14,4 V.

102 Bei geschlossenem Stromkreis misst man zwischen den Anschlüssen 1 und 2
- [ ] a) 0 V.
- [X] b) 12 V.
- [ ] c) 14 V.

103 Bei geöffnetem Stromkreis misst man zwischen den Anschlüssen 1 und 2
- [X] a) 0 V.
- [ ] b) 14 V.
- [ ] c) 12 V.

104 An den Anschlüssen der Diode (Silizium) 1 und 2 fällt eine Spannung ab von
- [ ] a) 0 V.
- [X] b) 0,7 V.
- [ ] c) 12 V.

105 An den Anschlüssen der Diode (Silizium) 1 und 2 fällt eine Spannung ab von
- [ ] a) 0 V.
- [ ] b) 0,7 V.
- [X] c) 12 V.

106 Welche Spannung wird am Transistor gemessen?
- [ ] a) 0 V
- [X] b) 0,7 V
- [ ] c) 11,5 V

zu Aufg. 98/99

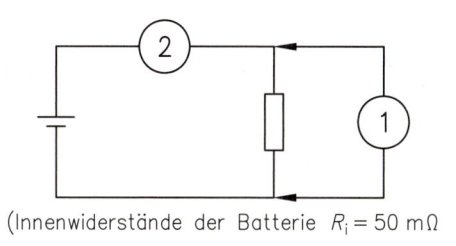

(Innenwiderstände der Batterie $R_i = 50$ mΩ)

zu Aufg. 100 **zu Aufg. 101**

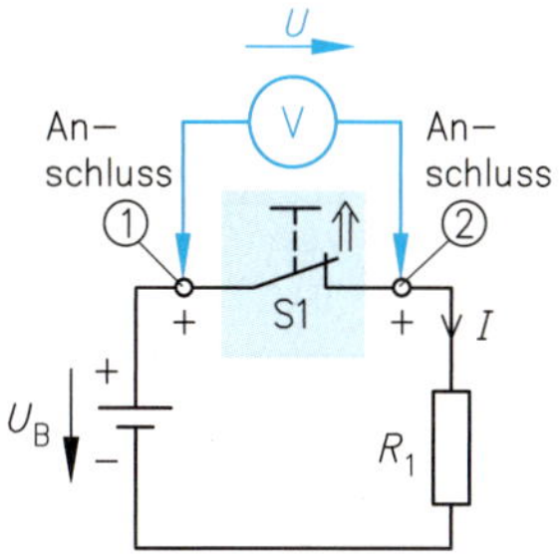

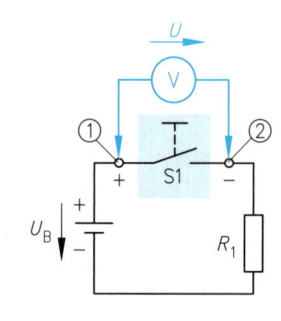

zu Aufg. 102 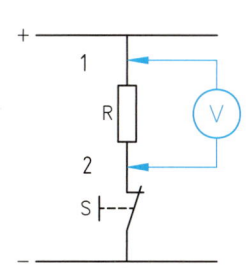 **zu Aufg. 103**

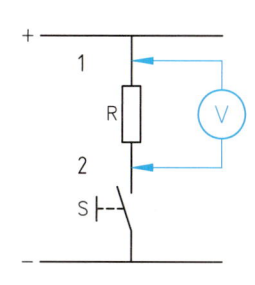

zu Aufg. 104 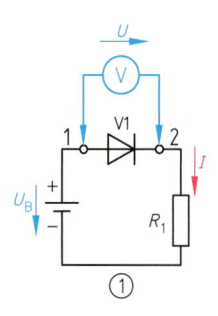 **zu Aufg. 105**

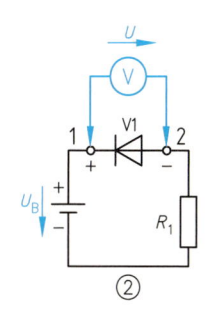

zu Aufg. 106

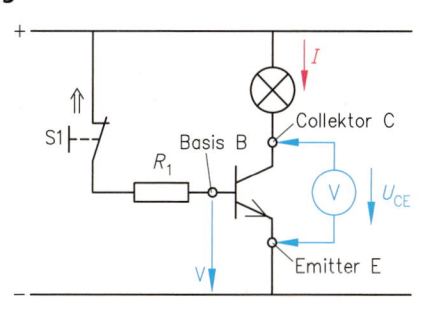

Technische Mathematik

3.9 Ohm'sches Gesetz

Ergänzende Informationen: Ohm'sches Gesetz

Das Ohm'sche Gesetz stellt den Zusammenhang zwischen Spannung, Strom und Widerstand dar.

Stromstärke $I = \dfrac{\text{Spannung } U}{\text{Widerstand } R}$ $I = \dfrac{U}{R}$

U in Volt (V), I in Ampere (I), R in Ohm (Ω)

---

1 Berechnen Sie die Spannung U
- ☐ a) 6,5 V
- ☒ b) 12,02 V
- ☐ c) 24,89 V

($R = 2{,}67\ \Omega$, $I = 4{,}5\ A$)

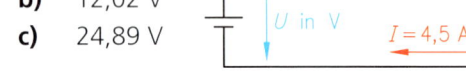

zu Aufg. 1
$U = R \cdot I = 2{,}67 \cdot 4{,}5 = 12{,}015\ V$

2 Berechnen Sie die Stromstärke I
- ☐ a) 5 A
- ☐ b) 6 A
- ☒ c) 8 A

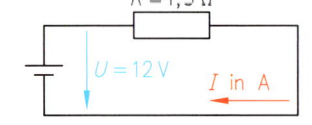

($R = 1{,}5\ \Omega$, $U = 12\ V$)

zu Aufg. 2
$I = \dfrac{U}{R} = \dfrac{12}{1{,}5} = 8\ A$

3 Berechnen Sie den Widerstand R
- ☒ a) 4 Ω
- ☐ b) 6 Ω
- ☐ c) 10 Ω

($U = 12\ V$, $I = 3\ A$)

zu Aufg. 3
$R = \dfrac{U}{I} = \dfrac{12}{3} = 4\ \Omega$

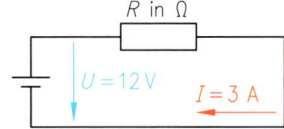

4 Ein Relais hat einen Widerstand von 4,8 Ohm. Berechnen Sie die Stromstärke, wenn eine Spannung von 12 Volt anliegt.
- ☒ a) 2,5 A
- ☐ b) 4 A
- ☐ c) 8 A

zu Aufg. 4
$I = \dfrac{U}{R} = \dfrac{12}{4{,}8} = 2{,}5\ A$

5 Die Beleuchtungsanlage eines Pkw entnimmt der Batterie einen Strom von 13 Ampere. Bordspannung 12 Volt. Berechnen Sie den Widerstand der Anlage.
- ☐ a) 2,5 Ω
- ☐ b) 3,2 Ω
- ☒ c) 0,92 Ω

zu Aufg. 5
$R = \dfrac{U}{I} = \dfrac{12}{13} = 0{,}92\ \Omega$

6 Ein Zigarrenanzünder für 12 Volt hat einen Widerstand von 1,3 Ohm. Berechnen Sie die Stromstärke.
- ☒ a) 9,23 A
- ☐ b) 5,54 A
- ☐ c) 1,85 A

zu Aufg. 6
$I = \dfrac{U}{R} = \dfrac{12}{1{,}3} = 9{,}23\ A$

| Technologie | Mathematik | Diagnose |

7 Die Primärwicklung einer Zündspule hat 200 Wicklungen mit einem Kupferdrahtdurchmesser $d = 0,5$ mm. Der mittlere Windungsdurchmesser beträgt 50 mm. Berechnen Sie
  1) den Leitungswiderstand,
  2) die Stromstärke, wenn eine Spannung von 12 Volt anliegt.

1)
- [ ] a) 1,67 Ω
- [X] b) 2,88 Ω
- [ ] c) 4,55 Ω

2)
- [ ] a) 2,25 A
- [ ] b) 3,45 A
- [X] c) 4,17 A

zu Aufg. 7

1) $R = \dfrac{\varrho \cdot l}{A} = \dfrac{0,018 \cdot 31,4}{0,19625}$
   $= 2,88\ \Omega$

   $l = d \cdot \pi \cdot n = 0,05 \cdot 3,14 \cdot 200$
   $= 31,4$ m

2) $I = \dfrac{U}{R} = \dfrac{12}{2,88} = 4,17$ A

8 Berechnen Sie den Widerstand einer Schlussleuchte (12 Volt), wenn ein Strom von 0,42 A fließt.
- [ ] a) 14,5 Ω
- [X] b) 28,6 Ω
- [ ] c) 34,5 Ω

zu Aufg. 8

$R = \dfrac{U}{I} = \dfrac{12}{0,42} = 28,6\ \Omega$

9 Am Abblendschalter entsteht durch Korrosion an den Kontakten ein Übergangswiderstand von 150 Milliohm. Berechnen Sie die Spannung, die an den Kontakten verlorengeht, wenn ein Strom von 14 A fließt.
- [ ] a) 1,3 V
- [X] b) 2,1 V
- [ ] c) 3,4 V

zu Aufg. 9

$U = R \cdot I = 0,150 \cdot 14 = 2,1$ V

10 Wie groß ist der Widerstand einer Glühlampe von 6 V/0,2 A?
- [ ] a) 20 Ω
- [X] b) 30 Ω
- [ ] a) 40 Ω

zu Aufg. 10

$R = \dfrac{U}{I} = \dfrac{6}{0,2} = 30\ \Omega$

11 Das Gebläse für Heizung und Lüftung hat einen Widerstand von $R = 1,8$ Ohm. Berechnen Sie die Stromstärke, wenn die Anschlussspannung 12 Volt beträgt.
- [ ] a) 2.55 A
- [ ] b) 4,65 A
- [X] c) 6,67 A

zu Aufg. 11

$I = \dfrac{U}{R} = \dfrac{12}{1,8} = 6,67$ A

3.10 Spannungsfall

Ergänzende Informationen: Spannungsfall

Durch Leitungs- und Übergangswiderstände an Kontakten, Schaltern usw. geht ein Teil der elektrischen Energie verloren. Die dem Verbraucher zur Verfügung stehende Spannung ist daher um eine Teilspannung geringer als die Batteriespannung. Den Unterschied zwischen der Batteriespannung und der Verbraucherspannung bezeichnet man als Spannungsfall.

Spannungsfall U_V

bei Leitungen

$$U_V = R \cdot I$$

$$U_V = \frac{I \cdot \varrho \cdot l}{A}$$

(U_V in V, I in A, ϱ in $\frac{\Omega mm^2}{m}$, A in mm^2)

(Kupfer $\varrho = 0{,}0178 \approx 0{,}018 \frac{\Omega mm^2}{m}$

---

12 Berechnen Sie den Spannungsfall in Volt eines Widerstands mit 20 Ohm bei einer Stromstärke von 0,89 Ampere.

- [X] a) 17,8 V
- [ ] b) 21,3 V
- [ ] c) 34,5 V

zu Aufg. 12
$U_V = R \cdot I = 20 \cdot 0{,}89 = 17{,}8\ V$

---

13 Wie groß ist der Spannungsfall einer 3 m langen Lichtleitung aus Kupfer, durch die ein Strom von 15 Ampere fließt? Die Leitung hat einen Normquerschnitt von 2,5 mm².

- [ ] a) 2,538 V
- [X] b) 0,33 V
- [ ] c) 1,425 V

zu Aufg. 13
$R = \dfrac{\varrho \cdot l}{A} = \dfrac{0{,}018 \cdot 3}{2{,}5} = 0{,}022\ \Omega$

$U_V = 0{,}22 \cdot 15 = 0{,}33\ V$

---

14 Berechnen Sie die Stromstärke einer Leitung der Lichtanlage, wenn der Widerstand $R = 0{,}02$ Ohm und der maximale Spannungsfall $U_V = 0{,}1$ Volt betragen darf.

- [ ] a) 3 A
- [ ] b) 6 A
- [X] c) 5 A

zu Aufg. 14
$I = \dfrac{U_V}{R} = \dfrac{0{,}1}{0{,}02} = 5\ A$

---

15 Wie groß ist der Spannungsfall in der Starterleitung, durch die ein Strom von 220 A fließt und die einen Widerstand von 0,002 Ohm hat?

- [ ] a) 0,15 V
- [X] b) 0,44 V
- [ ] c) 0,89 V

zu Aufg. 15
$U_V = R \cdot I = 0{,}002 \cdot 220 = 0{,}44\ V$

---

16 Wie groß darf die Stromstärke in einer Kupferleitung von 3,2 m Länge und einem Nennquerschnitt von 4 mm² sein, wenn der zulässige Spannungsfall $U_V = 0{,}3$ V betragen darf?

- [X] a) 20,8 A
- [ ] b) 40 A
- [ ] c) 65 A

zu Aufg. 16
$R = \dfrac{\varrho \cdot l}{A} = \dfrac{0{,}018 \cdot 3{,}2}{4} = 0{,}0144\ \Omega$

$I = \dfrac{U_V}{R} = \dfrac{0{,}3}{0{,}0144} = 20{,}8\ A$

3.11 Elektrische Leistung, elektrische Arbeit

Ergänzende Informationen: Elektrische Leistung, elektrische Arbeit

Elektrische Leistung = Spannung · Stromstärke

$$P = U \cdot I \qquad P = I^2 \cdot R \qquad P = \frac{U^2}{R}$$

(P in Watt (W) oder Kilowatt (kW), U in V, I in A)
(1 Watt = 1 VA   1000 Watt = 1 kW)

Elektrische Arbeit = Leistung · Zeit

$$W = P \cdot t \qquad W = U \cdot I \cdot t$$

(W in Ws oder kWh, P in W oder kW, t in Sekunden)
(3600 Ws = 1 Wh   1000 Wh = 1 kWh)

---

17 Eine Glühstiftkerze hat eine Leistung von 110 Watt. Der Widerstand beträgt 1,6 Ohm. Berechnen Sie den Strom, den die Glühstiftkerze aufnimmt.
- ☐ a) 3,54 A
- ☐ b) 6,75 A
- ☒ c) 8,29 A

18 Eine 12 V-Glühlampe hat einen Widerstand von 14,4 Ohm. Berechnen Sie die Nennleistung in Watt.
- ☒ a) 10 W
- ☐ b) 20 W
- ☐ c) 30 W

19 Die beiden 12-V-Nebelschlussleuchten verbrauchen während einer 2,5-stündigen Fahrt 0,175 kWh. Berechnen Sie die Leistung einer Nebelschlussleuchte.
- ☐ a) 20 W
- ☒ b) 35 W
- ☐ c) 40 W

20 Wie lange kann eine Glühlampe von 25 Watt eingeschaltet sein, bis sie 1 kWh verbraucht hat?
- ☐ a) 20 h
- ☐ b) 30 h
- ☒ c) 40 h

21 Ein Starter hat eine Nennspannung von 12 V und eine Nennleistung von 1350 W. Der Starter ist pro Start etwa 10 s im Betrieb. Berechnen Sie die zugeführte Arbeit in kWh, wenn täglich 12-mal gestartet wird.
- ☐ a) 1,565 kWh
- ☒ b) 0,045 kWh
- ☐ c) 3,025 kWh

---

zu Aufg. 17

$$I = \sqrt{\frac{P}{R}} = \sqrt{\frac{110}{1,6}} = 8,29 \text{ A}$$

zu Aufg. 18

$$P = \frac{U^2}{R} = \frac{12^2}{14,4} = 10 \text{ W}$$

zu Aufg. 19

$$I = \frac{W}{U \cdot t} = \frac{0,175/2 \cdot 1000}{12 \cdot 2,5}$$
$$= 2,92 \text{ A}$$

$$P = U \cdot I = 12 \cdot 2,92 = 35 \text{ W}$$

zu Aufg. 20

$$t = \frac{1000}{25} = 40 \text{ h}$$

zu Aufg. 21

$$I = \frac{P}{U}$$

$$I = \frac{1350}{12} = 112,5 \text{ A}$$

$$W = U \cdot I \cdot t$$
$$W = 12 \cdot 112,5 \cdot 10 \cdot 12$$
$$= 162\,000 \text{ Ws}$$
$$W = 0,045 \text{ kWh}$$

3.12 Reihen-, Parallel- und Gruppenschaltungen

Ergänzende Informationen: Parallel-, Reihenschaltung

Parallelschaltung

$$I = I_1 + I_2 + I_3 + \ldots$$

$$U = U_1 = U_2 = U_3 = \ldots$$

$$\frac{1}{R_{ges}} = \frac{1}{R_1} + \frac{1}{R_2} + \frac{1}{R_3} + \ldots$$

Reihenschaltung

$$I = I_1 = I_2 = I_3 = \ldots$$

$$U = U_1 + U_2 + U_3 + \ldots$$

$$R_{ges} = R_1 + R_2 + R_3 + \ldots$$

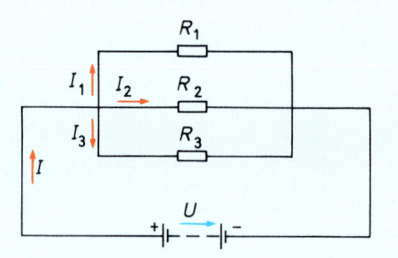

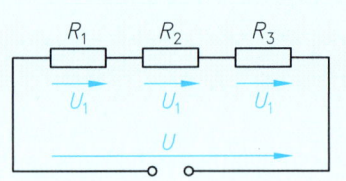

22 Die Widerstände $R_1 = 4{,}5\ \Omega$ und $R_2 = 2\ \Omega$ sind parallel geschaltet. Die Spannung beträgt 12 V. Berechnen Sie
  1) den Gesamtwiderstand,
  2) den Gesamtstrom,
  3) die Teilströme.

1) [X] a) 1,39 Ω
   [ ] b) 2,45 Ω
   [ ] c) 3,56 Ω
2) [ ] a) 7,65 A
   [X] b) 8,64 A
   [ ] c) 9,32 A
3) [ ] a) 2,56 A/4,5 A
   [ ] b) 3,24 A/6,2 A
   [X] c) 2,67 A/6 A

23 Die Glühstiftkerze hat einen Widerstand von $R = 1{,}2$ Ohm. Von den 4 Glühkerzen hat eine Masseschluss. Berechnen Sie
  1) den Strom, der jetzt durch die Glühkerzen fließt.
  2) Um wie viel Prozent hat sich der Strom gegenüber der intakten Anlage verändert?

1) [ ] a) 20 A
   [ ] b) 30 A
   [X] c) 40 A
2) [ ] a) 20 %
   [X] b) 25 %
   [ ] c) 30 %

zu Aufg. 22

1) $\dfrac{1}{R_{ges}} = \dfrac{1}{R_1} + \dfrac{1}{R_2} = \dfrac{1}{4{,}5} + \dfrac{1}{2}$

$\dfrac{1}{R_{ges}} = 0{,}72$

$R_{ges} = 1{,}39\ \Omega$

2) $I_{ges} = \dfrac{U}{R_{ges}} = \dfrac{12}{1{,}39} = 8{,}64\ A$

3) $I_1 = \dfrac{U}{R_1} = \dfrac{12}{4{,}5} = 2{,}67\ A$

$I_2 = \dfrac{U}{R_2} = \dfrac{12}{2} = 6\ A$

zu Aufg. 23

1) $\dfrac{1}{R_{ges}} = \dfrac{1}{1{,}2} + \dfrac{1}{1{,}2} + \dfrac{1}{1{,}2} + \dfrac{1}{1{,}2} = 3{,}33$

$R_{ges} = 0{,}3\ \Omega$

$I_{ges} = \dfrac{12}{0{,}3} = 40\ A$

2) $\dfrac{1}{R_{ges}} = \dfrac{1}{1{,}2} + \dfrac{1}{1{,}2} + \dfrac{1}{1{,}2} = 2{,}5$

$R_{ges} = 0{,}4\ \Omega$

$I_{ges} = \dfrac{12}{0{,}4} = 30\ A$

$40\ A \rightarrow 30\ A \triangleq 25\ \%$

| Technologie | Mathematik | Diagnose |

24 Berechnen Sie
1) den Gesamtwiderstand,
2) den Strom,
3) die Teilspannung.

1) ☐ a) 25 Ω
   ☒ b) 35 Ω
   ☐ c) 45 Ω
2) ☐ a) 0,234 A
   ☐ b) 0,310 A
   ☒ c) 0,343 A
3) ☒ a) 1,715/3,43/6,86 V
   ☐ b) 0,867/3,43/5,67 V
   ☐ c) 2,323/4,43/4,64 V

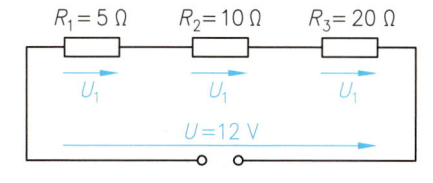

$R_1 = 5\,\Omega$ $R_2 = 10\,\Omega$ $R_3 = 20\,\Omega$
$U = 12\,V$

25 Berechnen Sie
1) die Teilstromstärken,
2) die Stromstärke I_{ges},
3) den Ersatzwiderstand.

1) ☒ a) 2,4/1,2/0,6 A
   ☐ b) 2,8/1,5/0,8 A
   ☐ c) 3,2/2,5/0,9 A
2) ☐ a) 2,6 A
   ☐ b) 3,2 A
   ☒ c) 4,2 A
3) ☐ a) 1,86 Ω
   ☒ b) 2,86 Ω
   ☐ c) 3,32 Ω

zu Aufg. 24

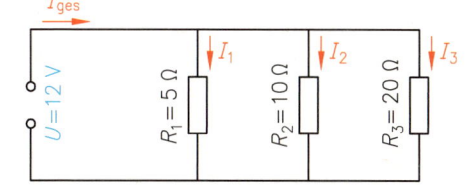

1) $R_{ges} = R_1 + R_2 + R_3$
   $= 5 + 10 + 20 = 35\,\Omega$

2) $I = \dfrac{U}{R_{ges}} = \dfrac{12}{35} = 0{,}343\,A$
   $= I_1 + I_2 + I_3$
   $U_1 = R_1 \cdot I = 5 \cdot 0{,}343 = 1{,}715\,V$
   $U_2 = R_2 \cdot I = 10 \cdot 0{,}343 = 3{,}43\,V$
   $U_3 = R_3 \cdot I = 20 \cdot 0{,}343 = 6{,}86\,V$

3) $U_1 = R_1 \cdot I = 5 \cdot 0{,}343 = 1{,}715\,V$
   $U_2 = R_2 \cdot I = 10 \cdot 0{,}343 = 3{,}43\,V$
   $U_3 = R_3 \cdot I = 20 \cdot 0{,}343 = 6{,}86\,V$

zu Aufg. 25

1) $U = U_1 = U_2 = U_3 = 12\,V$
   $I_1 = \dfrac{U}{R_1} = \dfrac{12}{5} = 2{,}4\,A$
   $I_2 = \dfrac{U}{R_2} = \dfrac{12}{10} = 1{,}2\,A$
   $I_3 = \dfrac{U}{R_3} = \dfrac{12}{20} = 0{,}6\,A$

2) $I_{ges} = I_1 + I_2 + I_3$
   $= 2{,}4 + 1{,}2 + 0{,}6 = 4{,}2\,A$

3) $\dfrac{1}{R_{ges}} = \dfrac{1}{R_1} + \dfrac{1}{R_2} + \dfrac{1}{R_3}$
   $= \dfrac{1}{5} + \dfrac{1}{10} + \dfrac{1}{20}$
   $R_{ges} = 2{,}86\,\Omega$

Prüfung, Diagnose, Instandsetzung

3.13 Prüfen und Messen

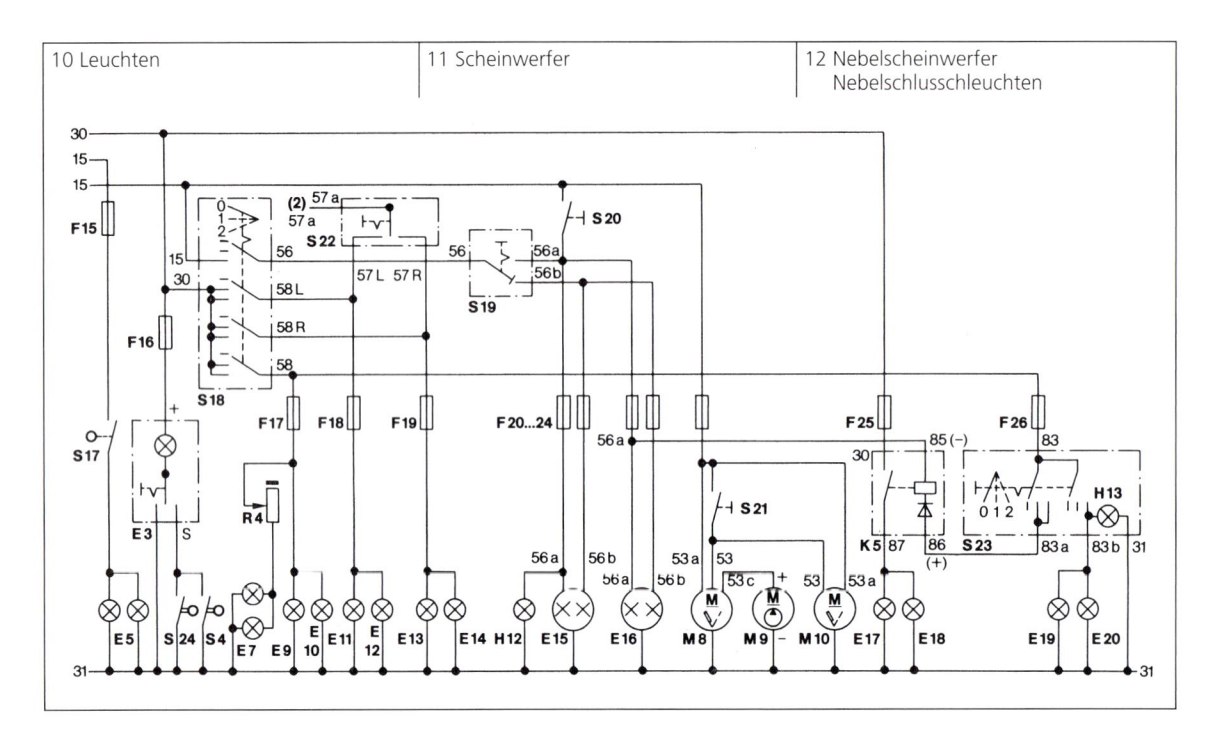

1 Das Relais K 5 ist defekt. Beschreiben Sie die Prüfung.

1) Sichtprüfung: Bei eingeschalteter Zündung und Betätigen des Schalters muss das Relais hörbar schalten.

2) Spannungsversorgung prüfen: Relais aus Relaisplatte ziehen, Spannung zwischen Kl. 30 und Masse prüfen: Batteriespannung Zündung eingeschaltet Lichtschalter ein, Nebellichtschalter ein: Relais zwischen Kl. 86 und Masse prüfen: Batteriespannung

3) Auf Funktion prüfen: Batterie abklemmen, Widerstand zwischen Kl. 30 und Kl. 87 messen (Widerstand ∞)

Batteriespannung an Kl. 86 (+) und 85 (−) anschließen

Widerstand zwischen Kl. 30 (88) und 87 (88a) messen: Widerstand 0

| Technologie | Mathematik | **Diagnose** |

2 Welche Reihenfolge ist einzuhalten, wenn eine Spannungsmessung an der Beleuchtungsanlage mit einem Multimeter durchgeführt wird? Markieren Sie die Schalterstellung durch einen Pfeil und den Prüfanschluss.

1) Einstellen des Drehschalters auf V- (DC).
2) Geeigneten Messbereich wählen (möglichst groß; 20 V)
3) Massekabel zuerst an Messgerät anschließen: schwarzes Kabel COM-Buchse, rotes Kabel V-Buchse
4) Messgerät in Betrieb nehmen
5) Messkabel an Verbraucher anschließen: rotes Kabel Bauteileingang, schwarzes Kabel Bauteilausgang.

3 Welche Reihenfolge ist einzuhalten, wenn ein Temperatursensor (NTC-Widerstand) mit dem Multimeter geprüft werden soll?

1) Einschalten des Drehschalters, geeigneten Messbereich, z.B. 20 kOhm.
2) Messkabel am Messgerät anschließen: rotes Kabel V-/Ohm-Buchse, schwarzes Kabel COM-Buchse.
3) Zündung ausschalten, Mehrfachstecker vom Sensor abziehen.
4) Restdruck aus Kühlsystem ablassen.
5) NC-Widerstand ausbauen.
6) Messseite des Sensors in Kühlmittel mit vorgeschriebener Temperatur tauchen.
7) Widerstand zwischen den Klemmen des Sensors messen.
8) Ist- und Sollwerte vergleichen.
9) Der Sensor kann auch im eingebauten Zustand überprüft werden. Hierzu Kühlmitteltemperatur und Widerstand messen.

4 Die lichttechnische Einrichtung soll durch eine Sichtprüfung auf Funktion geprüft werden. Nennen Sie die zu überprüfenden Funktionselemente.

Scheinwerfer für Fern- und Abblendlicht, Begrenzungsleuchten, Rückfahrscheinwerfer, Nebelscheinwerfer, Nebelschlussleuchten, Fahrtrichtungsanzeiger, Schlussleuchten, Rückstrahler, Parkleuchten, Warnblinkanlage, Bremsleuchten

| Technologie | Mathematik | **Diagnose** |

5 Wie kann der Spannungsfall einer Leitung gemessen werden?

Hinleitung: V+:   Batterie +

*   V–:   Bauteileingang*

Rückleitung: V+:   Bauteilausgang

*   V–:   Batterie –*

6 Der Gebläsemotor arbeitet nicht. Wie kann die Ursache festgestellt werden?

1) Sichtprüfung Sicherung

2) Spannungsversorgung prüfen

Spannung bei eingeschalteter

Zündung messen: zwischen

Kl. 15/Eingang Gebläsemotor

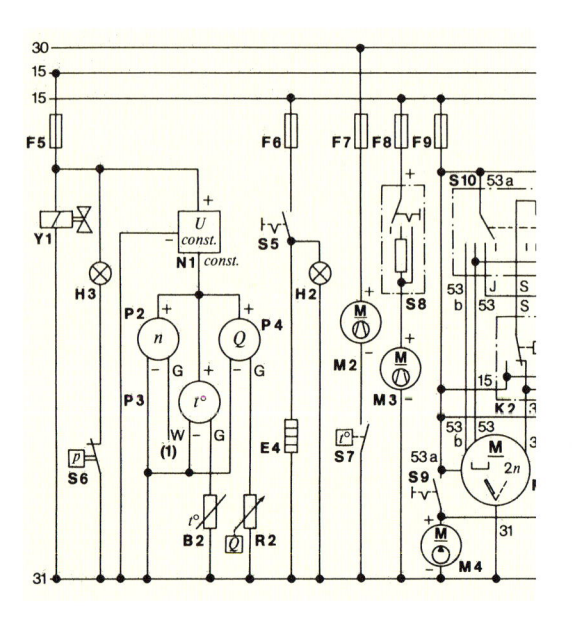

3.14 Diagnose

7 Die Batterie ist nach kurzer Zeit entladen. Geben Sie die Ursache an, und beschreiben Sie den Weg, den Fehler zu beheben.

Als Ursache ist ein versteckter Verbraucher

anzunehmen.

1) Massekabel abnehmen.

2) Multimeter zwischen Minuspol und

Massekabel anschließen.

3) Wenn mehr als 20 mA Strom fließt, ist

ein versteckter Verbraucher vorhanden.

Versteckten Verbraucher ermitteln:

4) Massekabel anschließen.

5) Sicherung nacheinander herausnehmen.

6) Verbraucher der Reihe nach ausbauen, Multimeter an Kontakte

anschließen und Strom messen.

Stromfluss: Verbraucher ist defekt.

Kein Stromfluss: Verbraucher i.O.

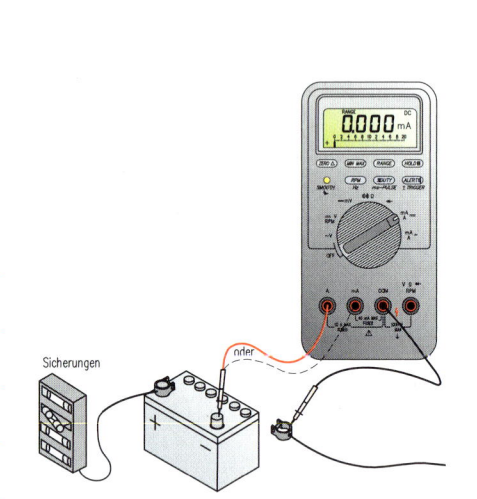

| Technologie | Mathematik | **Diagnose** |

8 Die Innenbeleuchtung funktioniert nicht. Welcher Fehler liegt vor?

Sicherung defekt, Türkontakte korrodiert, lose oder defekt, Lampe durchgebrannt.

9 Bei einem älteren Fahrzeug leuchtet beim Bremsen das linke Schlusslicht mit. Welche Ursache hat dies?

Ursache ist ein fehlender Massekontakt der Bremsleuchte. Der Strom zur Bremsleuchte fließt über die Glühwendel der Bremsleuchte zum Lampensockel und von hier wegen fehlendem Massekontakt zur Schlussleuchte und über deren Glühwendel zur Masse.

10 Das Abblendlicht brennt nicht. Welche Ursachen sind möglich?

Sicherung defekt, Lampe durchgebrannt, Leitung unterbrochen, Lampe sitzt locker.

11 Die Innenbeleuchtung geht nach dem Schließen der Tür sofort aus und brennt nicht nach. Welche Ursache hat das?

Der Kondensator ist defekt. Er wird nicht geladen und kann sich nach dem Schließen der Tür nicht entladen. Das Licht geht sofort aus.

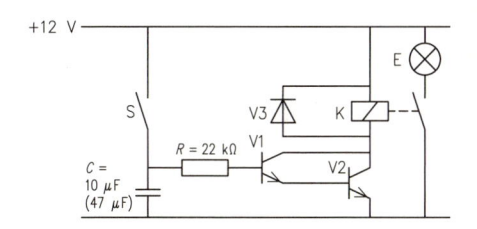

12 Die Fahrbahn ist schlecht ausgeleuchtet. Welche Ursache kann das haben?

Streuscheiben verschmutzt oder verkratzt, Batteriespannung zu gering, Scheinwerfereinstellung falsch, Kontakte korrodiert.

13 Welche Folgen hat eine defekte Sicherung F 26? (Siehe Schaltplan S. 78)

Nebelscheinwerfer und Nebenschlussleuchten sind außer Funktion.

14 Die Nebelscheinwerfer brennen nicht. Welche Funktionselemente können Ursache für den Fehler sein? (Siehe Schaltplan S. 78)

Lichtschalter S 18, Sicherung F 26, Nebellichtschalter S 23, Relais K 5, Sicherung F 25, Leuchten Nebelscheinwerfer E 17, E 18

15 Wie ist der Stromverlauf, wenn die Lichthupe betätigt wird? (Siehe Schaltplan S. 78)

15-Lichthupentaster S 20-Sicherung F 20...24, – Kl. 56 a (Fernlicht)-Masse – Fernlichtkontrolle-H 12-Masse

16 Wie ist der Stromverlauf beim Warnblinken?

30-Warnlichtschalter S 14/Kl. 30-S 14/Kl. 30b-Warnblinkgeber K4/Kl. 49/ Kl. 49a-Warnlichtschalter Kl. 49a-Warnlichtschalter L und R-Blinkleuchten H6/7, H8/9-Masse

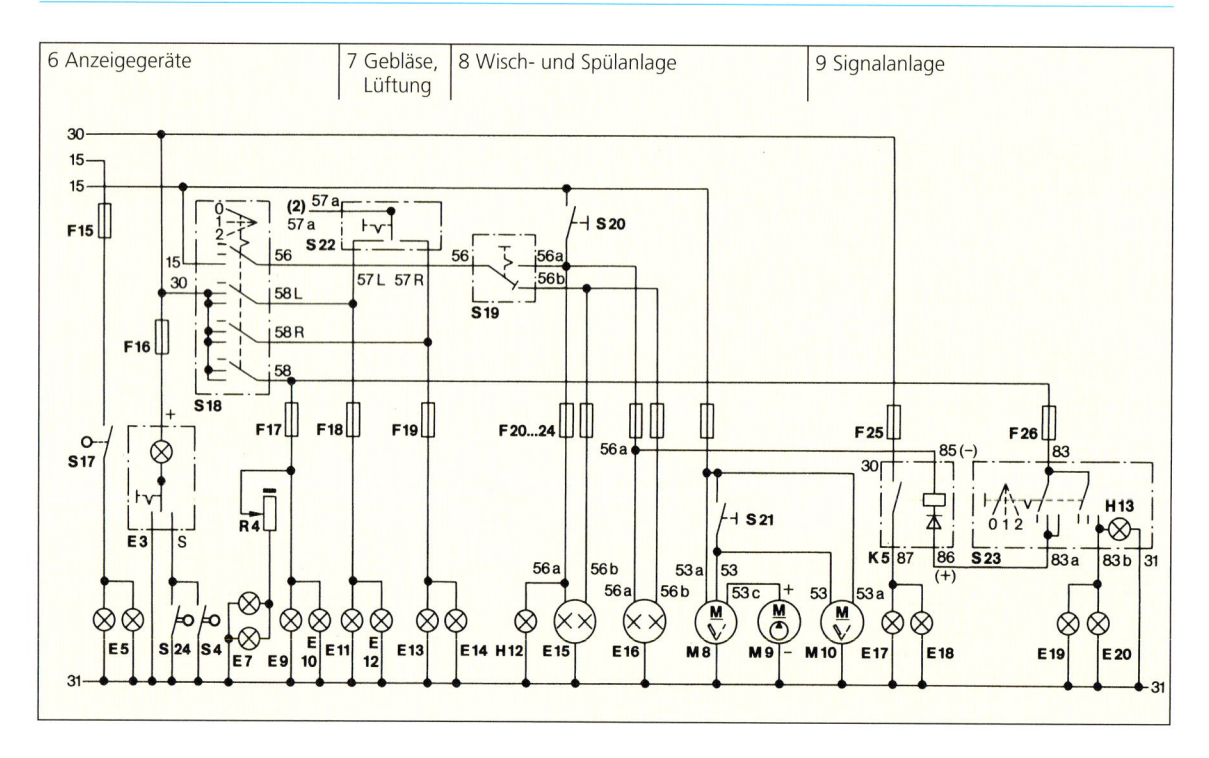

3.15 Instandsetzung

17 Wie können beim Arbeiten an der elektrischen Anlage Kurzschlüsse vermieden werden?

Durch Abklemmen der Batterie vor Arbeitsbeginn

18 Welche UVV sind beim Arbeiten an der elektrischen Anlage zu berücksichtigen?

Prüf- und Einstellarbeiten möglichst bei ausgeschalteter Zündung und stehendem Motor, bei laufendem Motor keine spannungsführenden Teile berühren. Beim Berühren von Teilen, an denen Spannung anliegt, z. B. Zündanlage, Kabelbaum mit Steckverbindungen, Lichtanlage (Xenon), besteht durch Spannungsüberschläge aufgrund beschädigter Isolationen die Gefahr eines Stromschlags.

| Technologie | Mathematik | Diagnose |

19 Die Scheinwerfer sind einzustellen. Welche Prüfvoraussetzungen sind zu beachten?

Reifenfülldruck prüfen und ggf. nachfüllen, Streuscheiben auf Beschädigung und Verschmutzung prüfen, Reflektoren und Lampen prüfen, Fahrzeugbelastung entsprechend Herstellervorgaben, Fahrzeug einige Meter rollen, damit sich die Federn setzen, Räder gerade stellen, Fahrzeug auf ebene Fahrbahn stellen.

20 Worauf ist bei der Einstellung für Fahrzeuge mit Halogen-Scheinwerfer und manueller LWR zu achten?

Das Rändelrad für die LWR muss in Position 0 stehen.

21 Worauf ist bei der Einstellung von Scheinwerfern mit Gasentladungslampen und dynamischer LWR zu achten?

Fehlerspeicher auslesen und löschen, LWR in Grundregelung bringen.

22 Beschreiben Sie die Scheinwerfereinstellung.

Neigung (Herstellerangabe in der Nähe des Scheinwerfers, z. B. 1,2 %) berechnen: 100 · 1,2 %/100 % = 1,2 cm, Neigung einstellen, Scheinwerfereinstellgerät im Abstand von ca. 30 cm zum Scheinwerfer stellen, zuerst Höheneinstellung, danach Seiteneinstellung über Justierschrauben durchführen,
Abblendlicht: 15°-Linie, Fernlicht: Mitte des Lichtbündels innerhalb der Begrenzungsmarkierung (bei gemeinsamer Einstellbarkeit von Abblend- und Fernlicht)

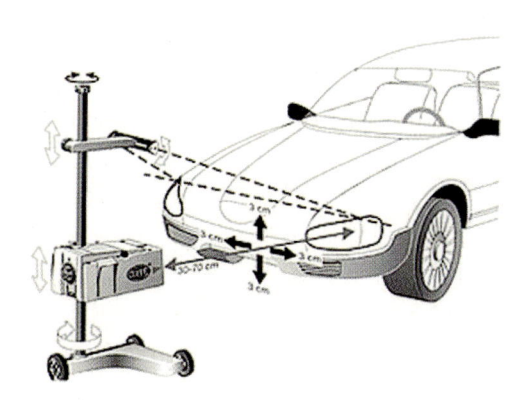

Lernfeld 4:
Prüfen und Instandsetzen von Steuerungs- und Regelungssystemen

Technologie

4.1 Grundlagen

1 Was versteht man unter Steuern? Das Steuern ist ein Vorgang, bei dem
- [X] a) Eingangsgrößen die Ausgangsgrößen beeinflussen ohne Rückmeldung und evtl. Korrektur der Eingangsgröße.
- [ ] b) Eingangsgrößen die Ausgangsgrößen beeinflussen mit Rückmeldung und Korrektur der Eingangsgröße.
- [ ] c) Steuereinrichtungen die Ausgangsgrößen ständig an die Eingangsgrößen anpassen.

2 Was versteht man unter Regeln? Das Regeln ist ein Vorgang, bei dem
- [ ] a) die zu regelnde Größe als Sollwert fortlaufend erfasst, mit dem Istwert verglichen und bei Abweichungen vom Istwert an diesen selbsttätig angeglichen wird.
- [X] b) die zu regelnde Größe fortlaufend als Istwert erfasst, mit einem Sollwert verglichen und bei Abweichungen vom Sollwert an diesen selbsttätig angeglichen wird.
- [ ] c) die zu regelnde Größe als Istwert erfasst und mit dem Sollwert verglichen und bei Abweichungen vom Istwert an diesen selbsttätig angeglichen wird.

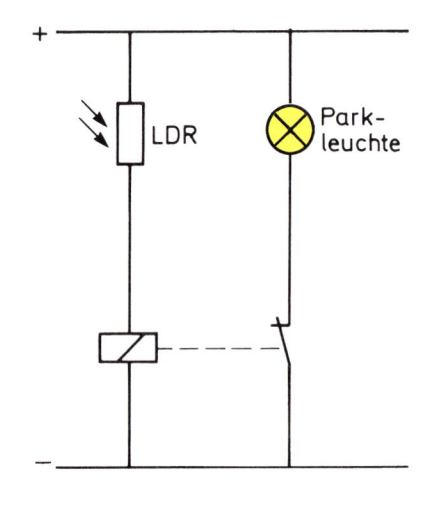

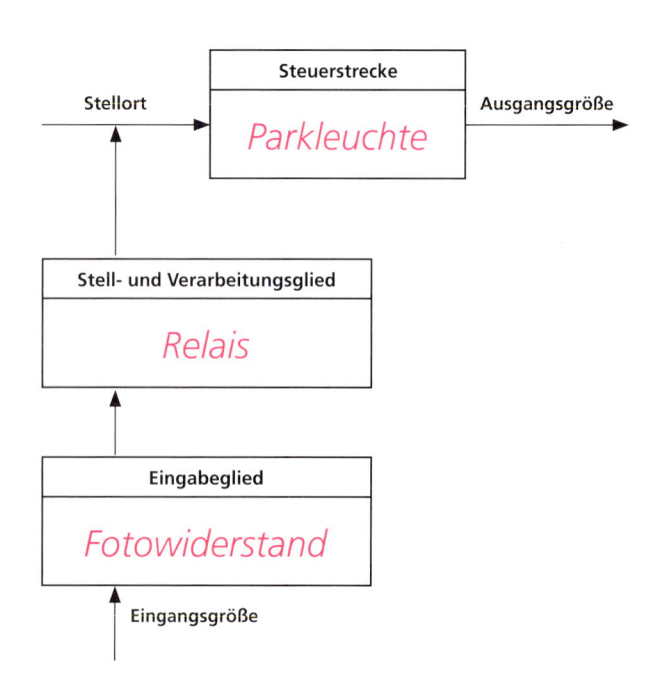

3 Ergänzen Sie das Blockschaltbild einer Steuerung. Tragen Sie die Funktionselemente der Dämmerungsschaltung ein.

4 Geben Sie die a) Eingangsgröße und b) Ausgangsgröße an.

    a) *Tageslicht*

    b) *Parklicht ein oder aus*

zu Aufg. 3/4

Dämmerungsschaltung

Steuerstrecke: *Parkleuchte*

Stell- und Verarbeitungsglied: *Relais*

Eingabeglied: *Fotowiderstand*

| Technologie | Mathematik | Diagnose |

5 Ergänzen Sie das Blockschaltbild einer Regelung der Fahrzeuginnenraumheizung. Tragen Sie die Funktionselemente der Heizungsregelung ein.

6 Geben Sie den Ist-, den Sollwert, die Stell- und die Regelgröße an.

a) Istwert: *Rauminnen-Isttemperatur*

b) Sollwert: *Mit Sollwertsteller vom Fahrer eingestellte Temperatur*

c) Stellgröße: *Warmwasserzulaufmenge, mehr oder weniger Warmwasser*

d) Regelgröße: *Rauminnentemperatur*

e) Störgröße: *kalte Außentemperatur*

7 Ordnen Sie die Angaben dem Regelkreis zu und tragen Sie die Buchstaben ein.
a) Innentemperatur steigt
b) Innentemperatur sinkt
c) Hohe Innentemperatur: Regelabweichung Sollwert-Istwert
d) Niedrige Innentemperatur: Regelabweichung Sollwert – Istwert
e) Regelung vergrößert Wasserstrom, indem sie das Ventil mehr öffnet
f) Regelung verringert Wasserstrom, indem sie das Ventil mehr schließt

8 Welche der dargestellten Signale sind
a) analoge Signale,
b) binäre Signale,
c) digitale Signale?

9 Unter dem EVA-Prinzip versteht man
[X] a) Eingabe – Verarbeiten – Ausgabe
[ ] b) Einstellen – Versenden – Ausstellen
[ ] c) Einschalten – Verarbeiten – Ausschalten

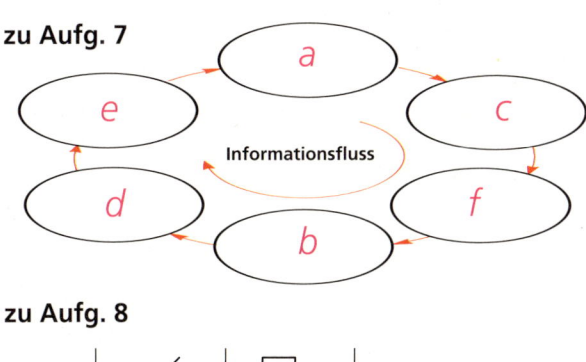

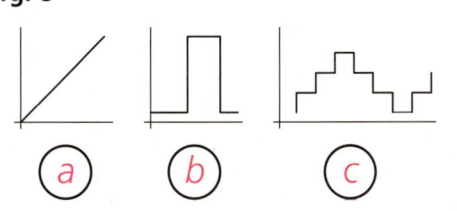

zu Aufg. 5
Fahrzeuginnenraumheizung

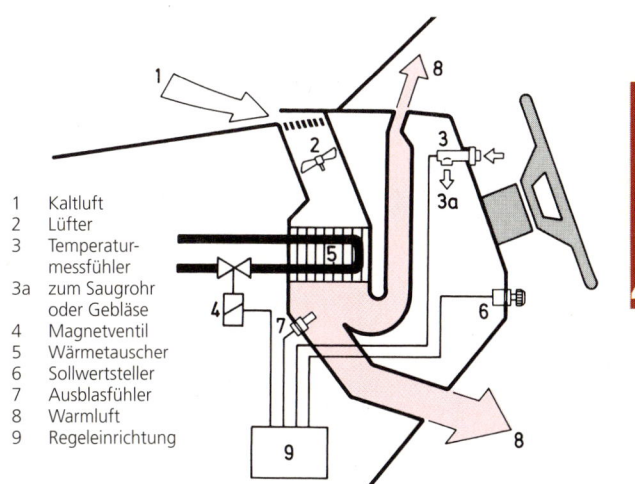

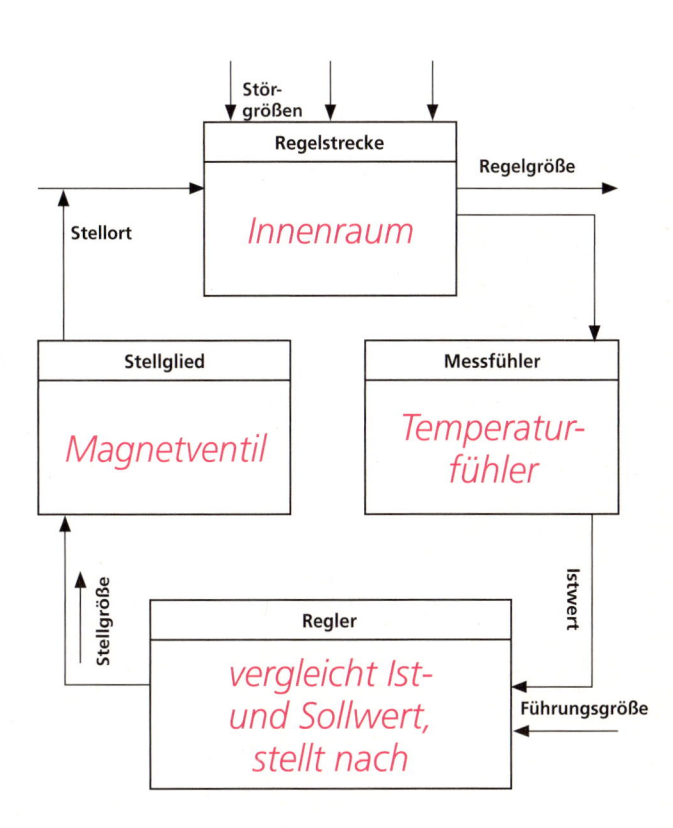

1 Kaltluft
2 Lüfter
3 Temperaturmessfühler
3a zum Saugrohr oder Gebläse
4 Magnetventil
5 Wärmetauscher
6 Sollwertsteller
7 Ausblasfühler
8 Warmluft
9 Regeleinrichtung

zu Aufg. 7
a, c, f, b, d, e — Informationsfluss

zu Aufg. 8
a, b, c

Regelstrecke: *Innenraum*
Stellglied: *Magnetventil*
Messfühler: *Temperaturfühler*
Regler: *vergleicht Ist- und Sollwert, stellt nach*

4.2 Sensoren

10 Bestimmen Sie die Sensoren des dargestellten Motormanagementsystems (Aufzählung in alphabetischer Reihenfolge).

a) *Drehzahlgeber*   d) *Lambda-Sonde*

b) *Hallgeber (Phasensensor)*   e) *Luftmassenmesser*

c) *Klopfsensor*   f) *Temperatursensor*

11 Mit den o.a. Sensoren werden ermittelt:

a) *Motordrehzahl/Kurbelwellenstellung*

b) *Hallgeber: Position der Nockenwelle*

c) *Klopfsensor: Klopfschwingungen*

d) *Lambda-Sonde: Restsauerstoff im Abgas*

e) *Luftmassensensor: Luftmasse*

f) *Temperatursensor: Kühlmitteltemperatur*

12 Bestimmen Sie die Aktoren des dargestellten Motormanagementsystems (Aufzählung in alphabetischer Reihenfolge.

a) *Einspritzventile*   d) *Tankentlüftungsventil*

b) *Drosselklappensteuereinheit*   e) *Zündspule*

c) *Kraftstoffpumpe*

zu Aufg. 10/12

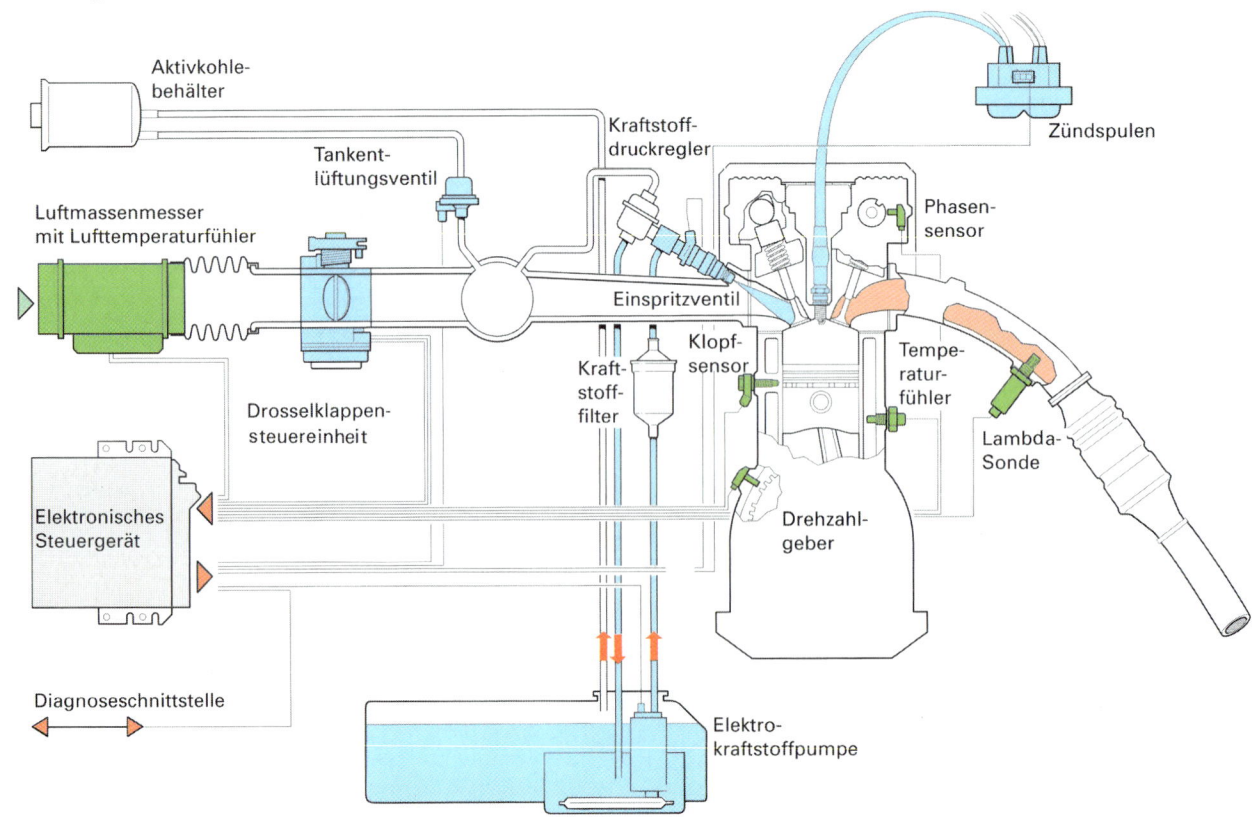

| Technologie | Mathematik | Diagnose |

13 Wie arbeitet der Heißfilm-Luftmassenmesser. Ergänzen Sie den Text.

a) Die Ansauglufttemperatur wird vom __Temperaturwiderstand__ erfasst.

b) Die Heizwiderstandstemperatur wird vom __Sensorwiderstand__ erfasst.

c) Die Elektronik regelt die Temperatur des __Heizwiderstands__ auf 160° über der Ansauglufttemperatur.

d) Der Heizwiderstand wird durch __Luftmassendurchsatz__ mehr oder weniger abgekühlt.

e) Die Elektronik regelt über eine veränderliche Spannung die Temperatur des __Heizwiderstands__ nach, bis die Temperaturdifferenz von 160 °C wieder erreicht ist.

f) Regelspannung ist das Maß für die __angesaugte Luftmasse__.

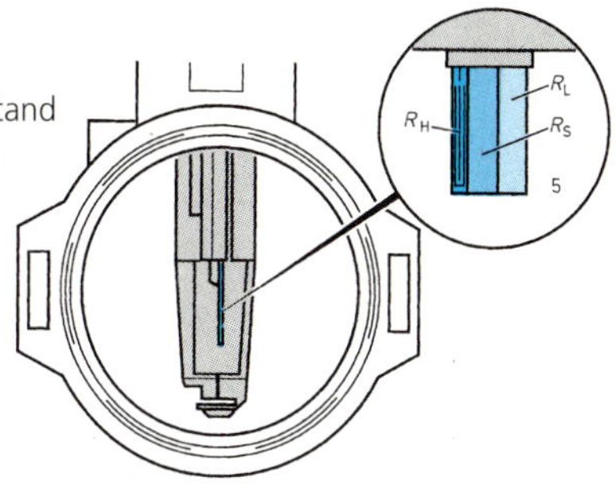

14 Das Oszillogramm (siehe Abbildung) zeigt das Signal eines

[X] a) NTC-Widerstands.
[ ] b) PTC-Widerstands.
[ ] c) Fotowiderstands.

zu Aufg. 13
R_H Heizwiderstand
R_L Temperaturwiderstand
R_S Sensorwiderstand

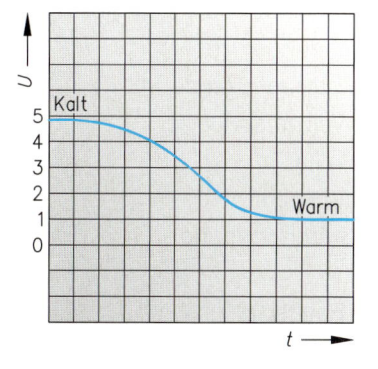

15 Der NTC-Temperaturfühler

[X] a) verringert bei steigender Temperatur seinen Widerstand.
[ ] b) erhöht bei steigender Temperatur seinen Widerstand.
[ ] c) erhöht bei fallender Temperatur seinen Widerstand.

zu Aufg. 14

16 Der Motordrehzahlgeber arbeitet nach

[X] a) dem Induktionsprinzip.
[ ] b) dem Hallprinzip.
[ ] c) dem elektromotorischen Prinzip.

17 Ordnen Sie der Darstellung die Bezeichnungen zu.

a) Dauermagnet
b) Gehäuse
c) Motorgehäuse
d) Weicheisenkern
e) Wicklung
f) Zahnscheibe
g) Bezugsmarke (Zahnlücke)

zu Aufg. 17

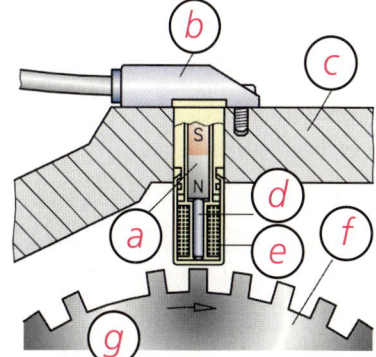

18 Ergänzen Sie den Text. Bei einem Drehzahlgeber

a) erzeugt ein __Permanentmagnet__ einen magnetischen Fluss.

b) ändert sich der magnetische Fluss durch eine __Zahnscheibe__.

c) erzeugt die Flussänderung in der Wicklung eine __Wechselspannung__.

d) errechnet das Steuergerät aus der __Frequenz der Wechselspannung__ die Drehzahl.

e) dient die Zahnlücke zur Ermittlung der __Kurbelwellenstellung__.

19 Die höhere Amplitude im abgebildeten Oszillogramm des Motordrehzahlgebers
- [ ] **a)** zeigt eine Störung.
- [X] **b)** dient als Signal zur Ermittlung der Kurbelwellenstellung.
- [ ] **c)** dient als Signal zur Ermittlung der stellung der NW.

20 Der Klopfsensor ermittelt Druckschwingungen beim Verbrennungsvorgang durch
- [ ] **a)** eine Spule mit Weicheisenkern.
- [X] **b)** ein Piezoelement.
- [ ] **c)** einen Hall-IC.

21 Die Signale des Hallgebers an der Nockenwelle dienen zusammen mit dem Signal des Motordrehzahlgebers
- [ ] **a)** der Bestimmung der Motordrehzahl.
- [X] **b)** der Erkennung des OT des 1. Zylinders.
- [ ] **c)** der Festlegung des Zylinders mit Klopfschwingungen.

22 Ordnen Sie der Darstellung des Hallgebers die Bezeichnungen zu.
- **a)** Rotor mit Blende
- **b)** Weichmagnet
- **c)** Hall-IC
- **d)** Luftspalt
- **e)** Geberspannung

23 Beim Hallgeber
- **a)** dreht sich ein _Rotor mit Blende_ im Luftspalt zwischen Dauermagnet und Hall-IC.
- **b)** entsteht eine _Hallspannung_, wenn die Blende den _Magnetfluss_ zum Hall-IC freigibt.
- **c)** entsteht keine Hallspannung, wenn die Blende den Magnetfluss zwischen _Hall-IC_ und _Dauermagnet_ sperrt.
- **d)** Die Hallspannung dient als Signal zur Erkennung des _1. Zylinders im OT_.

4.3 Regelkreise

24 Die Lambda-Sonde erfasst
- [ ] **a)** den Sauerstoffgehalt der Ansaugluft.
- [X] **b)** den Restsauerstoffgehalt im Abgas.
- [ ] **c)** den Kohlenmonoxidgehalt im Abgas.

25 Die Abbildung zeigt eine vereinfachte Lambda-Sonde. Ordnen Sie die Buchstaben der Begriffe der Abbildung zu.
- **a)** Luft
- **b)** Abgas
- **c)** Elektroden
- **d)** Sondenkeramik

zu Aufg. 19

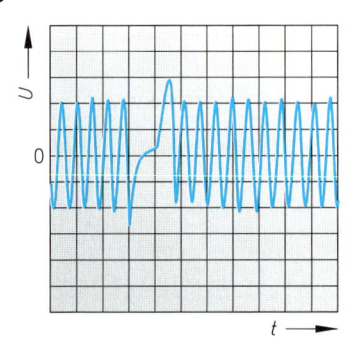

zu Aufg. 22

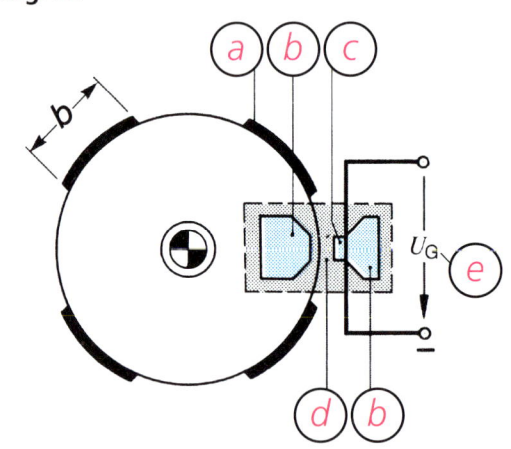

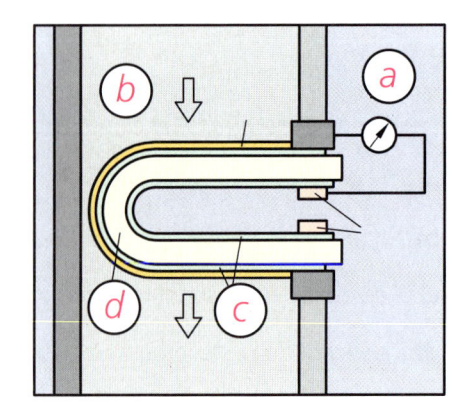

zu Aufg. 25

| Technologie | Mathematik | Diagnose |

26 Die Lambda-Sonde erzeugt ein Spannungssignal, weil
- [X] a) luftseitig und abgasseitig unterschiedliche Sauerstoffanteile bestehen.
- [ ] b) der Sauerstoffanteil im Abgas direkt gemessen wird.
- [ ] c) der Sauerstoffanteil in der umgebenden Luft direkt gemessen wird.

27 Die Lambda-Sonde liefert ein Sondensignal bei
- [X] a) $\lambda = 1$
- [ ] b) $\lambda < 1$
- [ ] c) $\lambda > 1$

28 Wie hoch ist das Sondensignal bei $\lambda = 1$?
- [ ] a) 0,1 V
- [X] b) 0,45 V
- [ ] c) 1,2 V

29 Welche Schadstoffe bei Ottomotoren haben bei $\lambda = 1$ den höchsten Wert?
- [ ] a) Kohlenmonoxid CO
- [ ] b) Kohlendioxid CO_2
- [X] c) Stickoxid NO_2
- [ ] d) Kohlenwasserstoff HC

30 Bei $\lambda < 1$
- [X] a) erhöht sich der HC-Gehalt und der CO-Gehalt.
- [ ] b) verringert sich der CO- und der HC-Gehalt.
- [ ] c) erhöht sich der NO_x-Gehalt.

31 Ordnen Sie dem Lambda-Regelkreis die u. a. Funktionseinheiten zu.
- a) Luftmassenmesser
- b) Motor
- c) Lambda-Sonde
- d) Katalysator
- e) Einspritzventile
- f) Steuergerät mit Regler

32 Wie funktioniert der Lambda-Regelkreis? Ordnen Sie die Angaben dem Regelkreis zu.
- a) Wenig O_2 im Abgas
- b) Einspritzmenge reduziert
- c) Viel O_2 im Abgas
- d) Mageres Gemisch
- e) Einspritzmenge vergrößert
- f) Steuergerät magert Gemisch ab
- g) Steuergerät fettet Gemisch an
- h) Fettes Gemisch

33 Was besagt das Schaubild?
- [X] a) Bei $\lambda = 1$ werden die Schadstoffe im Katalysator optimal abgebaut.
- [ ] b) Bei $\lambda < 1$ werden die Schadstoffe im Katalysator optimal abgebaut.
- [ ] c) Bei $\lambda > 1$ werden die Schadstoffe im Katalysator optimal abgebaut.

zu Aufg. 29/30

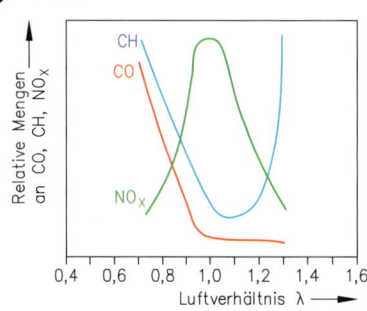

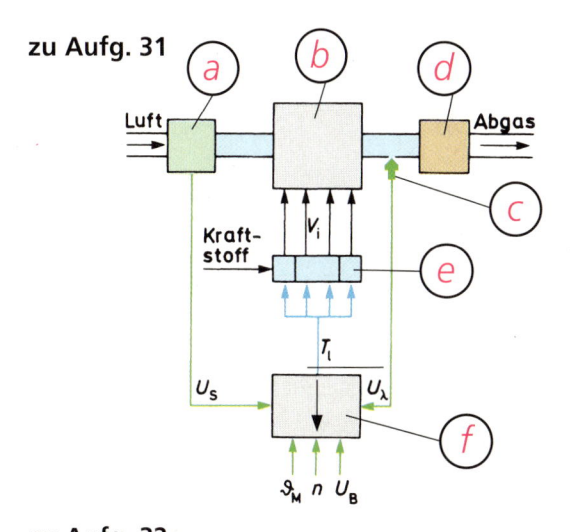

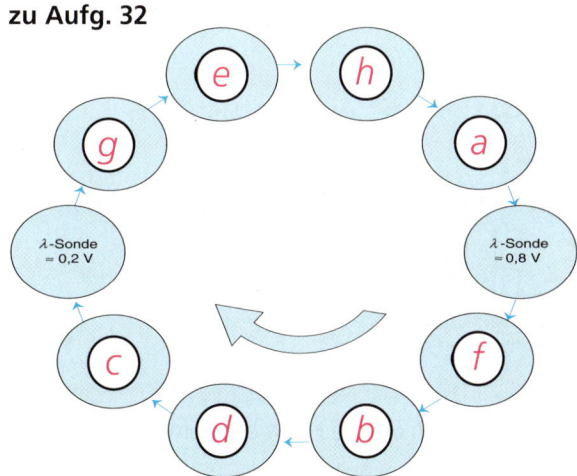

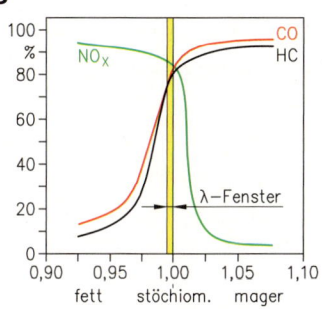

zu Aufg. 31

zu Aufg. 32

zu Aufg. 33

34 Welche Aussage ist falsch? Klopfen entsteht durch
- ☐ a) Kraftstoff mit zu niedriger Oktanzahl.
- ☐ b) zu hohes Verdichtungsverhältnis.
- ☐ c) Vollast.
- ☐ d) mangelnde Kühlung.
- ☒ e) zu hohen Einspritzdruck.

zu Aufg. 35

35 Wir funktioniert die Klopfregelung? Ordnen Sie die Funktionen zu.
- a) Klopfsensor meldet klopfende Verbrennung.
- b) Steuergerät verstellt Zündzeitpunkt nach spät.
- c) Klopfsensor meldet keine klopfende Verbrennung.
- d) Steuergerät verstellt Zündzeitpunkt zuruck in Richtung früh.

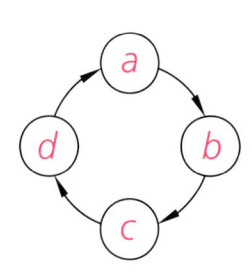

4.4 Hydraulische/Pneumatische Steuerungen

36 In einem Reifen wird ein Druck von 2,5 bar gemessen. Diese Druckangabe ist der
- ☐ a) absolute Druck.
- ☒ b) Überdruck.
- ☐ c) Atmosphärendruck.

zu Aufg. 39

Arbeitszylinder
Druckbegrenzungsventil
Wegeventil
Pumpe
E-Motor

37 Wie hoch ist der absolute Druck im Reifen?
- ☐ a) 2,5 bar
- ☒ b) 3,5 bar
- ☐ c) 1 bar

38 Welche Druckeinheit ist nicht normgerecht?
- ☐ a) Pascal
- ☐ b) N/m²
- ☐ c) Bar
- ☒ d) atü

39 Benennen Sie die Funktionselemente (siehe Abbildung) einer hydraulischen Steuerung.

40 Benennen Sie die Funktionselemente (siehe Abbildung) einer pneumatischen Steuerung.

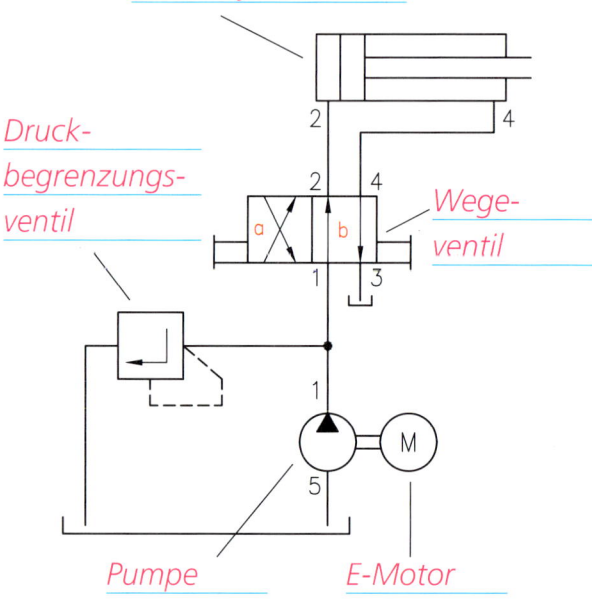

zu Aufg. 40

Arbeitszylinder
Wegeventil
Wartungseinheit
E-Motor
Verdichter

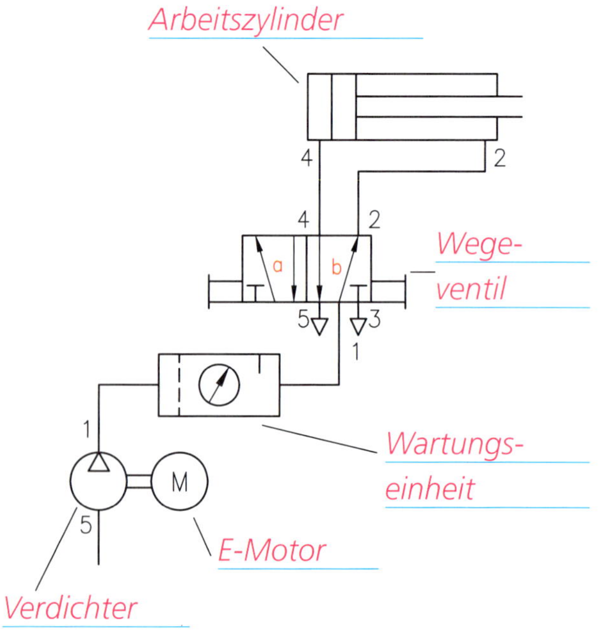

| Technologie | Mathematik | Diagnose |

41 Das Ventil 1.3 im Schaltplan stellt ein   zu Aufg. 41–47
- [ ] a) 4/2-Wegeventil dar.
- [X] b) 4/3-Wegeventil dar.
- [ ] c) 5/3-Wegeventil dar.

42 Das Ventil 1.3 ist
- [X] a) elektromagnetisch betätigt.
- [ ] b) pneumatisch betätigt.
- [ ] c) hydraulisch betätigt.

43 Das Sperrventil 1.2 im Schaltplan
- [ ] a) ermöglicht einen zusätzlichen Ölfluss in das System.
- [ ] b) begrenzt den Druck im System.
- [X] c) ermöglicht einen Rücklauf des Öls bei Umkehr des Kolbens.

44 Das Stromventil 1.1
- [X] a) verändert die Durchflussmenge.
- [ ] b) verändert den Druck.
- [ ] c) sperrt den Durchfluss.

45 Welches Ventil begrenzt im Schaltplan den Druck?
- [ ] a) 1.1
- [ ] b) 1.2
- [X] c) 1.4

46 Das Ventil 1.4 wird bezeichnet als
- [ ] a) Rückschlagventil.
- [X] b) Druckbegrenzungsventil.
- [ ] c) Wegeventil.

47 In welcher Stellung des Wegeventils 1.3 fährt der Kolben aus?
- [ ] a) 0
- [X] b) a
- [ ] c) b

zu Aufg. 48

48 Benennen Sie die Ventile des abgebildeten Pneumatikschaltplans einschließlich der Betätigungsart.
- a) 1V1: *5/2-Wegeventil, pneumatisch betätigt*
- b) 1S1: *3/2-Wegeventil, durch Taster betätigt, mit Federrückstellung*
- c) 1S2: *3/2-Wegeventil, durch Taster betätigt, mit Federrückstellung*

49 Wann fährt der Kolben aus?
- [ ] a) 1S1 Schaltstellung a
- [ ] b) 1S1 Schaltstellung b
- [X] c) 1S2 Schaltstellung a
- [ ] d) 1S2 Schaltstellung b

4.5 Ausgeführte hydraulische und pneumatische Systeme im Kfz

50 Auf welchem physikalischen Prinzip beruht die hydraulische Kupplung?
- ☐ a) Gesetz von Boyle-Mariotte
- ☒ b) Gesetz von Pascal
- ☐ c) Gesetz von Newton

51 Was besagt das Pascal'sche Gesetz?
- ☐ a) Der Druck wirkt nur auf die Kolbenoberfläche.
- ☐ b) Der Druck wirkt nur auf die Gehäusewände.
- ☒ c) Der Druck pflanzt sich nach allen Seiten gleichmäßig fort.

52 An welchem Kolben herrscht in der Abbildung der größte Druck?
- ☐ a) A_1
- ☐ b) A_2
- ☐ c) A_3
- ☒ d) Der Druck ist an allen Kolben gleich.

53 Welche Kraft ist hier am größten?
- ☐ a) F_1
- ☐ b) F_2
- ☒ c) F_3

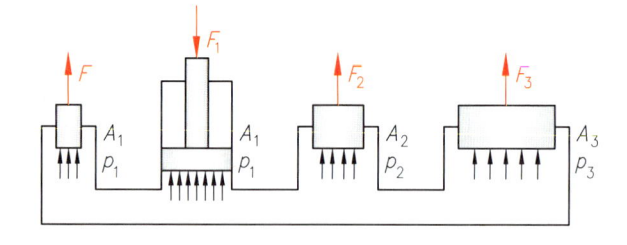

54 Benennen Sie die Funktionselemente einer hydraulischen Kupplung.
- a) *Kupplungsscheibe*
- b) *Membranfeder*
- c) *Ausrückhebel*
- d) *Ausrücker*
- e) *Nehmerzylinder*
- f) *Geberzylinder*
- g) *Kupplungspedal*

55 Zeichnen Sie das Blockschaltbild einer hydraulischen Kupplung und geben Sie den Kraftfluss beim Auskuppeln an.

zu Aufg. 52–53

zu Aufg. 54

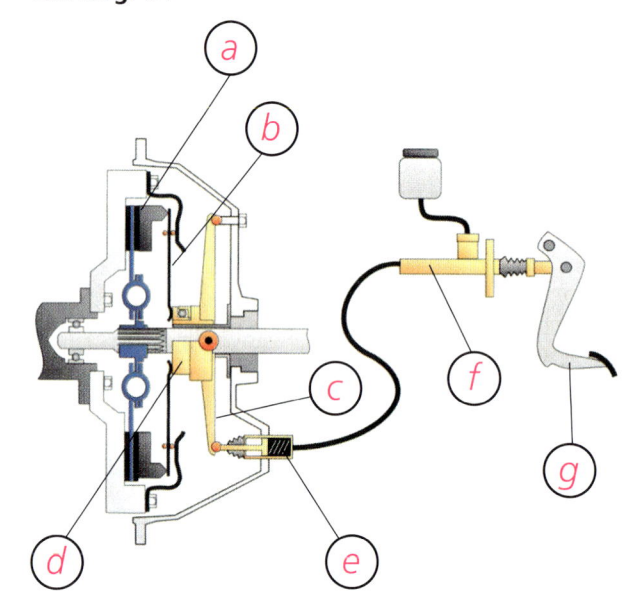

zu Aufg. 55

Membranfeder ← Ausrücker ← Ausrückhebel ← Nehmerzylinder ← Geberzylinder ← Kupplungspedal

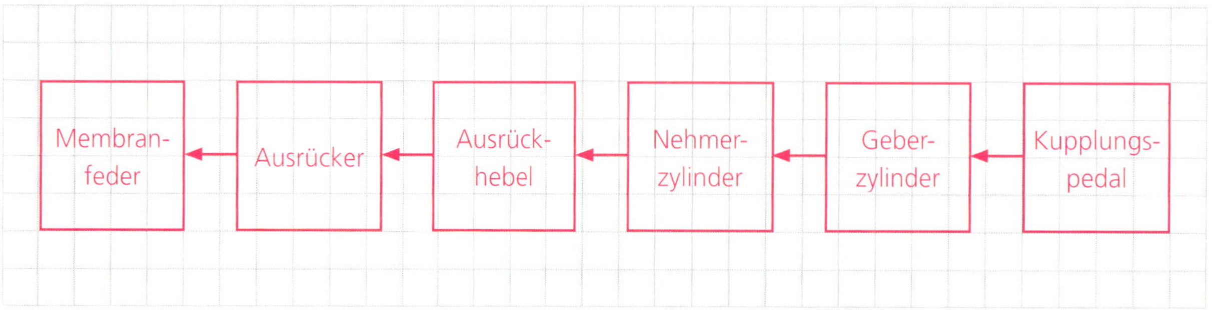

| Technologie | Mathematik | Diagnose |

56 Benennen Sie die Funktionselemente der ungeregelten hydraulischen Bremse in der Abbildung.

a) *Unterdruckverstärker*

b) *Tandemhauptzylinder*

c) *Bremskraftregler*

d) *Scheibenbremse*

e) *Trommelbremse*

zu Aufg. 56/58

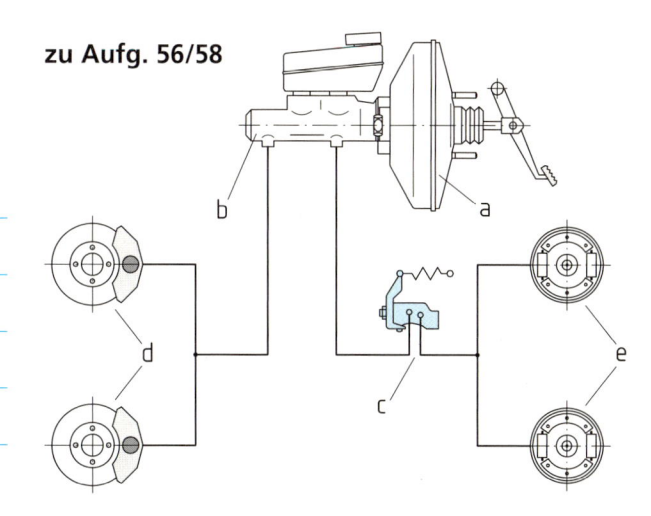

57 Wie wird die Fußkraft in der o. a. Bremsanlage verstärkt?

a) Mechanisch — *durch ein Hebelsystem*

b) Hydraulisch — *durch ein Kolbensystem*

c) Pneumatisch — *durch einen Unterdruckverstärker*

58 Woran erkennt man, dass es sich bei der dargestellten hydraulischen Bremsanlage um eine Zweikreisbremsanlage handelt?

[X] a) Am Hauptzylinder
[ ] b) Am Radzylinder
[ ] c) Am Bremskraftregler

59 In der dargestellten hydraulischen Bremsanlage ist der Bremsschlauch am rechten Hinterrad gerissen. Was ist die Folge?

[ ] a) Es wird kein Rad mehr gebremst.
[ ] b) Es werden die Vorderräder und das linke Hinterrad gebremst.
[X] c) Es werden nur die Vorderräder gebremst.

4.6 Verknüpfungssteuerungen

60 Welche logischen Verknüpfungen liegen vor? Ordnen Sie a bis c den Abbildungen zu.
a) UND-Funktion
b) ODER-Funktion
c) NICHT-Funktion

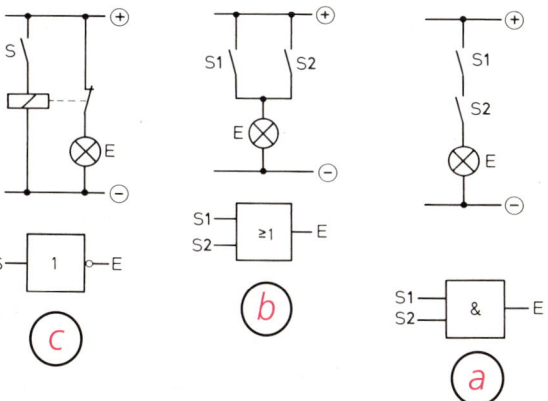

61 Entwickeln Sie eine Funktionstabelle der UND-Funktion.

62 Entwickeln Sie eine Funktionstabelle der ODER-Funktion.

zu Aufg. 60/61/62

c *b* *a*

zu Aufg. 61

S1	S2	E
0	0	0
0	1	0
1	0	0
1	1	1

zu Aufg. 62

S1	S2	E
0	0	0
0	1	1
1	0	1
1	1	1

Technische Mathematik

4.7 Druck/Hydraulik

Ergänzende Informationen: Druck

Wirkt eine Kraft F_K durch einen Kolben der Fläche A_K auf eine in einem Zylinder eingeschlossene Flüssigkeits- bzw. Gasmenge, so wird in der Flüssigkeit bzw. im Gas ein Druck erzeugt.

Druck ist die Kraft, die auf eine Flächeneinheit wirkt:

$$\text{Druck} = \frac{\text{Kraft}}{\text{Fläche des Kolbens}}$$

$$p = \frac{F_K}{A_K} \quad \left(\frac{N}{cm^2}\right)$$

$$F_K = p \cdot A_K \quad (N)$$

Als Einheit wird in der Kfz-Technik das bar verwendet. Als Umrechnung von $\frac{N}{mm^2}$ in bar gilt

$$1 \text{ bar} = 10 \frac{N}{mm^2}$$

Um die Kolbenkraft in N zu erhalten, den Druck in bar einzusetzen, muss die Kolbenfläche in cm^2 angegeben und mit 10 multipliziert werden.

$$F_K = 10 \cdot p \cdot A_K \quad (N)$$

(p in bar, A_K in cm^2)

Druckgrößen:

Absoluter Druck p_{abs}: Druck in einem Behälter gegenüber dem Druck 0 bar im Vakuum.

Atmosphärendruck p_{amb}: Der in der Atmosphäre herrschende Druck gegenüber dem Druck 0 bar im Vakuum. In der Technik gilt $p_{amb} = 1$ bar.

Überdruck p_e: Der Überdruck ist der Druckunterschied zwischen dem absoluten Druck und dem Atmosphärendruck.

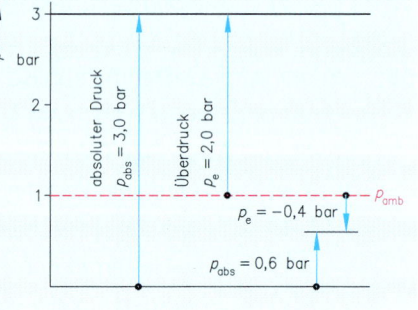

Es gilt

$$p_{abs} = p_e + p_{amb}$$
$$p_e = p_{abs} - p_{amb}$$

Der Begriff Unterdruck darf als Bezeichnung verwendet werden.

Bei exakter Angabe heißt es:

p_e negativer Überdruck: $p_e = -0{,}4$ bar

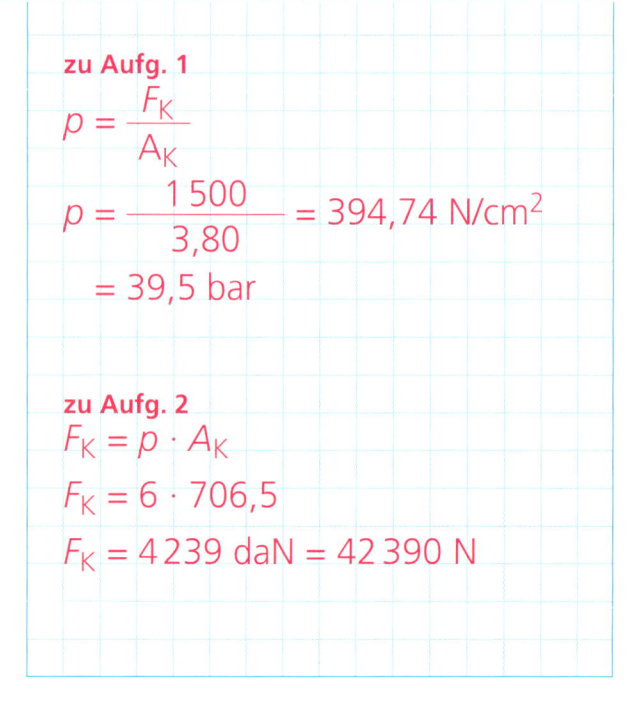

---

1 Auf die Kolbenstange eines Hauptbremszylinders wirkt eine Kraft von 1 500 N. Der Zylinderdurchmesser beträgt 22 mm. Berechnen Sie den Flüssigkeitsdruck.

- ☐ a) 27,5 bar
- ☒ b) 39,5 bar
- ☐ c) 431,5 bar

zu Aufg. 1

$$p = \frac{F_K}{A_K}$$

$$p = \frac{1500}{3{,}80} = 394{,}74 \text{ N/cm}^2$$

$$= 39{,}5 \text{ bar}$$

2 Der Arbeitszylinder einer hydraulischen Hebebühne hat einen Durchmesser von 300 mm. Der Flüssigkeitsdruck beträgt $p = 6$ bar. Berechnen Sie die Hubkraft des Kolbens.

- ☒ a) 42 390 N
- ☐ b) 1 850 N
- ☐ c) 68 657 N

zu Aufg. 2

$$F_K = p \cdot A_K$$

$$F_K = 6 \cdot 706{,}5$$

$$F_K = 4239 \text{ daN} = 42\,390 \text{ N}$$

| Technologie | Mathematik | Diagnose |

3 Ein Dieselmotor hat einen Verdichtungsenddruck von 50 bar. Berechnen Sie die Kolbenkraft, die zum Verdichten erforderlich ist, wenn der Kolbendurchmesser 78 mm beträgt.

- ☐ a) 12 560 N
- ☒ b) 23 880 N
- ☐ c) 45 437 N

4 In einer Faustsattel-Scheibenbremse wirkt auf die Kolben ($d = 40$ mm) ein Flüssigkeitsdruck von 60 bar. Berechnen Sie die Anpresskraft eines Kolbens.

- ☐ a) 450 N
- ☐ b) 2 453 N
- ☒ c) 7 536 N

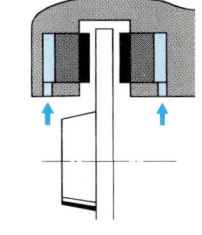

5 In einer hydraulischen Presse hat der Pumpenkolben einen Durchmesser von $d_1 = 20$ mm, der Arbeitskolben von $d_2 = 100$ mm. Auf den Pumpenkolben wirkt eine Kraft von 150 N. Berechnen Sie
1) den Flüssigkeitsdruck,
2) die Kraft F_2 am Arbeitskolben.

1)
- ☐ a) 5,22 bar
- ☐ b) 34,6 bar
- ☒ c) 4,77 bar

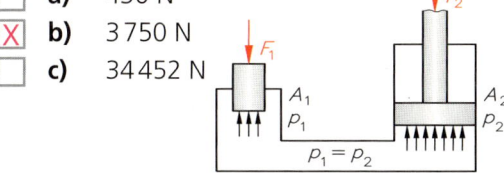

2)
- ☐ a) 430 N
- ☒ b) 3 750 N
- ☐ c) 34 452 N

6 Berechnen Sie für die dargestellte hydraulische Bremsanlage die Spannkraft F_S des Radzylinders.

- ☐ a) 650 N
- ☒ b) 1 828,2 N
- ☐ c) 26 N

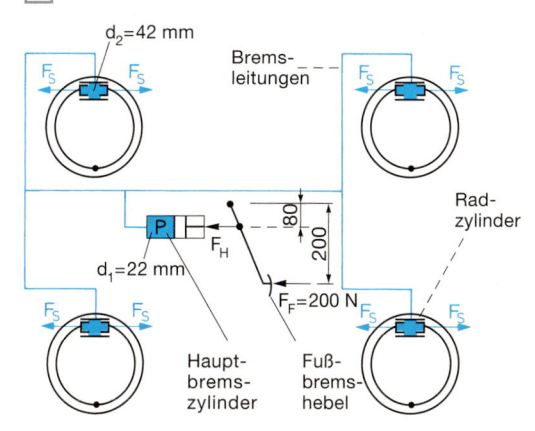

zu Aufg. 3

$F_K = p \cdot A_K$

$F_K = 50 \cdot 47{,}76$

$F_K = 2388$ daN $= 23\,880$ N

zu Aufg. 4

$F_K = p \cdot A_K$

$F_K = 60 \cdot 12{,}56$

$F_K = 753{,}6$ daN $= 7\,536$ N

zu Aufg. 5

$A_1 = \dfrac{d^2 \cdot \pi}{4} = \dfrac{2^2 \cdot 3{,}14}{4} = 31{,}4$ cm^2

$A_2 = \dfrac{d^2 \cdot \pi}{4} = \dfrac{10^2 \cdot 3{,}14}{4} = 78{,}5$ cm^2

1) $p = \dfrac{F_K}{A_1} = \dfrac{150}{3{,}14} = 47{,}77$ N/cm^2

$= 4{,}77$ bar

2) $F_2 = p \cdot A_2 = 4{,}77 \cdot 785 = 375$ daN

$= 3\,750$ N

zu Aufg. 6

$F_H = \dfrac{200 \cdot 200}{80} = 500$ N

$A_1 = \dfrac{d^2 \cdot \pi}{4} = \dfrac{2{,}2^2 \cdot 3{,}14}{4}$

$= 3{,}799$ cm^2

$p = \dfrac{F_K}{A_1} = \dfrac{500}{3{,}799} = 131{,}6$ N/cm^2

$= 13{,}2$ bar

$A_2 = \dfrac{d^2 \cdot \pi}{4} = \dfrac{4{,}2^2 \cdot 3{,}14}{4}$

$= 13{,}85$ cm^2

$F_S = p \cdot A_2 = 13{,}2 \cdot 13{,}85$

$= 182{,}82$ daN

$F_S = 1\,828{,}2$ N

4.8 Druck/Pneumatik

Ergänzende Informationen: Gesetz von Boyle-Mariotte

Bei einer in einem Zylinder eingeschlossenen Gasmenge verfünffacht sich der Druck, wenn das Volumen auf ein Fünftel verringert wird. Danach ist

$p_1 \cdot V_1 = 500$ cm³ $\cdot$ 1 bar

$p_2 \cdot V_2 = 100$ cm³ $\cdot$ 5 bar

Das Produkt aus **$p_1 \cdot V_1 = p_2 \cdot V_2$**

ist in einem abgeschlossenen System konstant.

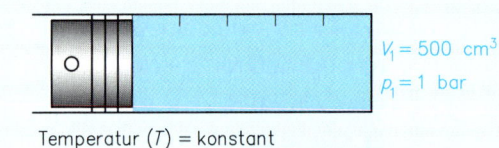

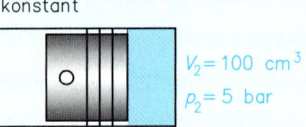

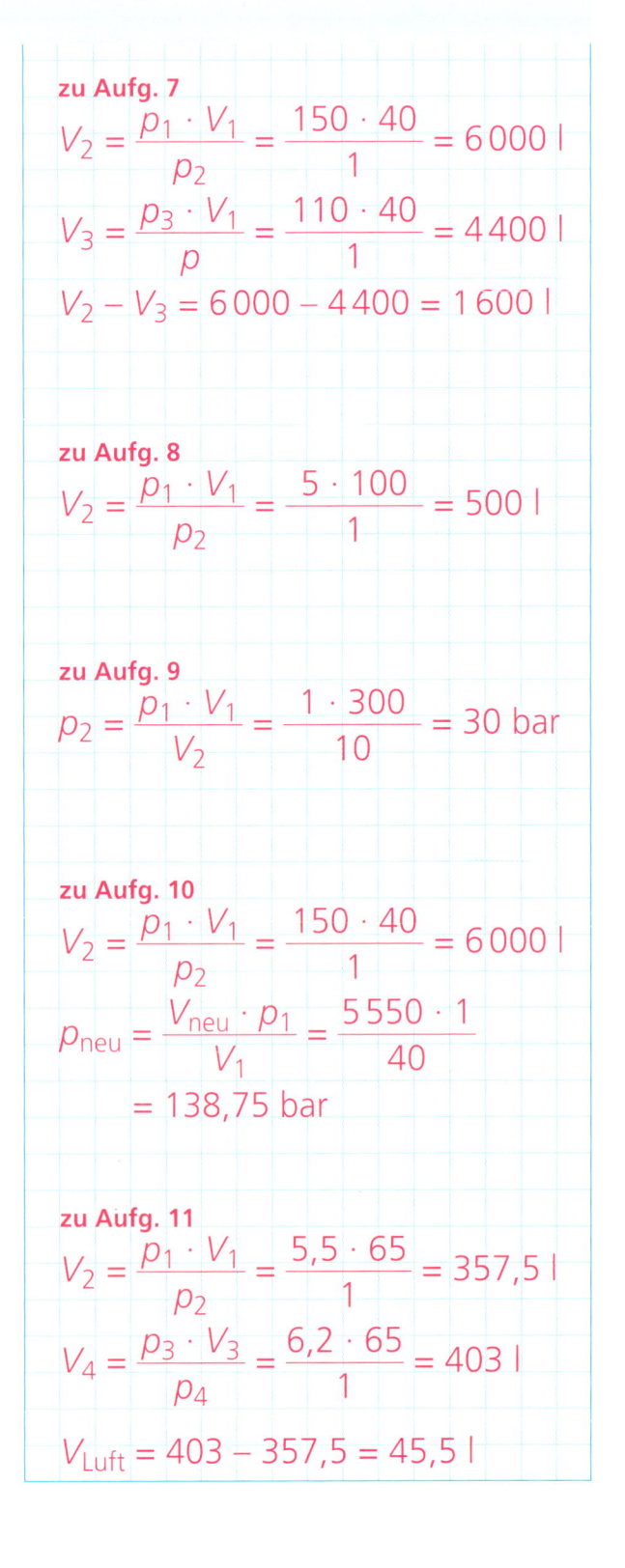

Dieser Zusammenhang ist im Boyle-Mariotte-Gesetz festgelegt.

Es gilt $\quad p_1 \cdot V_1 = p_2 \cdot V_2$

$V_1 = 500$ cm³
$p_1 = 1$ bar

Temperatur (T) = konstant

$V_2 = 100$ cm³
$p_2 = 5$ bar

---

7 Der Druck in einem Druckbehälter von 40 l beträgt 150 bar. Wie viel l Druckluft wurden entnommen, wenn der Druck noch 110 bar beträgt?

☐ a) 560 l
☒ b) 1 600 l
☐ c) 2 300 l

zu Aufg. 7

$V_2 = \dfrac{p_1 \cdot V_1}{p_2} = \dfrac{150 \cdot 40}{1} = 6\,000$ l

$V_3 = \dfrac{p_3 \cdot V_1}{p} = \dfrac{110 \cdot 40}{1} = 4\,400$ l

$V_2 - V_3 = 6\,000 - 4\,400 = 1\,600$ l

---

8 In einem Vorratsbehälter der Druckluftbremse mit einem Volumen von 100 l beträgt der Druck 5 bar. Wie viel l Luft sind das bei atmosphärischem Druck?

☐ a) 1 000 l
☐ b) 120 l
☒ c) 500 l

zu Aufg. 8

$V_2 = \dfrac{p_1 \cdot V_1}{p_2} = \dfrac{5 \cdot 100}{1} = 500$ l

---

9 Eine Reifenpumpe fördert bei jedem Hub 0,3 l Luft. Wie groß ist der Fülldruck, wenn der Verdichtungsraum 10 cm³ beträgt?
($p_1 = 1$ bar)

☐ a) 10 bar
☐ b) 20 bar
☒ c) 30 bar

zu Aufg. 9

$p_2 = \dfrac{p_1 \cdot V_1}{V_2} = \dfrac{1 \cdot 300}{10} = 30$ bar

---

10 Aus einer 40-l-Sauerstoffflasche werden 450 l Sauerstoff von $p_1 = 1$ bar entnommen. Wie groß ist der Flaschendruck nach der Gasentnahme? (Flaschendruck $p = 150$ bar)

☐ a) 345,87 bar
☒ b) 138,75 bar
☐ c) 80,50 bar

zu Aufg. 10

$V_2 = \dfrac{p_1 \cdot V_1}{p_2} = \dfrac{150 \cdot 40}{1} = 6\,000$ l

$p_{neu} = \dfrac{V_{neu} \cdot p_1}{V_1} = \dfrac{5\,550 \cdot 1}{40}$

$= 138,75$ bar

---

11 Wie viel Liter Luft von 1 bar Druck werden benötigt, um den Vorratsbehälter der Druckluftbremse mit 65 dm³ Behälterinhalt von 5,5 bar auf 6,2 bar zu erhöhen?

☒ a) 45,5 l
☐ b) 30 l
☐ c) 65,5 l

zu Aufg. 11

$V_2 = \dfrac{p_1 \cdot V_1}{p_2} = \dfrac{5,5 \cdot 65}{1} = 357,5$ l

$V_4 = \dfrac{p_3 \cdot V_3}{p_4} = \dfrac{6,2 \cdot 65}{1} = 403$ l

$V_{Luft} = 403 - 357,5 = 45,5$ l

Prüfen, Diagnose, Instandsetzung

4.9 Prüfen und Messen

1 Welche Prüfungen sind erforderlich, um die Funktionsfähigkeit eines Sensors oder Aktors festzustellen?

Spannungsversorgung, Masseversorgung, Leitungsunterbrechung, Signal

2 Wie können Steuergerätesignale am einfachsten überprüft werden?

Durch Anschluss einer Prüfbox über ein Adapterkabel zwischen Steuergerät und Kabelbaum.

3 Welche Informationen müssen bei der Prüfung mit der Prüfbox zur Verfügung stehen?

Pinbelegung und Sollwert müssen vom Fahrzeughersteller zur Verfügung gestellt werden.

4 Wie kann das Signal eines Sensors geprüft werden?

Durch ein Oszilloskop.

5 Welche Einstellungen müssen am Oszilloskop vorgenommen werden und was wird festgelegt?

1) Einstellung AC, DC, GND

   AC: Wechselspannung

   DC: Gleichspannung

   GND: Überprüfen oder Verändern der Lage der Nulllinie, ohne die Messleitung vom Messobjekt abzuklemmen

2) Einstellung der Y-Achse: Festlegung der Größe der Spannungsskala

   Es ist das größtmögliche Signal zu wählen.

3) Einstellung der X-Achse: Festlegung der Größe der Zeitskala

   Sie entscheidet darüber, in welcher Breite das Messsignal abgebildet ist.

4) Einstellung des Triggers: Dient dazu, ein stehendes Bild zu erhalten und ermöglicht durch richtige Wahl der Triggerflanke, den Beginn des Messsignals auf dem Bildschirm zu bestimmen.

6 Wie kann das Signal eines Drehzahlgebers überprüft werden?

Rote Messleitung an das Gebersignal, schwarze Messleitung an Gebermasse

| Technologie | Mathematik | **Diagnose** |

7 Wie geht man vor, wenn in einer elektronischen Steuerung Fehler auftreten?

1) Spannungsversorgung und Masseverbindung der Sensoren, Aktoren und des Steuergeräts prüfen;

2) Eingangssignal Stellglied prüfen;

3) Bei fehlerhaftem Signal das Ausgangssignal direkt am Steuergerät prüfen;

4) Bei einwandfreiem Ausgangssignal die Leitungen zum Stellglied prüfen;

5) Bei falschem Ausgangssignal das Eingangssignal prüfen;

6) Bei falschem Eingangssignal Sensor prüfen.

8 Wie können in Hydrauliksystemen Drücke gemessen werden?

Drücke können mit einem Manometer gemessen werden.

4.10 Diagnose/Schaltplananalyse

9 Wo liegen die Ursachen, wenn ein Fehler durch ein falsches Eingangssignal verursacht wird bzw. ein Ausgangssignal falsch ausgeführt wird?

Falsches Eingangssignal:

Fehler liegt beim Sensor oder bei der Verkabelung

Ausgangssignal falsch ausgeführt:

Defektes Stellglied oder defekte Verkabelung

10 Welcher Fehler besteht, wenn das Eingangssignal in Ordnung ist, falsche Signale vom Steuergerät ausgegeben werden?

Das Steuergerät ist defekt.

11 Der Schaltplan zeigt eine Druckumlaufschmierung. Benennen Sie die Funktionselemente. Zeichnen Sie normgerecht das Manometer zur Messung des Öldrucks ein.

zu Aufg. 11–14

a) *Ölpumpe*

b) *Rückschlagventil*

c) *Druckbegrenzungsventil*

d) *Filter*

e) *Überdruckventil*

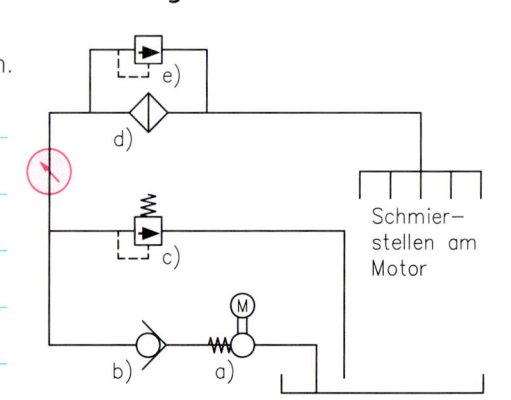

12 Wo ist das Ventil e eingebaut und welche Funktion hat es?

Das Ventil e sitzt im Filter und öffnet bei verstopftem Filter den Weg direkt zu den Schmierstellen.

| Technologie | Mathematik | Diagnose |

13 Welche Funktion hat das Ventil c?

Das Druckbegrenzungsventil c verhindert Überlastungen des gesamten Systems. Wenn der Maximaldruck überschritten wird, öffnet es den Zulauf zum Vorratsbehälter.

14 Welche Funktion hat das Ventil b?

Das Rückschlagventil b verhindert das Leerlaufen des Ölfilters bei Stillstand des Motors.

15 Geben Sie den Weg der Hydraulikflüssigkeit (laufende Zahnradpumpe) bei Stellung 0 des Wegeventils an.

Ölpumpe – Zahnradpumpe – Druckbegrenzungsventil – Ölbehälter

zu Aufg. 15–17

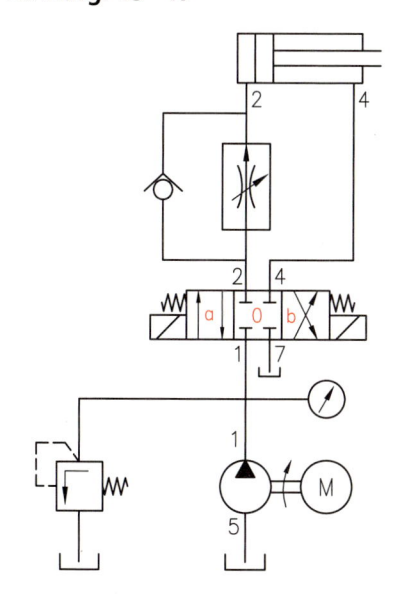

16 Geben Sie den Weg der Hydraulikflüssigkeit (laufende Zahnradpumpe) bei Stellung a des Wegeventils an.

Ölbehälter – Zahnradpumpe – 4/3-Wegeventil, Stellung a, Anschluss 1/2 – Stromventil – Hydraulikzylinder, Anschluss 2 – Kolben fährt aus

17 Geben Sie den Weg (Hin- und Rückfluss) der Hydraulikflüssigkeit bei Stellung b des Wegeventils an.

Zufluss: Ölbehälter – 4/3-Wegeventil, Stellung b, Anschluss 1/4 – Hydraulikzylinder, Anschluss 4 – Kolben fährt ein.

Rückfluss: Hydraulikzylinder, Anschluss 2 – Sperrventil – 4/3-Wegeventil, Stellung b, Anschluss 2/7 – Ölbehälter

zu Aufg. 18

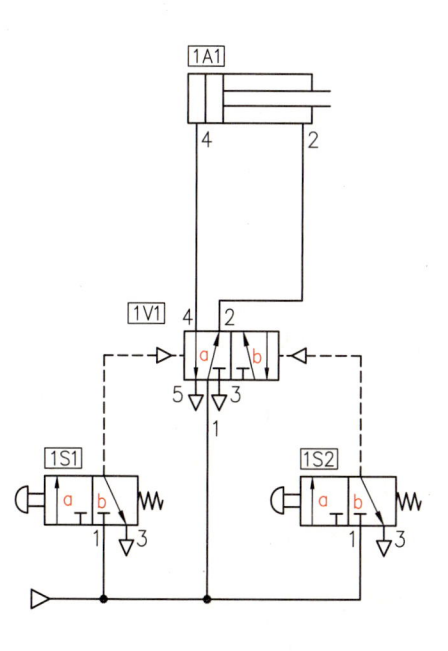

18 Geben Sie den Weg der Druckluft an, wenn der Kolben ausfahren soll.

Zufluss: Druckluftanschluss – 3/2-Ventil 1S2, Stellung a – 5/2-Wegeventil, Stellung b, Anschluss 1/4 – Kolben fährt aus.

Rückfluss: Pneumatikzylinder, Anschluss 2 – 5/2-Wegeventil, Stellung b, Anschluss 2/3 – ins Freie

4.11 Instandsetzung

19 Welche Sicherheitsmaßnahmen sind bei der Prüfung elektronischer Systeme zu beachten?

1) Darauf achten, dass sie gegen die Erde isoliert sind, z. B. durch Gummimatten.

2) Keine offenen Leitungen, Verbindungen oder andere spannungsführende Teile berühren.

3) Bei eingeschalteter Zündung keine Steckverbindungen trennen, Stecker von elektrischen Modulen abziehen oder Stecker verbinden, da Spannungsspitzen entstehen, die die elektronischen Funktionselemente zerstören können.

4) Widerstandsmessungen nur bei abgezogenem Stecker durchführen, da Funktionselemente innerhalb des Steuergerätes zerstört werden können.

5) Messung des Spannungsfalls der Widerstandsmessung vorziehen, da die Messung genauer ist und bei angeschlossenem Stecker durchgeführt werden kann.

20 Worauf ist bei der Wartung hydraulischer Systeme zu achten?

Wartung nach Angabe des Herstellers
Kontrollen: Druckflüssigkeitsstand, undichte Leitungen und Verbindungen, geknickte Schläuche, Luftblasen im System, Druckflüssigkeitswechsel entsprechend den Angaben des Herstellers, Kontrolle der Druckflüssigkeit auf Wassergehalt.

21 Welche Unfallverhütungsvorschriften sind bei Arbeiten an hydraulischen Anlagen zu beachten?

Persönliche Schutzkleidung tragen, Hautkontakt mit Hydraulikflüssigkeit vermeiden, vor dem Lösen von Leitungsanschlüssen Druck ablassen, zum Abbau des Restdrucks Leitungsanschlüsse mit Lappen abdecken und langsam lösen, auslaufende Hydraulikflüssigkeit auffangen, verschüttete Hydraulikflüssigkeit aufwischen oder mit Universalbinder aufnehmen.

22 Welche Gefährdungen können bei Arbeiten von pneumatischen Anlagen ausgehen?

Aufpeitschen von Schlauchleitungen durch unsichere Schnelltrennkupplungen oder Schlauchklemmen, Wegschleudern von Teilen, Austritt von Druckluft.

Lernfeld 5:
Prüfen und Instandsetzen der Energieversorgungs- und Startsysteme

Technologie

5.1 Batterie

1 Woraus besteht die aktive Masse der Plusplatte?
- [X] a) Bleidioxid
- [ ] b) Blei
- [ ] c) Bleisulfat

2 Woraus besteht die aktive Masse der Minusplatte?
- [ ] a) Bleidioxid
- [X] b) Blei
- [ ] c) Bleisulfat

3 Zwischen Minus- und Plusplatte sind Separatoren angeordnet. Welche Aussage ist falsch?
- [ ] a) Sie trennen Plus- und Minusplatten elektrisch.
- [ ] b) Sie ermöglichen eine Ionenwanderung.
- [X] c) Sie sorgen dafür, dass die aktive Masse im Bleigitter bleibt.

4 Woraus besteht das Elektrolyt?
- [ ] a) Destilliertes Wasser
- [X] b) Verdünnte Schwefelsäure
- [ ] c) Verdünnte Salzsäure

5 Wie viele Zellen hat eine 12-V-Batterie?
- [ ] a) 1
- [X] b) 6
- [ ] c) 12

6 Wie viel Volt liefert eine Zelle?
- [X] a) 2 V
- [ ] b) 6 V
- [ ] c) 12 V

7 Beim Entladen der Batterie wird die aktive Masse der Plusplatte umgewandelt in
- [ ] a) Bleidioxid.
- [X] b) Bleisulfat.
- [ ] c) Blei.

8 Beim Laden der Batterie wird die aktive Masse der Plusplatte umgewandelt in
- [X] a) Bleidioxid.
- [ ] b) Bleisulfat.
- [ ] c) Blei.

9 Beim Laden der Batterie wird die aktive Masse der Minusplatte umgewandelt in
- [ ] a) Bleidioxid.
- [ ] b) Bleisulfat.
- [X] c) Blei.

10 Wie hoch ist die Leerlauf- und Ruhespannung der geladenen Batterie?
- [ ] a) 12 V
- [X] b) 12,6 V
- [ ] c) 14,5 V

11 Was bedeutet die Bezeichnung 12V44Ah450A?
- a) 12V: *Nennspannung*
- b) 44Ah: *Nennkapazität*
- c) 450A: *Kälteprüfstrom*

12 Ordnen Sie der oben genannten Batteriebezeichnung die Europäischen Typennummern zu. 12V44Ah450A → *5 44*   105   *045*

13 Welche Aussage gibt der Kälteprüfstrom?
- [X] a) Startfähigkeit bei Kälte
- [ ] b) Speichervermögen bei Kälte
- [ ] c) Konstante Stromstärke bei Kälte

14 Wie viel Strom kann die oben genannte Batterie bei –18 °C Kälte abgeben?
- [X] a) 450 A
- [ ] b) 45 A
- [ ] c) 4,5 A

15 Die Angabe 44Ah auf einer Batterie bedeutet, dass die Batterie bei einer Elektrolyttemperatur von 27 °C
- [X] a) 20 Stunden mit 2,2 A entladen werden kann.
- [ ] b) 20 Stunden mit 2,2 A geladen werden kann.
- [ ] c) 10 Stunden mit 4,4 A entladen werden kann.

Technologie	**Mathematik**	**Diagnose**

16 Wie hoch ist bei einer geladenen Batterie die Säuredichte?
- [ ] a) 1,12 kg/dm³
- [ ] b) 1,20 kg/dm³
- [X] c) 1,28 kg/dm³

17 Aus welchem Material besteht das Gitter einer wartungsfreien Batterie?
- [ ] a) Blei-Antimon-Legierung
- [X] b) Blei-Kalzium-Legierung
- [ ] c) Blei-Zinn-Legierung

18 Welchen Vorteil hat die oben genannte Batterie?
- [ ] a) Sie ist billiger in der Produktion.
- [X] b) Sie hat keine Selbstentladung.
- [ ] c) Sie hat eine geringere Sulfatierung.

19 Was versteht man unter einer AGM-Batterie?
- [X] a) Das Elektrolyt ist in einem Mikrovlies festgelegt.
- [ ] b) Die Batterie benötigt kein Elektrolyt.
- [ ] c) Bezeichnung für trocken geladene Batterie

20 Welche Aufgabe hat eine Sicherheitsklemme?
- [ ] a) Die Klemme löst sich nicht bei Erschütterungen.
- [ ] b) Die Klemme korrodiert nicht.
- [X] c) Die Klemme trennt bei Auslösung des Airbags die Starterleitung.

21 Woran erkennt man den Pluspol einer Batterie?
- [X] a) Der Pluspol ist dicker als der Minuspol.
- [ ] b) Der Pluspol ist dünner als der Minuspol.
- [ ] c) Der Pluspol ist höher als der Minuspol.

22 Was wird durch die dargestellte Schaltung erreicht?
- [X] a) Die Spannung wird erhöht.
- [ ] b) Die Spannung bleibt gleich.
- [ ] c) Die Kapazität wird erhöht.

23 Welche Aussage zum Elektroniklader ist falsch?
- [X] a) Die Batterie muss ausgebaut werden.
- [ ] b) Die Batterie muss nicht abgeklemmt werden.
- [ ] c) Er ist überladungssicher und damit für wartungsfreie Batterien geeignet.

24 Der Batterielader hat eine IU-Kennlinie. Was bedeutet die Kennzeichnung?
- [X] a) Ladestrom konstant bis zu bestimmtem Wert, dann Spannung konstant, Ladestrom sinkt
- [ ] b) Spannung konstant bis zu bestimmtem Wert, dann Spannung sinkend, Ladestrom sinkt
- [ ] c) Ladestrom sinkt bis zu bestimmtem Wert, Ladespannung danach konstant

25 Wie hoch sollte der Ladestrom bei einer Normalladung sein?
- [X] a) 10 % der Nennkapazität
- [ ] b) 20 % der Nennkapazität
- [ ] c) 30 % der Nennkapazität

26 Der Ladestrom der oben genannten Batterie 12V44Ah540A beträgt
- [X] a) 4,4 A
- [ ] b) 8,8 A
- [ ] c) 54 A

27 Die Ladespannung des Elektronikladers ist bei Standardbatterien begrenzt auf
- [ ] a) 12 V
- [ ] b) 13,8 V
- [X] c) 14,4 V

28 Aus welchen Gründen darf eine im Kfz eingebaute Standardbatterie nur bis 14,4 Volt geladen werden? Welche Begründung ist falsch?
- [ ] a) Die Batterie beginnt zu gasen.
- [ ] b) Es entstehen Wasserverluste.
- [ ] c) Es bildet sich Knallgas.
- [X] d) Die Platten sulfatieren.

zu Aufg. 22

29 Was versteht man unter Sulfatierung der Batterie?
- [X] a) Bei der Entladung bildet das Bleisulfat eine harte Plattenoberfläche.
- [ ] b) Bei der Aufladung bildet das Elektrolyt mit der Plattenoberfläche eine harte Schicht.
- [ ] c) Bei einer Überladung entstehen an den Plattenoberflächen harte Kristalle.

30 Was ist die Ursache für die Sulfatierung einer Batterie? Die Batterie
- [ ] a) hat mangelnde Wartung.
- [X] b) wird längere Zeit nicht benutzt.
- [ ] c) wurde überladen.

31 Wie erfolgt die Starthilfe?
- [X] a) Pluspol der Empfängerbatterie mit Pluspol der Spenderbatterie bzw. Massepol mit Minuspol verbinden
- [ ] b) Pluspol der Empfängerbatterie mit Minuspol der Spenderbatterie bzw. Minuspol mit Pluspol verbinden
- [ ] c) Pluspol der Spenderbatterie mit der Karosserie, Minuspole von beiden Batterien verbinden.

32 Welche Bedeutung haben die auf der Batterie dargestellten Symbole?
- a) *Hinweise auf Batterie beachten*
- b) *Kinder von Säure und Batterien fernhalten*
- c) *Vorsicht: Explosionsgefahr durch Knallgas*
- d) *Feuer, Funken, offenes Licht vermeiden, Rauchen verboten*
- e) *Vorsicht: Verätzungsgefahr, Handschuhe tragen*
- f) *Tragen Sie Augenschutz*

5.2 Drehstromgenerator

33 Was versteht man unter Induktion?
- [X] a) Spannungserzeugung durch Bewegung eines Leiters in einem Magnetfeld
- [ ] b) Spannungserzeugung durch chemische Energie
- [ ] c) Spannungserzeugung durch Wärme

34 Die erzeugte Spannung ist umso größer,
- [ ] a) je langsamer der Leiter im Magnetfeld bewegt wird.
- [X] b) je größer die wirksame Länge des Leiters ist.
- [ ] c) je geringer das Magnetfeld ist.

35 Zeichnen Sie in der Abbildung die Stromrichtung ein.

35a Welcher Strom wird beim Drehen der Leiterschleife erzeugt?
- [X] a) Wechselstrom
- [ ] b) Gleichstrom
- [ ] c) Drehstrom

36 Welche Stromart wird beim Drehen der Leiterschleife nach der dargestellten Abbildung erzeugt?
- [ ] a) Es entsteht ein Gleichstrom.
- [ ] b) Es entsteht ein Wechselstrom.
- [X] c) Es entsteht ein Drehstrom.

zu Aufg. 32

zu Aufg. 35

zu Aufg. 35a

zu Aufg. 36

| Technologie | Mathematik | Diagnose |

37 Mit welchen Funktionselementen kann man aus einem Wechselstrom einen Gleichstrom erzeugen?
- [ ] a) Transistor
- [ ] b) Thyristor
- [X] c) Diode

38 Ein Drehstrom entsteht, wenn drei Wicklungen versetzt sind und die Wicklungen in einem Magnetfeld gedreht werden. Um wie viel Grad sind die Wicklungen versetzt?
- [ ] a) 90°
- [X] b) 120°
- [ ] c) 180°

39 Wann fließt ein Strom bei angelegtem Wechselstrom durch den Verbraucher? (s. Zeichnung)
- [X] a) Ausschließlich während der positiven Halbwelle
- [ ] b) Ausschließlich während der negativen Halbwelle
- [ ] c) Während der positiven und negativen Halbwelle

40 In welcher Wicklung des Drehstromgenerators wird die Ladespannung erzeugt?
- [ ] a) Erregerwicklung
- [X] b) Ständerwicklung
- [ ] c) Rotorwicklung

41 Welche Anschlüsse befinden sich an der Stirnseite des Drehstromgenerators?
- [X] a) B+, D+, D–
- [ ] b) B+, 30, 31
- [ ] c) D+, 15, 31

42 Wo wird die erzeugte Spannung gemessen?
- [ ] a) B+ und D+
- [X] b) B+ und D–
- [ ] c) B+ und DF

43a Ordnen Sie in den Abbildungen 43a, 43b die Steckanschlüsse zu. Tragen Sie die Buchstaben ein.
   a) B+, D+
   b) DF, D–

43b Ordnen Sie Erreger- und Leistungsdioden bzw. Erregerwicklung bzw. Ständerwicklung zu. Tragen Sie die Buchstaben ein.
   a) Erregerdioden
   b) Leistungsdioden
   c) Erregerwicklung
   d) Ständerwicklung

44 Wie viele Nord- und Südpole hat der Läufer?
- [ ] a) 3 N und 3 S
- [X] b) 6 N und 6 S
- [ ] c) 12 N und 12 S

45 Wie viele Spannungshalbwellen werden bei einer Umdrehung des Läufers erzeugt?
- [ ] a) 12
- [ ] b) 24
- [X] c) 36

zu Aufg. 39

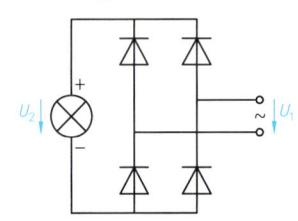

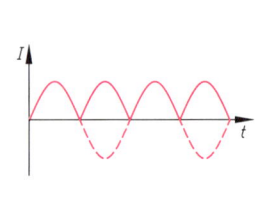

zu Aufg. 43a

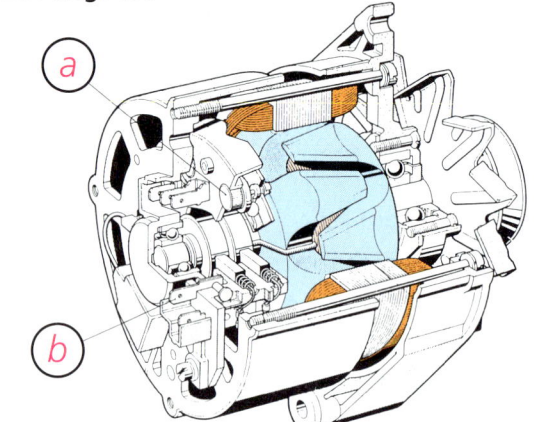

zu Aufg. 43b

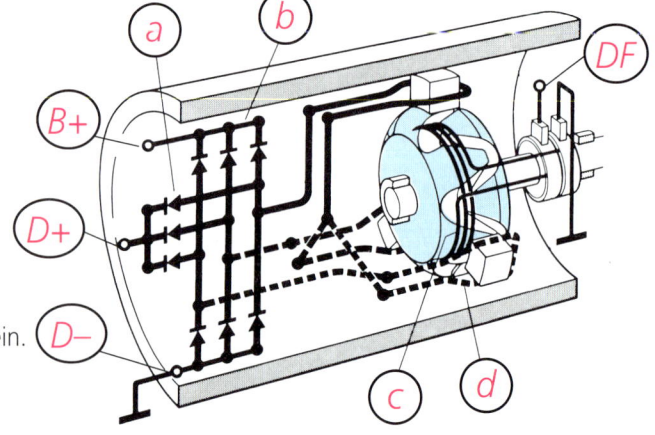

zu Aufg. 44/45

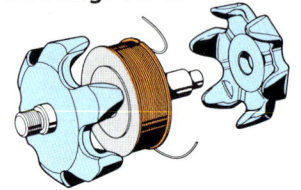

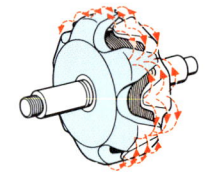

| Technologie | Mathematik | Diagnose |

46 Der Erregerstrom wird
- [ ] a) von der Batterie geliefert.
- [X] b) von der Ständerwicklung abgezweigt.
- [ ] c) von der Erregerwicklung abgezweigt.

47 Ordnen Sie die Bezeichnungen dem Schaltplan zu. Tragen Sie die Buchstaben ein.
- a) Erregerwicklung
- b) Erregerdioden
- c) Leistungsdioden
- d) Ständerwicklung
- e) Regler

48 Ordnen Sie die Steckanschlüsse im Schaltplan zu.
- A) Batterie Plus
- B) Generator Plus
- C) Generator Minus

49 Welche Bedeutung haben die Symbole in der Darstellung des Generators?
- a) *Gerätekennzeichnung*
- b) *3 Wicklungen*
- c) *Sternschaltung*
- d) *Dioden*
- e) *Regler*

50 Tragen Sie die fehlenden Klemmenbezeichnungen ein.

51 Wie erfolgt die Erregung des Generators beim Anlaufen?
- [X] a) Über die Ladekontrolllampe fließt der Batteriestrom zum Vorerregen des Generators.
- [ ] b) Über die Ladekontrolllampe wird der Erregerstrom von der Ständerwicklung abgezweigt.
- [ ] c) Der Generator besitzt einen Restmagnetismus, der zum Vorerregen beim Start ausreicht.

52 Weshalb muss bei einem Drehstromgenerator die Ladekontrolllampe mindestens 2 Watt aufnehmen?
- [X] a) Um einen ausreichend großen Vorerregerstrom zu erhalten
- [ ] b) Damit die Kontrolllampe besser leuchtet
- [ ] c) Um eine gleichmäßige Spannung bei unterschiedlicher Belastung zu erzielen.

53 Welche Aussage ist falsch?
Die Ladekontrolllampe erlicht
- [ ] a) wenn der Generator seine volle Spannung abgibt.
- [ ] b) wenn an den Enden der Ladekontrolllampe die gleiche Spannung anliegt.
- [X] c) wenn der Generator die Nenndrehzahl erreicht hat.

zu Aufg. 47/48

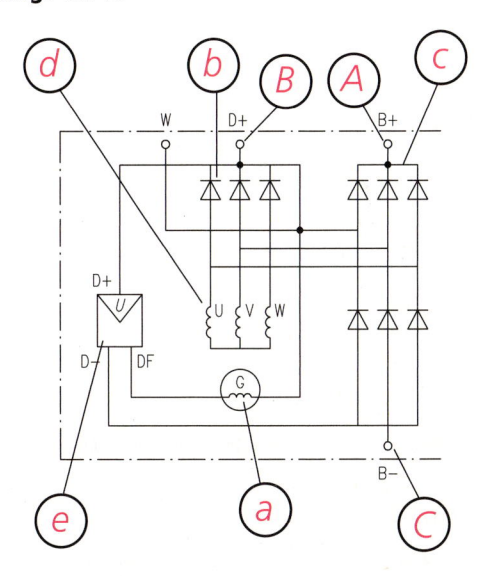

zu Aufg. 49/50

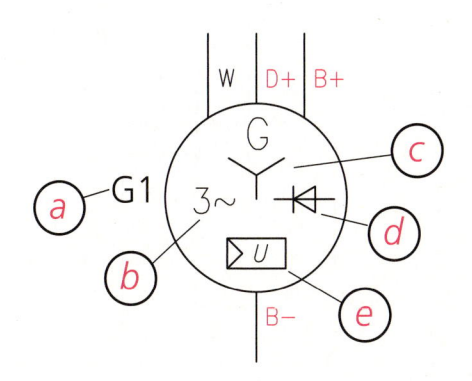

| | Technologie | Mathematik | Diagnose |

54 Zeichnen Sie den Ladestromkreis farbig in den Schaltplan ein.

55 Welche Aufgabe hat der Spannungsregler?
- [ ] a) Die Generatorspannung an die Batteriespannung anzupassen
- [ ] b) Die Drehzahl des Generators konstant zu halten
- [X] c) Die Generatorspannung durch Zu- und Abschalten des Erregerstroms zu regeln

56 Was passiert, wenn die Generatorspannung über die Reglerspannung steigt?
- [X] a) Der Erregerstrom wird unterbrochen.
- [ ] b) Der Erregerstrom wird eingeschaltet.
- [ ] c) Die Generatorspannung wird unterbrochen.

57 Wie unterscheidet sich der Generator mit Multifunktionsregler vom Generator mit herkömmlichem Spannungsregler? Welche Aussage ist falsch?
- [ ] a) Der Generator benötigt keine Erregerdioden.
- [X] b) Der Generator benötigt keine Leistungsdioden.
- [ ] c) Der Generator bezieht seinen Erregerstrom direkt von Klemme B+.

58 Wie erfolgt bei modernen Generatoren der Schutz vor Überspannung?
- [ ] a) Durch zusätzliche Sicherungen
- [X] b) Durch Z-Dioden als Leistungsdioden
- [ ] c) Ist nicht notwendig, da jeder Verbraucher abgesichert ist.

zu Aufg. 54

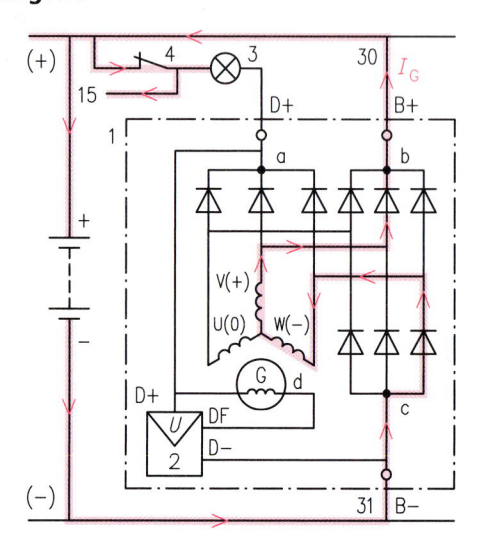

59 Wie viel Strom gibt der Generator bei Nenndrehzahl ab?
- [ ] a) 125 A
- [X] b) 110 A
- [ ] c) 40–70 A

60 Erklären Sie die Typformel KC(→)14V40-70A von Bosch.

K: *Baugröße*

C: *Compaktgenerator*

(→): *Drehrichtung, Rechtslauf*

14V: *Generatorspannung*

40A: *Strom bei 1 800 1/min*

70A: *Strom bei 6 000 1/min*

61 Worauf ist vor Arbeitsbeginn beim Ein- und Ausbau von elektrischen Aggregaten zu achten?
- [ ] a) Zündung ausschalten
- [X] b) Batterie abklemmen
- [ ] c) Zündung einschalten

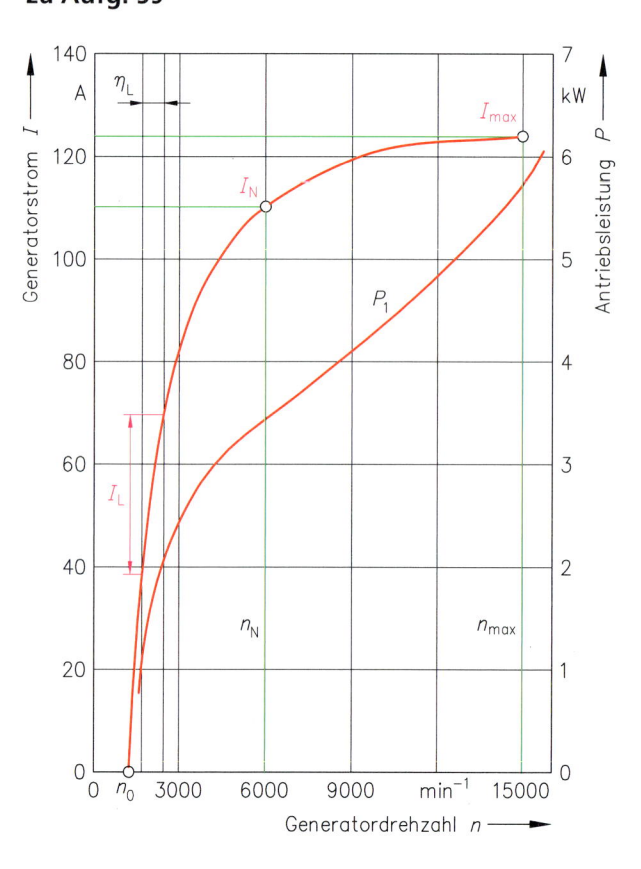

zu Aufg. 59

5.3 Starter

62 In welche Richtung bewegt sich in der Abbildung der Leiter?
- [X] a) Nach links
- [ ] b) Nach rechts
- [ ] c) Er bewegt sich nicht.

63 In welche Richtung dreht sich der Motor in der Abbildung?
- [X] a) Nach links
- [ ] b) Nach rechts
- [ ] c) Er dreht sich überhaupt nicht.

64 Ordnen Sie den dargestellten Schaltungen von Motoren die Begriffe zu und kreuzen Sie an, welcher Motor als Startermotor geeignet ist.
- [X] a) Reihenschlussmotor
- [ ] b) Nebenschlussmotor
- [ ] c) Doppelschlussmotor
- [ ] d) Permanentfeldmotor

65 Benennen Sie die Hauptteile eines Starters.
- a) *Elektromotor*
- b) *Einrückrelais*
- c) *Einspurgetriebe*

66 Benennen Sie die Funktionselemente des abgebildeten Einspurgetriebes und tragen Sie diese in die Darstellung ein.
- a) *Ritzel*
- b) *Rollenfreilauf*
- c) *Einrückhebel*
- d) *Einspurfeder*
- e) *Ankerwelle mit Steilgewinde*

67 Wodurch wird das Überdrehen des Starters nach dem Anspringen des Motors verhindert?
- [ ] a) Fliehkraftkupplung
- [ ] b) Membranfederkupplung
- [X] c) Rollenfreilauf

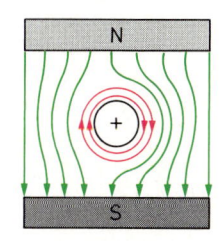

68 Welche Aufgabe hat der Rollenfreilauf?
- [X] a) Der Kraftschluss zwischen Motor und Starter wird nach dem Anspringen gelöst.
- [ ] b) Das Ritzel kann nach dem Anspringen des Motors mitlaufen.
- [ ] c) Das Ritzel kann nach dem Anspringen des Motors besser ausspuren.

69 Warum benötigt der Starter einen Rollenfreilauf?
- [X] a) Damit der laufende Motor den Starter nach dem Anspringen nicht überdreht.
- [ ] b) Damit das Ritzel beim Starten besser einspurt.
- [ ] c) Er dreht das Ritzel weiter, wenn es beim Einrücken auf einen Zahn trifft.

zu Aufg. 63

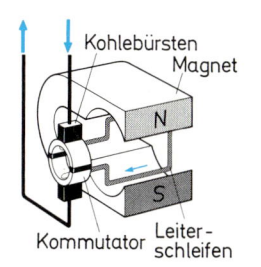

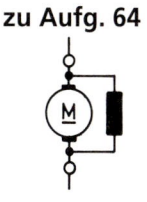

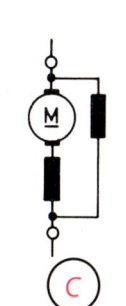

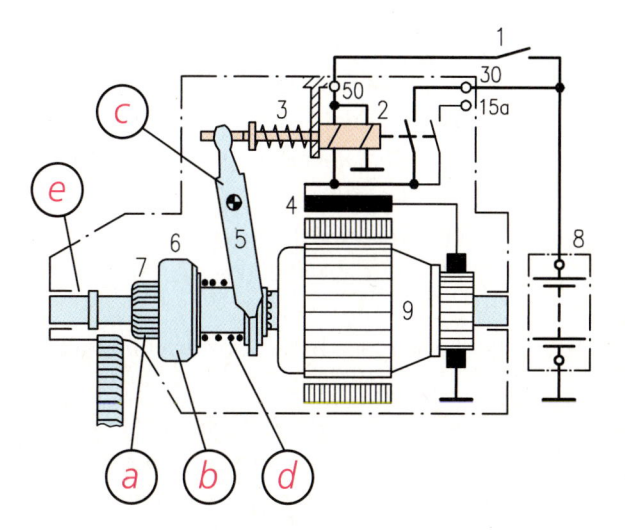

zu Aufg. 64

b d a c

zu Aufg. 66

zu Aufg. 62

| Technologie | Mathematik | Diagnose |

70 Bezeichnen Sie die abgebildeten Starterbauarten.

a) *Starter mit Vorgelege und Permanentmagnet*

b) *Direktstarter mit Gleichstrom-Reihenschlussmotor*

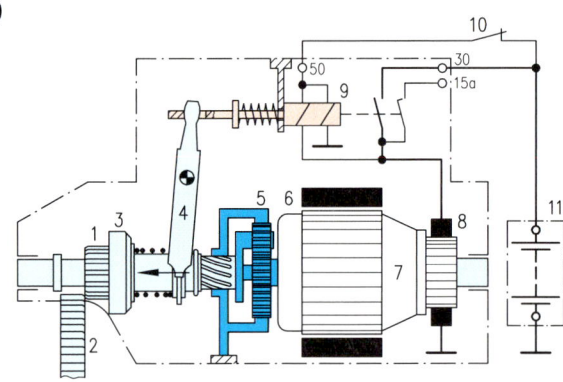

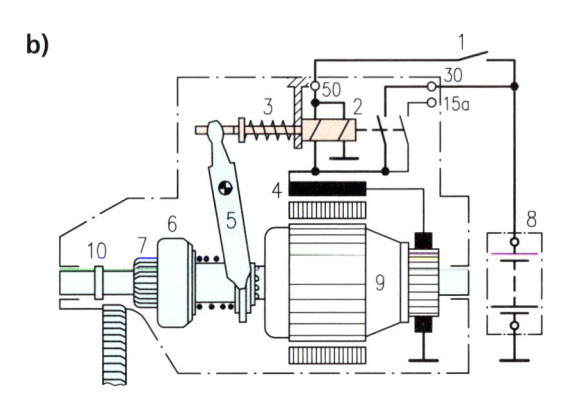

71 Vorgelegestarter haben ein Planetengetriebe. Welche Aussage ist falsch? Der Vorgelegestarter hat gegenüber dem Direktstarter
- ☐ a) das gleiche Drehmoment bei kleinerem, schneller drehendem Elektromotor.
- ☐ b) den Vorteil, dass er leichter ist.
- ☒ c) eine Eignung für Motoren unter 1 l Hubraum.

72 Welches Schaltzeichen stellt einen Starter mit Einrückrelais dar? Kreuzen Sie an.

73 Welche Aufgabe hat das Einrückrelais nicht?
- ☐ a) Einschalten des Hauptstroms
- ☐ b) Verschieben des Ritzels zum Einspuren
- ☒ c) Erzeugen der Drehbewegung des Ankers.

74 Welche Aussage zum Starter ist falsch?
- ☐ a) Das Einrückrelais schaltet den Starterstrom.
- ☐ b) Der Rollenfreilauf erzeugt und löst den Kraftschluss zwischen Elektromotor und Ritzelwelle.
- ☒ c) Das Ritzel geht beim Ausspuren durch die Kraft der Einspurfeder in die Ausgangsstellung zurück.

75 Die Darstellung zeigt das Einrückrelais. Ordnen Sie die Buchstaben der Begriffe der Schnittdarstellung und dem Schaltplan (nur b, c, d) zu.
- a) Rückstellfeder
- b) Kontakte
- c) Haltewicklung
- d) Einzugswicklung

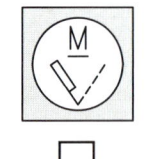

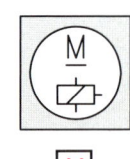

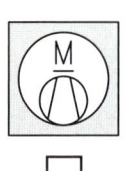

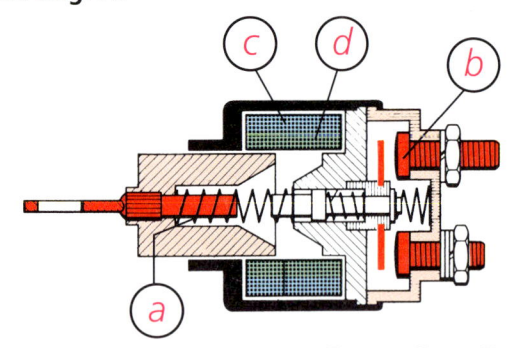

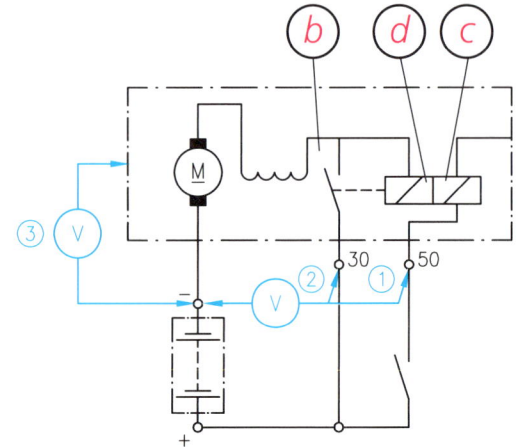

76 Welche Aufgabe haben Einzugs- und Haltewicklung zusammen?
- ☒ a) Einziehen des Ankers in das Relais
- ☐ b) Halten des Ankers des Relais
- ☐ c) Haltewicklung auszuschalten

77 Welche Aufgabe hat die Haltewicklung allein?
- ☐ a) Einziehen des Ankers des Relais
- ☐ b) Schließen der Kontakte
- ☒ c) Festhalten des Ankers des Relais

78 Warum wird die Einzugswicklung stromlos, wenn die Kontaktbrücke schließt?
- ☒ a) Am Ein- und Ausgang der Wicklung liegt die gleiche Spannung an.
- ☐ b) Die Einzugswicklung wird durch die Kontakte ausgeschaltet.
- ☐ c) Die Einzugswicklung wird von der Haltewicklung ausgeschaltet.

79 Wie hoch ist die Mindestdrehzahl des Starters eines Ottomotors?
- ☐ a) 40–50 1/min
- ☒ b) 60–90 1/min
- ☐ c) 150–200 1/min

80 Wodurch wird beim Starter ein hohes Drehmoment zum Starten des Motors erreicht?
- ☒ a) Durch ein hohes Übersetzungsverhältnis Zahnkranz/Ritzel
- ☐ b) Durch einen starker Elektromotor
- ☐ c) Durch den Rollenfreilauf

81 Wie groß ist das Übersetzungsverhältnis Zahnkranz/Ritzel?
- ☒ a) 1:10–1:15
- ☐ b) 1:4–1:6
- ☐ c) 1:20–1:30

82 Welche Spannung muss am Magnetschalter mindestens anliegen?
- ☐ a) 10,5 V
- ☒ b) 8 V
- ☐ c) 6 V

83 Wie hoch darf der Spannungsfall in der Starterhauptleitung sein?
- ☐ a) 1 V
- ☒ b) 0,5 V
- ☐ c) 2 V

84 Beim Betätigen des Zündstartschalters fließt ein Strom durch die Einzugs- und Haltewicklung. Welche Aussage ist falsch?
- ☐ a) Der Einrückhebel verschiebt das Ritzel.
- ☒ b) Der Starter dreht den Motor durch.
- ☐ c) Durch die Schraubwirkung des Steilgewindes dreht sich das Ritzel.

85 Beim Starten stößt das Ritzel auf einen Zahn des Zahnkranzes. Welche Aussage ist falsch?
- ☐ a) Die Einspurfeder wird zusammengedrückt.
- ☐ b) Der Kontaktschalter wird geschlossen.
- ☐ c) Der Hauptstrom fließt.
- ☒ d) Durch die Einzugswicklung fließt Strom.
- ☐ e) Der Starter dreht sich.
- ☐ f) Das Ritzel spurt in die nächstfolgende Zahnlücke.

5.4 Neue Bordnetze

86 Was versteht man unter einem Zwei-Batterien-Bordnetz?
- ☐ a) Zwei Batterien in Reihe geschaltet zur Erhöhung der Spannung
- ☐ b) Zwei Batterien parallel geschaltet zur Erhöhung der Kapazität
- ☒ c) Zwei Batterien, von denen eine für das Bordnetz und eine für den Starter eingesetzt wird

zu Aufg. 86

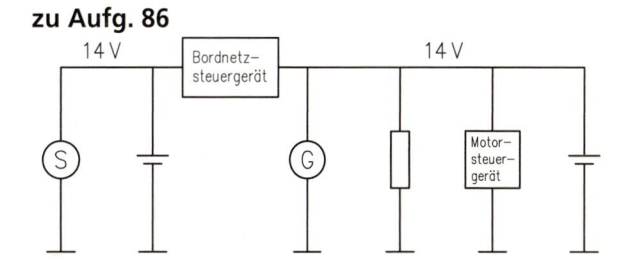

| Technologie | Mathematik | Diagnose |

87 Was versteht man unter einem Zwei-Spannungs-Bordnetz? Dies ist ein Bordnetz mit den Spannungen
- ☐ a) 6 V und 12 V.
- ☐ b) 12 V und 24 V.
- ☒ c) 14 V und 42 V.

88 Wie unterscheidet sich das Zwei-Spannungs-Bordnetz vom Zwei-Batterien-Bordnetz?
- ☐ a) Zwei Batterien von 12 V in Reihe oder parallel geschaltet
- ☐ b) Starterbatterie und Bordnetzbatterie mit Steuergerät
- ☒ c) 14-V- und 42-V-Batterie und Startergenerator und elektronisches Energiemanagement

89 Welche Aussage ist falsch? Das Zwei-Spannungs-Bordnetz wird eingesetzt,
- ☒ a) um beim Ausfall einer Batterie eine zweite zur Verfügung zu haben.
- ☐ b) um dem zunehmenden Leistungsbedarf im Fahrzeug gerecht zu werden.
- ☐ c) um Hochleistungsverbraucher wie Starter, Kat-Heizung usw. mit 42 Volt zu versorgen.
- ☐ d) um Beleuchtung, Motormanagement usw. mit 12 Volt zu versorgen.

zu Aufg. 87/88

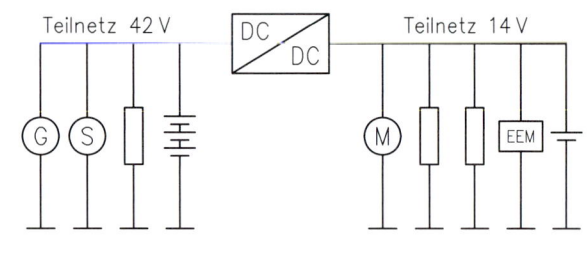

90 Was versteht man unter einem integrierten Startergenerator?
- ☐ a) Starter und Generator als getrennte Einheiten
- ☒ b) Starter und Generator in einer Einheit
- ☐ c) Starter, der zum Starten seinen eigenen Strom erzeugt

91 Integrierte Startergeneratoren werden im Zwei-Spannungs-Bordnetz eingesetzt. Welche Aussage ist falsch?
- ☐ a) Startet den Motor
- ☐ b) Wechselt vom Starter- in den Generatorbetrieb
- ☐ c) Start-Stopp-Funktion
- ☐ d) Unterstützt den Motor beim Beschleunigen
- ☐ e) Versorgt Hochspannungsverbraucher und Batterie mit 42-V-Spannung
- ☐ f) Versorgt das Bordnetz mit 12-V-Spannung
- ☐ g) Wandelt beim Bremsen die Bewegungsenergie des Fahrzeugs in elektrische Energie und speist sie in das Bordnetz
- ☒ h) Ermöglicht Antrieb durch Starter als Elektromotor

92 Eine Brennstoffzelle
- ☒ a) bildet aus Wasserstoff und Sauerstoff der Luft Wasser und gibt dabei elektrische Energie ab.
- ☐ b) erzeugt aus Wasserstoff und Stickstoff der Luft eine chemische Reaktion und gibt dabei Energie ab.
- ☐ c) enthält ein Elektrolyt, das chemisch reagiert und bei diesem Prozess elektrische Energie abgibt.

93 Welche Aussage ist falsch? Eine Brennstoffzelle besteht aus folgenden Schichten:
- ☒ a) Sauerstoff- und Wasserstoff-Schicht.
- ☐ b) Kathode als Katalysator.
- ☐ c) Anode als Katalysator.
- ☐ d) Elektrolyt.

94 Was ist das Endprodukt des chemischen Prozesses in der Brennstoffzelle?
- ☐ a) Wasserstoff
- ☐ b) Sauerstoff
- ☒ c) Wasser

Technische Mathematik

5.5 Starterbatterie

Ergänzende Informationen: Starterbatterie

Kapazität
Unter Kapazität einer Batterie versteht man die Strommenge, die einer Batterie entnommen werden kann. Sie ist abhängig von
– der Stromstärke I
– der Entladezeit t.

Bei der Starterbatterie wird die Nennkapazität K20 angegeben. Sie bezieht sich auf eine Temperatur von 27 °C, wobei die Klemmenspannung der 12-Volt-Batterie nicht unter 10,5 Volt absinken darf.

Die Kapazität beträgt $\quad K = I \cdot t$

1 Wie groß ist die Kapazität einer Batterie, wenn sie 15 h lang einen Strom von 5,6 A abgeben soll?
- [ ] a) 76 Ah
- [X] b) 84 Ah
- [ ] c) 90 Ah

zu Aufg. 1
$K = I \cdot t = 5{,}6 \cdot 1{,}5 = 84 \text{ Ah}$

2 Die Nennkapazität einer 12-V-Batterie beträgt 44 Ah. Berechnen Sie die Ladezeit, wenn die Ladestromstärke 3,3 A beträgt.
- [ ] a) 8,45 h
- [ ] b) 16,60 h
- [X] c) 13,33 h

zu Aufg. 2
$t = \dfrac{K}{t} = \dfrac{44}{3{,}3} = 13{,}33 \text{ h}$

3 Wie groß kann die Entladungsstromstärke bei 20-stündiger Entladung einer 12-Volt-Batterie mit einer Nennkapazität von 84 Amperestunden sein?
- [ ] a) 2,2 A
- [X] b) 4,2 A
- [ ] c) 8,4 A

zu Aufg. 3
$I = \dfrac{K}{t} = \dfrac{84}{20} = 4{,}2 \text{ A}$

4 Bei einer Nachtfahrt fällt der Drehstromgenerator aus, sodass nur die ständig eingeschalteten Verbraucher arbeiten: Beleuchtung 150 W, Zündung 20 W, Kraftstoffpumpe 50 W, Benzineinspritzung 90 W.
Die Batterie hat eine Nennkapazität von 55 Ah und kann 80 % der Nennkapazität abgeben. Nach welcher Zeit ist die Batterie leer?
- [ ] a) 2,5 h
- [ ] b) 0,5 h
- [X] c) 1,7 h

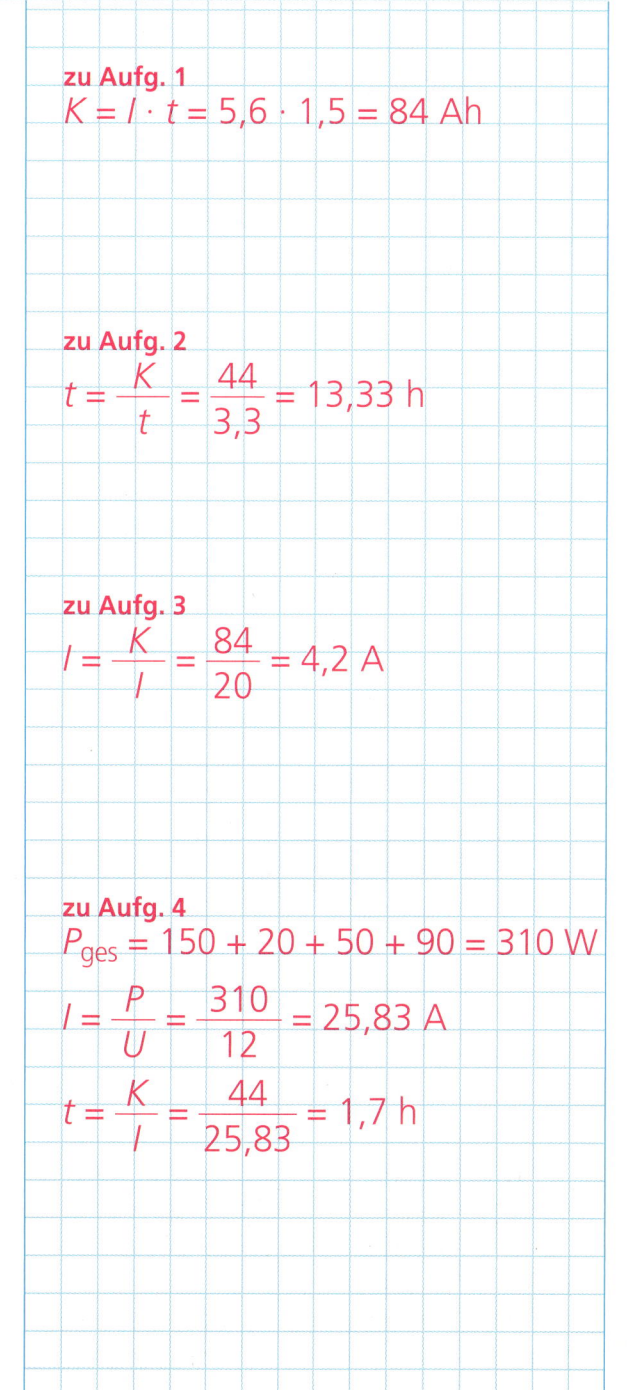

zu Aufg. 4
$P_{ges} = 150 + 20 + 50 + 90 = 310 \text{ W}$
$I = \dfrac{P}{U} = \dfrac{310}{12} = 25{,}83 \text{ A}$
$t = \dfrac{K}{I} = \dfrac{44}{25{,}83} = 1{,}7 \text{ h}$

5 Bei einer Batterie mit 66 Ah-Nennkapazität leuchten versehentlich über Nacht das Standlicht mit 2 x 10 W, die Schlussleuchten mit 2 x 5 W und die Kennzeichenbeleuchtung mit 2 x 10 W. Wie groß ist die noch vorhandene Kapazität nach 8 Stunden?
- [ ] **a)** 24,5 Ah
- [ ] **c)** 45,4 Ah
- [x] **b)** 32,4 Ah

zu Aufg. 5

$P_{ges} = 20 + 10 + 20 = 50$ W

$I = \dfrac{P}{U} = \dfrac{50}{12} = 4,2$ A

$K = I \cdot t = 4,2 \cdot 8 = 33,6$ Ah

$K_{Rest} = 66 - 33,6 = 32,4$ Ah

5.6 Generator und Starter

6 Bei einem 14-V-Drehstromgenerator ist die Ladekontrolllampe (R_{Lk} = 60 Ω) mit der Läuferwicklung (R_{Lw} = 5 Ω) in Reihe geschaltet. Wie groß ist der Vorerregerstrom?
- [x] **a)** 0,22 A
- [ ] **c)** 1,1 A
- [ ] **b)** 0,55 A

zu Aufg. 6

$R_{ges} = R_1 + R_2 = 60 + 5 = 65$ Ω

$I = \dfrac{U}{R_{ges}} = \dfrac{14}{65} = 0,22$ A

7 Ein Starter hat eine Nennspannung von 12 V und eine Nennleistung von 1 350 W. Der Starter ist pro Start etwa 10 s im Betrieb. Berechnen Sie die zugeführte Arbeit in kWh, wenn täglich 12-mal gestartet wird.
- [ ] **a)** 1,565 kWh
- [ ] **c)** 3,025 kWh
- [x] **b)** 0,045 kWh

zu Aufg. 7

$I = \dfrac{P}{U}$

$I = \dfrac{1\,350}{12} = 112,5$ A

$W = U \cdot I \cdot t$

$W = 12 \cdot 112,5 \cdot 10 \cdot 12$

$W = 0,045$ kWh

8 Wie groß ist der Spannungsfall in der Starterleitung, durch die ein Strom von 200 A fließt? Die Leitung hat einen Widerstand von 0,0015 Ω.
- [ ] **a)** 0,2 V
- [ ] **c)** 0,4 V
- [x] **b)** 0,3 V

zu Aufg. 8

$U = R \cdot I = 0,0015 \cdot 200 = 0,3$ V

9 Wie groß ist der Spannungsfall in der 1,5 m langen Starterleitung, durch die ein Strom von 200 A fließt. Spezifischer Widerstand der Kupferleitung 0,02 Ω/mm²/m, Querschnitt der Starterleitung 50 mm².
- [x] **a)** 0,12 V
- [ ] **c)** 0,5 V
- [ ] **b)** 0,3 V

zu Aufg. 9

$R = \dfrac{\varrho \cdot l}{A} = \dfrac{0,02 \cdot 1,5}{50} = 0,0006$ Ω

$U = R \cdot I = 0,0006 \cdot 200 = 0,12$ V

10 Ein Drehstromgenerator liefert einen maximalen Strom von 50 A. Die Ladeleitung hat eine Länge von 1,5 m. Der Spannungsfall soll 0,4 V nicht übersteigen. Berechnen Sie den Leitungsquerschnitt der Ladeleitung aus Cu (0,018 Ω/mm²/m)
- [ ] **a)** 1,89 mm
- [ ] **c)** 2,89 mm
- [x] **b)** 2,07 mm

zu Aufg. 10

$R = \dfrac{U}{I} = \dfrac{0,4}{50} = 0,008$ Ω

$A = \dfrac{\varrho \cdot l}{R} = \dfrac{0,018 \cdot 1,5}{0,008} = 3,375$ mm²

$d = \sqrt{\dfrac{4 \cdot A}{\pi}} = \sqrt{\dfrac{4 \cdot 3,375}{3,14}}$

$= 2,07$ mm

5.7 Betriebswirtschaftliche Kalkulation

Ergänzende Informationen: Betriebswirtschaftliche Kalkulation

Mit der Kalkulation werden alle Kosten erfasst, die mit der Erledigung des Kundenauftrags entstehen. Es sind:

Fertigungslohnkosten
Fertigungslohnkosten entstehen bei Instandsetzungsarbeiten an einem Fahrzeug. Die Lohnkosten sind die Kosten, die dem Auftrag direkt zugeordnet werden können.

Materialkosten
Zu den Materialkosten zählen Ersatzteilkosten, wie z. B. Drehstromgenerator, Bremsbeläge, die Kosten für Hilfsstoffe, wie z. B. Motoröl, Bremsflüssigkeit, die einem Kundenauftrag direkt zuzuordnen sind.

Gemeinkosten
Gemeinkosten sind Kosten, die dem Auftrag nicht direkt zugeordnet werden können. Hierzu gehören z. B.: Gehälter für Meister, Angestellte usw.; Hilfslöhne für betriebsbedingte Arbeiten; Kosten aus Gewährleistungs- und Kulanzansprüchen; Kosten für Sozialversicherung, Berufsgenossenschaft, Handwerkskammer, Innung; Kosten für Strom, Heizung, Wasser, Telefon;

Wichtige Begriffe

Arbeitswert/Werkstattfaktor
Der Kfz-Mechatroniker arbeitet im Leistungslohn. Die Fahrzeughersteller haben für die Wartungs- und Instandsetzungarbeiten Richtzeiten vorgegeben, die eine Mindestleistung darstellen. Die Richtzeiten werden in Zeiteinheiten (ZE) oder Arbeitswerten (AW) angegeben. Der Werkstattfaktor (Sollleistung je h) gibt die Anzahl der Arbeitswerte pro Stunde an. Er beträgt in der Regel 12 AW/h.

1 h = 100 ZE = 12 AW   1 AW = 5 Minuten   **Werkstattfaktor: 12 AW/h**

Lohnberechnung
Die Basis zur Ermittlung des Leistungslohns eines Gesellen ist die Zeit, die er in Form von Zeiteinheiten bzw. Arbeitswerten abrechnet. Die tatsächlich benötigte Zeit wird nicht berechnet. Der Leistungslohn errechnet sich wie folgt:

$$\text{Leistungslohn (€)} = \text{Stundenlohn (€/h)} \cdot \frac{\text{Summe AW}}{12}$$

Werkstattdurchschnittslohn
Die Gesellen einer Kfz-Werkstatt erhalten unterschiedliche Stundenlohnsätze. Bei der Ermittlung der Werkstattpreise wird mit dem Werkstattdurchschnittslohn gerechnet.

$$\text{Werkstattdurchschnittslohn} = \frac{\text{Summe der Stundenlohnsätze}}{\text{Anzahl der Stundenlohnsätze}}$$

Kostenindex
Der Kostenindex ist ein kalkulierter Werkstattindex, der aus den Lohnkosten, den kalkulatorischen Gemeinkosten und dem Gewinn ermittelt wird.

Arbeitswert-Verrechnungssatz
Der Arbeitswert-Verrechnungssatz gibt an, wie viel € dem Kunden für einen Arbeitswert in Rechnung gestellt werden. Er ist abhängig vom Werkstattdurchschnittslohn, Kostenindex, Werkstattfaktor.

$$\text{Arbeitswert-Verrechnungssatz} = \text{Werkstattdurchschnittslohn} \cdot \frac{\text{Kostenindex}}{\text{Werkstattfaktor}}$$

Stundenverrechnungssatz
Der Stundenverrechnungssatz ist der Arbeitspreis, der dem Kunden für eine Instandsetzungsstunde berechnet wird:

$$\text{Stundenverrechnungssatz} = \text{Werkstattdurchschnittslohn} \cdot \text{Kostenindex}$$

Vereinfachte Kalkulation zur Ermittlung der Reparaturkosten (Kostenvoranschlag)
Mithilfe des Stundenverrechnungssatzes oder des Arbeitswertverrechnungssatzes und dem Kostenindex ist ein Arbeitspreis mit einer hinreichenden Genauigkeit zu ermitteln.

$$\text{Arbeitspreis} = \text{Stundenverrechnungssatz} \cdot \text{Anzahl der Lohnstunden}$$

oder

$$\text{Arbeitspreis} = \text{Arbeitswertverrechnungssatz} \cdot \text{AW-Vorgabe}$$

Die Materialkosten ergeben sich aus Ersatzteilen und Kleinmaterial.

Die Reparaturkosten setzen sich wie folgt zusammen:

$$\text{Reparaturkosten} = \text{Arbeitspreis} + \text{Materialkosten}$$

Der Kunde muss zusätzlich die Mehrwertsteuer von 19 % bezahlen. Es ist dann der Rechnungsbetrag:

$$\text{Rechnungsbetrag} = \text{Reparaturkosten} + \text{Mehrwertsteuer}$$

| Technologie | Mathematik | Diagnose |

11 Für den Einbau eines Generators sind 11 AW vorgegeben. Der Stundenlohn des Kfz-Mechatronikers beträgt 12 €, der Werkstattfaktor 12 AW/h. Wie hoch ist der Leistungslohn?
- [ ] a) 9,50 €
- [ ] b) 10,00 €
- [X] c) 11,00 €

12 Der Stundenverrechnungssatz beträgt 61,30 €/h, der Kostenindex 4,8. Wie hoch ist der Werkstattdurchschnittslohn?
- [ ] a) 8,97 €/h
- [ ] b) 9,67 €/h
- [X] c) 12,77 €/h

13 Die Zylinderkopfdichtung soll ausgetauscht werden. Die Materialkosten betragen 45 €. Für die Arbeit werden 3 h und 42 min angesetzt. Der Werstattdurchschnittslohn beträgt 12 €, der Kostenindex 4,2. Berechnen Sie den Reparaturpreis.
- [X] a) 232,53 €
- [ ] b) 298,75 €
- [ ] c) 325,98 €

14 Für den Ersatz eines Zahnriemens werden 2 h 30 min vorgegeben. Der Stundenverrechnungssatz beträgt 60 €/h. Materialkosten für den Ersatz- und Kleinteile betragen 127,54 €. Ermitteln Sie den Rechnungsbetrag.
- [ ] a) 187,16 €
- [ ] b) 244,59 €
- [X] c) 330,27 €

15 Für den Austausch von Stoßdämpfern werden 1 h 40 min angesetzt. Die Kosten der Stoßdämpfer einschließlich Kleinmaterial betragen 210 €. Der Arbeitswert-Verrechnungssatz beträgt 6,32 €/AW. Berechnen Sie den Rechnungsbetrag für den Kunden.
- [ ] a) 370,56 €
- [X] b) 400,32 €
- [ ] c) 450,46 €

16 4 Winterreifen sollen montiert werden. Jeder Reifen kostet einschl. Auswuchten und Kleinmaterial 80 €. Der Stundenverrechnungssatz beträgt 60 €/h. Die Arbeitszeit beträgt 30 min. Ermitteln Sie den Rechnungsbetrag.
- [X] a) 416,50 €
- [ ] b) 453,80 €
- [ ] c) 486,56 €

---

zu Aufg. 11
Leistungslohn
$= 12 \cdot \frac{11}{12} = 11$ €

zu Aufg. 12
Werkstattdurchschnittslohn
$= \frac{61,30}{4,8} = 12,77$ €

zu Aufg. 13
AW-Verrechnungssatz
$= 12 \cdot \frac{4,2}{12} = 4,2$ €/AW

Arbeitspreis $= 4,2 \cdot 37 = 155,40$ €

Reparaturkosten
$= 155,40 + 45 = 200,4$ €

zu Aufg. 14
Arbeitspreis $= 60 \cdot 2,5 = 150$ €

Reparaturkosten
$= 150 + 127,54 = 277,54$ €

Rechnungsbetrag
$= 277,54 + 52,73 = 330,27$ €

zu Aufg. 15
Arbeitspreis $= 6,32 \cdot 20 = 126,40$ €
Reparaturkosten
$= 126,40 + 210 = 336,40$ €

Rechnungsbetrag
$= 336,40 + 63,92 = 400,32$ €

zu Aufg. 16
Arbeitspreis $= 60 \cdot 0,5 = 30$ €
Reparaturkosten
$= 30 + 320 = 350$ €

Rechnungsbetrag
$= 350 + 66,50 = 416,50$ €

Prüfen und Instandsetzen

5.8 Prüfen und Messen Batterie

1 Wie kann die Säuredichte der Batterie gemessen werden?

Die Messung der Säuredichte erfolgt mit einem Säureprüfer. Er besteht aus einem Glasrohr mit Ansaugballon. Im Glasrohr befindet sich ein Schwimmkörper mit einer Skala.

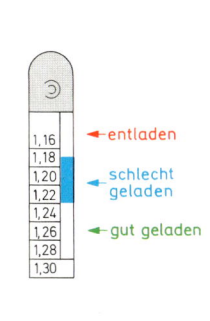

Die Säure wird aus der Batterie angesaugt und es wird geprüft, wie tief der Schwimmkörper in die Flüssigkeit eintaucht. Auf der Skala des Schwimmkörpers kann die Dichte abgelesen werden.

2 Wie können die Startleistung und der Batteriezustand geprüft werden?

Durch eine Hochstromprüfung kann die Qualität der Batterie geprüft werden. Voraussetzung ist eine voll geladene Batterie. Die Batterie wird bis zum 3fachen Wert der Nennkapazität ca. 10 Sekunden lang belastet. Die Spannung darf nicht unter 10,5 Volt absinken.

3 Wie wird der Ladezustand bei einer Batterie mit magischem Auge geprüft?

Das magische Auge gibt über die Färbung Informationen zum Ladezustand der Batterie.

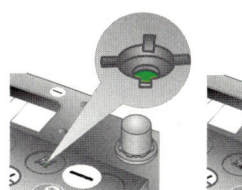

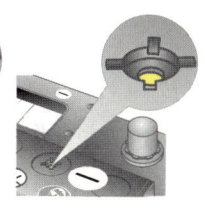

Grün: guter Ladezustand, Batterie i.O.

Gelb: Kritischer Säurezustand, Batterie ist verbraucht.

Schwarz: Batterie muss geladen werden.

4 In welcher Reihenfolge geht man vor, um versteckte Verbraucher zu ermitteln?

1) Amperemeter zwischen Minuspol der Batterie und Masse

Fließt mehr als 20 Ampere Strom, ist ein Verbraucher defekt.

2) Massekabel entfernen, Sicherung herausnehmen, Amperemeter anschließen, Verbraucher der Reihe nach ausbauen und Strom messen.

Strom fließt: Verbraucher ist defekt.

Kein Strom fließt: Verbraucher ist i.O.

5 Die Säuredichte einer Batterie ist von Zelle zu Zelle stark schwankend. Welche Ursache hat das?

Kennzeichen für innere Kurzschlüsse. Innere Kurzschlüsse entstehen, wenn aktive Masse aus den Platten fällt. Die Batterie muss ersetzt werden.

5.9 Diagnose Batterie

6 Die Spannung bricht beim Startvorgang ein. Welche Ursache liegt vor?

*Unterbrechung von Zellen- und Plattenverbindern.
Die Batterie muss ersetzt werden.*

7 Die Batterie ist nicht genügend geladen. Welche Ursache hat das?

Die Batterie ist sulfatiert, d. h., die Batterie wurde über längere Zeit nicht benutzt und an der Plattenoberfläche hat sich Bleisulfat gebildet. Ist der Umwandlungsprozess weit fortgeschritten, kann er durch Laden nicht mehr rückgängig gemacht werden. Die Batterie ist unbrauchbar.

8 Die Spannung der Batterie fällt stark ab. Welche Ursachen sind denkbar?

Batterie ist entladen, Ladespannung des Generators ist zu niedrig, Anschlussklemmen sind oxidiert oder lose, die Masseverbindung zwischen Karosserie und Masse ist ungenügend, die Batterie ist sulfatiert.

9 Eine Batterie gast stark. Welche Ursache liegt vor?

Spannungsregler defekt

10 Die Batterie ist dauernd tiefentladen. Welche Ursachen kann es geben?

Keilriemen ist locker, der Generator oder Regler ist defekt, die Anzahl der angeschlossenen Verbraucher ist zu hoch.

11 Die Batterie muss häufig geladen werden. Welche Ursachen sind möglich?

Die Batterie ist überaltert und verbraucht, ein defekter Verbraucher, Ladestromkreis hat Unterbrechung, Batterie und Generator haben lockere oder korrodierte Anschlüsse.

5.10 Instandsetzung Batterie

12 Wie lässt sich eine sulfatierte Batterie regenerieren?

Eine gering sulfatierte Batterie kann durch längeres Laden mit einem kleinen Ladestrom beginnend wieder funktionsfähig gemacht werden.

13 Was ist beim Ausbau der Batterie zu beachten?

Zuerst Minusleitung und dann Plusleitung abklemmen. Batterie beim Herausheben nicht kippen, da Batteriesäure aus den Entgasungsöffnungen auslaufen kann.

14 Was ist beim Einbau der Batterie zu beachten?

Zuerst Plusleitung und dann Minusleitung anklemmen. Batterie mechanisch sichern, Entgasungslöcher müssen frei sein, bei zentral entgasten Batterien muss der Entlüftungsschlauch angeschlossen sein.

15 Warum ist das Tragen eines Ringes beim Ein- und Ausbau der Batterie so gefährlich?

Bei Arbeiten an der Batterie sollte der Kfz-Mechatroniker keine Ringe tragen. Bei falscher Reihenfolge des An- und Abklemmens besteht die Gefahr, dass es zu einer Verbindung über Ring, Schraubenschlüssel und Karosserie kommt. Es fließt ein Strom von mehreren Hundert Ampere durch den Ring, der den Ring aufheizt und zu Verbrennungen führen kann.

16 Worauf ist beim Laden der Batterie zu achten?

Beim Laden der Batterie bildet sich Knallgas, das durch Funken gezündet werden und explodieren kann. Die Folge sind schwere Verletzungen und Zerstörungen im Umfeld. Das Batteriegehäuse kann reißen und Säure austreten. Batterieladeräume müssen sehr gut belüftet sein.

17 Worauf ist beim Umgang mit Batteriesäure zu achten?

Batteriesäure ist stark ätzend. Zur Verhinderung von Verletzungen sind Handschuhe und Schutzbrille zu tragen.

18 Wie werden Altbatterien entsorgt?

Altbatterien werden in säurefesten Behältern gesammelt und einer Wiederverwertung zugeführt.

5.11 Prüfen und Messen Drehstromgenerator

19 Mit welchen Testgeräten kann der Drehstromgenerator geprüft werden?

Oszilloskop: Fehlersuche und Prüfung des Spannungsverlaufs des Generators
Multimeter: Spannungs-, Strom- und Belastungsprüfung, Diodenprüfung
Electric-Tester: Spannungs-, Strom- und Belastungsprüfung

20 Welche Prüfvoraussetzungen müssen gegeben sein, um Fehler bei einer Startanlage zu ermitteln?

Keilriemenspannung i.O., Batterie geladen, Anschlüsse am Magnetschalter, Batterie und Karosserie sowie Motor sind i.O.

21 Wie ist ein Multimeter bei einem Regler anzuschließen, um die Einschaltspannung zu messen?

Plusleitung des Spannungsmessers an D+, Minusleitung an Masse

22 Wie kann die Generatorleistung mit dem Electric-Tester geprüft werden?

Tester an B+ und D– anschließen, Stromzange möglichst nahe an B+ legen, Motor starten, Motordrehzahl ca. 2000 1/min, alle Verbraucher einschalten, Prüfwerte ablesen und mit Solldaten vergleichen. Spannung sollte nicht unter 13,7 V abfallen.

23 Der Ladestrom fällt unter den Sollwert. Welche weitere Prüfung ist durchzuführen?

Prüfung der Dioden mit dem Motortester mit Oszilloskop

24 An welchen Klemmen muss das Oszilloskop angeschlossen werden?

Anschluss an D+ und B–

25 Welcher Fehler liegt vor, wenn das dargestellte Oszillogramm entsteht?

Kurzschluss einer Minusdiode

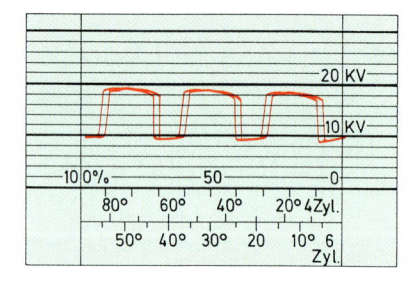

5.12 Diagnose Drehstromgenerator

26 Die Ladekontrolllampe brennt bei eingeschalteter Zündung nicht. Welche Ursache kann das haben?

Batterie entladen, Ladekontrolllampe defekt, Zündstartschalter, Masseband, Anschlüsse locker oder korrodiert

27 Die Ladekontrolllampe geht bei laufendem Motor nicht aus. Welche Ursache kann vorliegen?

Regler defekt, Kabel der Ladeleitung defekt, Generator defekt, Masseschluss

28 Kontrolllampe leuchtet bei ausgeschalteter Zündung. Wo liegt die Ursache?

Generator

5.13 Instandsetzung Drehstromgenerator

29 Worauf ist bei Arbeiten am Drehstromgenerator zu achten, damit die Dioden nicht beschädigt werden?

Die Batterie darf bei laufendem Motor nicht abgeklemmt werden. Der Drehstromgenerator sollte nicht ohne Batterie betrieben werden, da Spannungsspitzen die Dioden zerstören können. Die Polanschlüsse dürfen nicht vertauscht werden. In diesem Fall entsteht ein Kurzschluss über die Dioden, die durch den hohen Entladestrom zerstört werden.

5.14 Prüfen und Messen Starter

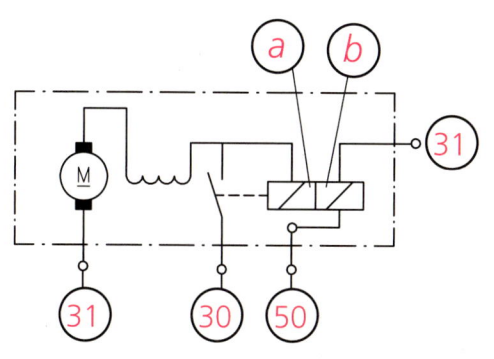

30 Kennzeichnen Sie die Einzugswicklung (a) und die Haltewicklung (b) des Einrückrelais. Tragen Sie die Klemmen ein.

31 Welche Bedeutung haben die Klemmen? Übertragen Sie die Klemmen auf den dargestellten Starter.

Klemme 30: Batterie Plus

Klemme 50 : Startrelais, vom Zündstartschalter

Klemme 31: Masse

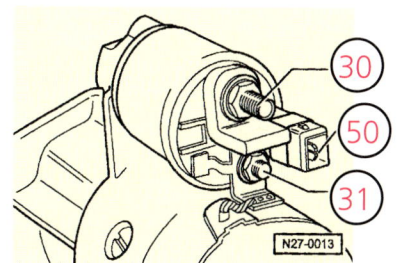

32 Der Spannungsfall an einem Starter soll geprüft werden. Wie gehen Sie vor?

Plusleitung: Spannungsmesser zwischen Kl. 30 und Masse
Minusleitung: Spannungsmesser zwischen Startergehäuse und Masse
Spannungsfall max. 0,5 V

33 Wie kann die Startersteuerung überprüft werden?

Spannungsmesser zwischen Klemme 50 und Masse

34 Welche Messungen werden vorgenommen (siehe Abbildung)?

V1: Prüfen der Batteriespannung
A1: Prüfen der Stromaufnahme
V2: Prüfen der Startersteuerung

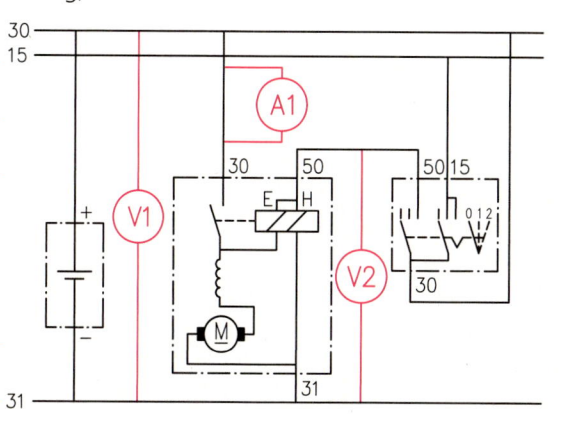

35 Geben Sie die jeweiligen Maximal- bzw. Minimalwerte an.

V1: Min. 9,6 V
A1: Max. 300 A
V2: Min. 8 V

36 Wie erfolgt eine Kurzschlussprüfung? Beschreiben Sie den Prüfvorgang und zeichnen Sie die Messgeräte in den Schaltplan ein.

1) Anker des Starters blockieren

2) Strom- und Spannungsmesser anschließen

3) Direkten Gang einlegen

4) Hand- und Fußbremse betätigen

5) Starter 5 s betätigen

6) Strom und Spannung ablesen

Kurzschlussstrom: 300 – 380 A

Klemmenspannung der Batterie > 9,5 V

37 Markieren Sie die Schalterstellung und den Stromverlauf beim Starten, wenn das Ritzel einspurt.

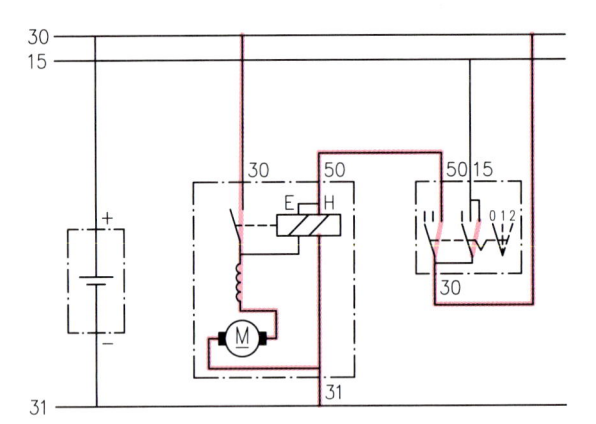

38 Wie wird die Startersteuerung eines defekten Starters geprüft?

Spannungsmesser zwischen Kl. 50 und Masse schalten.

39 Wie kann geprüft werden, ob eine Leitungsunterbrechung zwischen Zündstartschalter und Magnetschalter besteht?

Spannungsmesser zwischen Kl. 50 Zündstartschalter

bzw. Kl. 50 Magnetschalter und Masse schalten.

40 Wie kann der Spannungsfall in der Plusleitung zum Startermotor geprüft werden?

Spannungsmesser zwischen Kl. 30 und Masse schalten.

5.15 Diagnose Starter

41 Beschreiben Sie den Startvorgang, wenn der Zündstartschalter geschlossen wird.

1) An Einzugs- und Haltewicklung liegt Spannung an.

2) Der Einrückhebel wird vom Relaisanker angezogen.

3) Durch die Schraubwirkung des Steilgewindes verdreht sich das Ritzel und spurt ein, wenn es auf eine Zahnlücke trifft.

4) Die Kontaktbrücke im Relais wird geschlossen.

5) Einzugs- und Haltewicklung sind eingeschaltet, der volle Starterstrom fließt.

6) Der Starter dreht den Motor durch.

42 Welche Ursache kann vorliegen, wenn der Starter nicht durchdreht?

Batterie entladen, lockere oder oxidierte Anschlüsse, keine Spannung an Kl. 50, Anlassschalter defekt, Leitung zum Zündstartschalter unterbrochen, Plus- oder Masseschluss

43 Der Starter dreht nicht durch, obwohl an Kl. 50 des Magnetschalters eine Spannung anliegt. Welche Ursache kann das haben?

1) Einzugs- oder Haltewicklung des Relais ist unterbrochen oder hat Masseschluss.

2) Kl. 30 am Starter locker oder stark oxidiert.

3) Kohlebürsten stark verschmutzt oder haben Masseschluss.

44 Der Starter läuft, obwohl der Zündstartschalter nicht mehr betätigt wird. Welche Ursache liegt hier vor?

Der Magnetschalter hängt, das Zündschloss ist defekt. Die Batterie sollte sofort abgeklemmt werden, damit der Starter nicht beschädigt wird.

Lernfeld 6:
Prüfen und Instandsetzen der Motormechanik

Technologie

6.1 Grundlagen

1 Tragen Sie die normgerechte Zylindernummerierung ein.

2 Was versteht man unter dem Zündabstand?
- [ ] a) Die Reihenfolge, in der gezündet wird
- [X] b) Den Kurbelwinkel zwischen 2 aufeinander folgenden Zündungen
- [ ] c) Die Anzahl der Arbeitstakte

3 Vervollständigen Sie das Balkendiagramm der Takte eines Vierzylinder-Otto-Reihenmotors mit der Zündfolge 1-3-4-2

4 Was versteht man unter dem Verdichtungsverhältnis?
- [ ] a) Verhältnis Hubraum zu Verdichtungsraum
- [ ] b) Verhältnis Zylinderhubraum zu Verdichtungsraum
- [X] c) Verhältnis Gesamthubraum zu Verdichtungsraum

5 Wie hoch ist das Verdichtungsverhältnis von Dieselmotoren?
- [ ] a) 9:1 bis 11:1
- [ ] b) 12:1 bis 18:1
- [X] c) 20:1 bis 24:1

6 Wie hoch ist das Verdichtungsverhältnis von Ottomotoren?
- [ ] a) 5:1 bis 8:1
- [X] b) 9:1 bis 11:1
- [ ] c) 12:1 bis 15:1

7 Wie kann das Verdichtungsverhältnis am einfachsten vergrößert werden?
- [ ] a) Dickere Dichtung
- [X] b) Dünnere Dichtung
- [ ] c) Niedriger Kolben

8 Was versteht man unter einem Quadrathuber?
- [ ] a) $s/d < 1$
- [ ] b) $s/d > 1$
- [X] c) $s/d = 1$

9 Die Kolbengeschwindigkeit ist abhängig von
- [X] a) Motordrehzahl und Weg des Kolbens während einer Umdrehung.
- [ ] b) Motordrehzahl und Hubraum.
- [ ] c) Motordrehzahl und Drehmoment.

10 Im oberen Totpunkt ist die Kolbengeschwindigkeit
- [ ] a) maximal.
- [ ] b) minimal.
- [X] c) null.

11 Der Druck im Zylinder ist
- [X] a) das Verhältnis von Kolbenkraft zu Kolbenfläche.
- [ ] b) das Verhältnis von Kolbenfläche zu Kraft.
- [ ] c) das Produkt aus Kolbenfläche und Kraft.

12 Der maximale Druck liegt beim Ottomotor zwischen
- [ ] a) 15 und 25 bar.
- [ ] b) 25 und 35 bar.
- [X] c) 40 und 65 bar.

13 Der maximale Druck liegt beim Dieselmotor zwischen
- [ ] a) 40 und 50 bar.
- [ ] b) 50 und 70 bar.
- [X] c) 70 und 120 bar.

zu Aufg. 1

zu Aufg. 3

Zyl. 1	Arbeiten	Ausstoßen	Ansaugen	Verdichten
Zyl. 2	Ausstoßen	Ansaugen	Verdichten	Arbeiten
Zyl. 3	Verdichten	Arbeiten	Ausstoßen	Ansaugen
Zyl. 4	Ansaugen	Verdichten	Arbeiten	Ausstoßen

Technologie	**Mathematik**	**Diagnose**

14 Unter Nutzleistung versteht man
- [X] a) die Leistung an der Schwungscheibe unter Abzug der Verluste.
- [ ] b) die Leistung aus der Einwirkung der Gaskraft auf den Kolben.
- [ ] c) die Leistung, die an den Rädern wirksam wird.

15 Effektive Leistung ist
- [X] a) die Nutzleistung.
- [ ] b) die Innenleistung.
- [ ] c) die indizierte Leistung.

16 Der mechanische Wirkungsgrad ist
- [X] a) das Verhältnis von Nutzleistung zu Innenleistung.
- [ ] b) das Verhältnis von Innenleistung zu Nutzleistung.
- [ ] c) das Produkt aus Innen- und Nutzleistung.

17 Der mechanische Wirkungsgrad beträgt beim Ottomotor (in %)
- [ ] a) 100–120 %
- [X] b) 80–90 %
- [ ] c) 50–70 %

18 Wie groß ist die nutzbare Energie beim Ottomotor, wenn die nutzbare Energie des Kraftstoffs 100 % beträgt?
- [X] a) 20–25 %
- [ ] b) 30–35 %
- [ ] c) 50–55 %

19 Wie groß ist die nutzbare Energie beim Dieselmotor, wenn die nutzbare Energie des Kraftstoffs 100 % beträgt?
- [ ] a) 20–25 %
- [X] b) 30–35 %
- [ ] c) 40–45 %

20 Bei welcher Drehzahl hat der Motor sein maximales Drehmoment? (siehe Diagramm)
- [ ] a) 5 000 1/min
- [X] b) 2 500 1/min
- [ ] c) 2 000 1/min

21 Wie viel Prozent der Kraftstoffenergie werden beim Ottomotor durch die Kühlung verloren?
- [ ] a) 10–20 %
- [ ] b) 25–30 %
- [X] c) 35–40 %

zu Aufg. 18

Ottomotor
100 % Energie des Kraftstoffs

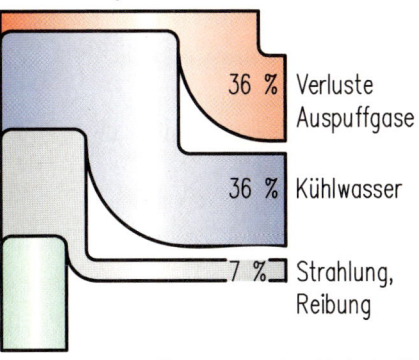

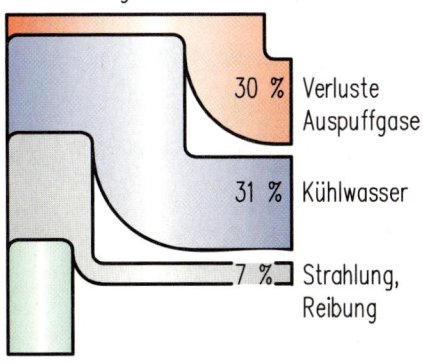

36 % Verluste Auspuffgase
36 % Kühlwasser
7 % Strahlung, Reibung

Nutzbare Energie an der Kurbelwelle

zu Aufg. 19

Dieselmotor
100 % Energie des Kraftstoffs

30 % Verluste Auspuffgase
31 % Kühlwasser
7 % Strahlung, Reibung

Nutzbare Energie an der Kurbelwelle

zu Aufg. 20/21

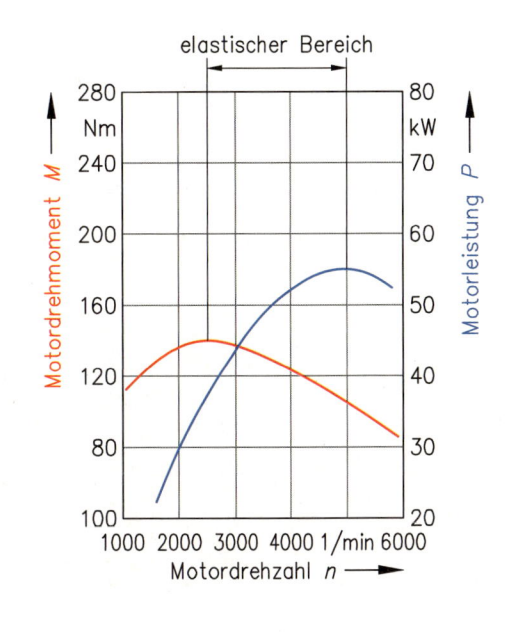

6.2 Motormechanik

22 Markieren Sie Dichtungen am Zylinderkopf.

23 Wie werden Kühl- und Ölkreislauf durch die Zylinderkopfdichtung abgedichtet?
- [X] a) Elastomerdichtung
- [ ] b) Metallblech mit Sicke
- [ ] c) Blende

24 Wo können bei einer Zylinderkopfdichtung Undichtigkeiten auftreten? Tragen Sie die Wege der Undichtigkeiten mit farbigen Pfeilen in die Abbildung ein. (gasundicht rot, ölundicht grün, wasserundicht blau)

25 Welche Aufgaben haben die unterschiedlichen Durchbrüche in der Zylinderkopfdichtung?

a) *Zylinderkopfschrauben*

b) *Kühlwasser*

c) *Öl*

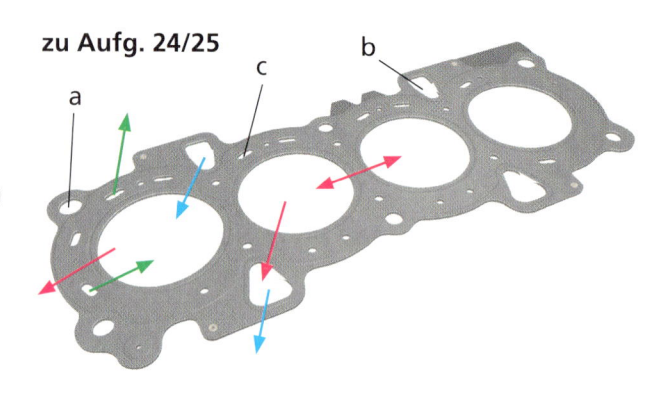

zu Aufg. 24/25

zu Aufg. 22

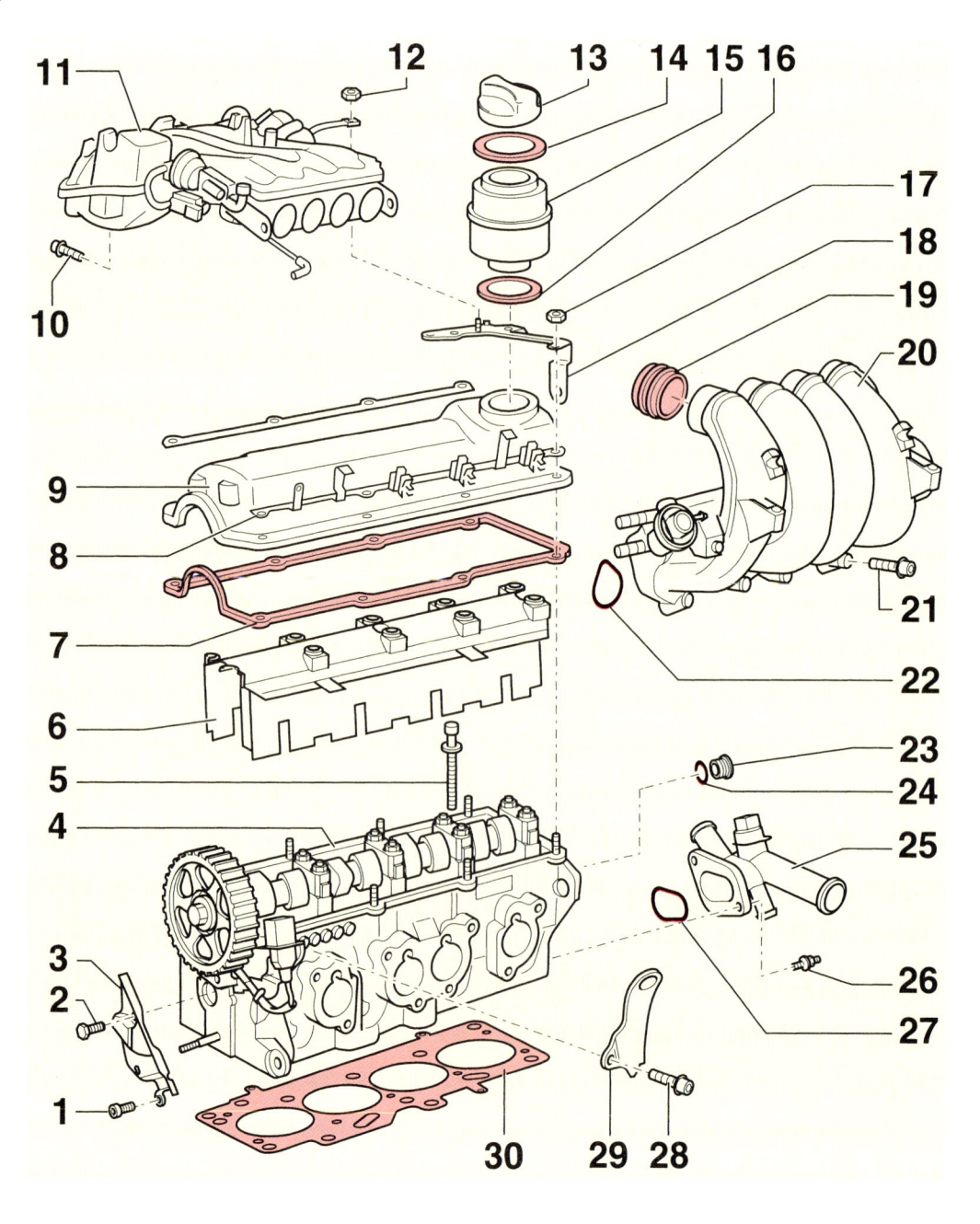

| Technologie | Mathematik | Diagnose |

26 Welche der 3 Abbildungen zeigt einen Zylinder mit nassen Laufbuchsen?
- ☐ a) Darstellung 1
- ☐ b) Darstellung 2
- ☒ c) Darstellung 3

27 Was versteht man unter einem Feuersteg?
- ☐ a) Ringzone
- ☐ b) Teil des Kolbens zwischen Kolbenringen und Schaftende
- ☒ c) Teil des Kolbens zwischen Kolbenringen und Kolbenboden

28 Wo wird der Durchmesser des Kolbens gemessen?
- ☐ a) Kolbenkopf senkrecht zur Bolzenachse
- ☐ b) Kolbenmitte senkrecht zur Kolbenachse
- ☒ c) Schaftende senkrecht zur Bolzenachse

29 Aus welchem Werkstoff bestehen Kolben von Ottomotoren?
- ☐ a) Grauguss
- ☐ b) Alu-Kupfer-Legierung
- ☒ c) Alu-Silizium-Legierung

30 Die Führung des Kolbens im Zylinder übernimmt
- ☒ a) der Kolbenschaft.
- ☐ b) die Ringzone.
- ☐ c) der Kolbenbolzen.

31 Um die unterschiedliche Wärmeausdehnung von Kolbenbolzen und Kolbenschaft auszugleichen, werden besondere Maßnahmen durchgeführt. Welche der aufgeführten Maßnahmen ist falsch?
- ☒ a) Spezielle Alulegierung
- ☐ b) Eingegossene Stahlelemente
- ☐ c) Spezielle Formgebung

32 Ein Kolben mit eingegossenen Stahlelementen nennt man
- ☐ a) Einmetallkolben.
- ☒ b) Regelkolben.
- ☐ c) Ringträgerkolben.

33 Unter Kolbendesachsierung versteht man
- ☐ a) eine versetzte Kurbelwellenachse.
- ☐ b) einen versetzte Kurbelzapfenachse.
- ☒ c) eine versetzte Kolbenbolzenachse.

34 Durch die Kolbendesachsierung wird
- ☐ a) die Gaskraft besser auf die Pleuelstange geleitet.
- ☒ b) das Kolbenkippen beim Anlagewechsel vermieden.
- ☐ c) die Verdichtung verbessert.

35 Welche der dargestellten Kolbenringe wird als Minutenring bezeichnet?
- ☐ a) Darstellung 1
- ☒ b) Darstellung 2
- ☐ c) Darstellung 3

36 Warum ist ein zu großes Höhenspiel bei Kolbenringen schädlich?
- ☐ a) Der Kompressionsdruck wird geringer.
- ☒ b) Durch die Pumpwirkung wird Öl in den Verbrennungsraum gefördert.
- ☐ c) Die Führung des Kolbens wird verschlechtert.

zu Aufg. 26

zu Aufg. 35

| Technologie | Mathematik | Diagnose |

37 Wie werden die in der Abbildung dargestellten Kolbenringe bezeichnet?
- a) *Rechteckring*
- b) *Minutenring*
- c) *Ölabstreifring, Dachfasenring mit Schlauchfeder*

38 Kolbenbolzen werden schwimmend gelagert. Welche Aussage ist falsch?
- ☐ a) Der Kolbenbolzen ist in den Bolzenaugen drehbar gelagert.
- ☐ b) Der Kolbenbolzen ist in der Pleuelbuchse drehbar gelagert.
- ☐ c) Der Kolbenbolzen ist durch Sicherungsringe gesichert.
- ☒ d) Der Kolbenbolzen sitzt im Schrumpfsitz in der Pleuelbuchse.

39 Wie ist der nebenstehende Kolbenbolzen gelagert?
- ☐ a) Drehbar im Kolben, drehbar in der Pleuelbuchse
- ☐ b) Fest in den Kolben, fest im Pleuel
- ☒ c) Fest im Pleuelkopf, drehbar im Kolben

zu Aufg. 37

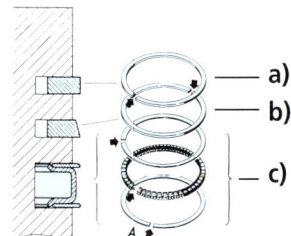

zu Aufg. 39

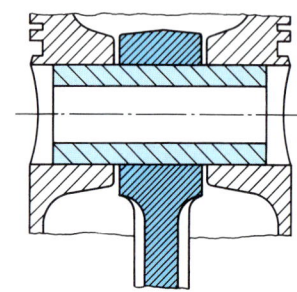

zu Aufg. 43

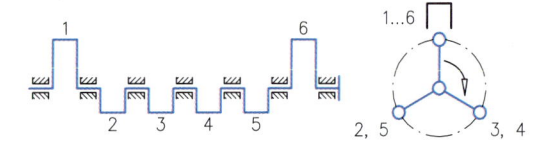

40 Welche Aussage zur Pleuelstange ist falsch?
- ☒ a) Sie erzeugt das Drehmoment.
- ☐ b) Sie verbindet den Kolben mit der Kurbelwelle.
- ☐ c) Sie überträgt die Kolbenkraft auf die Kurbelwelle.
- ☐ d) Sie wandelt die geradlinige Bewegung des Kolbens in eine Drehbewegung der Kurbelwelle um.

41 Wovon ist die Form der Kurbelwelle nicht abhängig?
- ☐ a) Zylinderzahl
- ☐ b) Anordnung der Zylinder
- ☐ c) Zahl der Kurbelwellen-Lager
- ☐ d) Größe des Hubes
- ☒ e) Zündabstand

42 Welche Aussage ist richtig?
- ☐ a) Der Kurbelradius ist gleich dem doppelten Hub.
- ☐ b) Der Kurbelradius ist gleich dem Hub.
- ☒ c) Der Kurbelradius ist gleich dem halben Kolbenhub.

43 Um wie viel Grad ist der Kurbelzapfen bei einem Sechszylinder-Reihenmotor versetzt?
- ☐ a) 90°
- ☒ b) 120°
- ☐ c) 180°

44 Wie viele Zylinder hat der V-Motor, in dem die dargestellte Kurbelwelle arbeitet?
- ☐ a) 4 Zylinder
- ☐ b) 6 Zylinder
- ☒ c) 8 Zylinder

45 Wie wird dieser Motor bezeichnet?
- ☐ a) Reihenmotor
- ☐ b) Boxermotor
- ☒ c) V-Motor

zu Aufg. 44/45

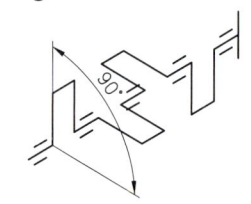

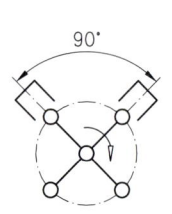

| Technologie | Mathematik | Diagnose |

46 Welche Aufgabe hat der dargestellte Antrieb?
- [ ] a) Antrieb des Ventiltriebs
- [ ] b) Antrieb der Ölpumpe
- [x] c) Ausgleich der Massenkräfte

47 In welchen Lagern wird die Kurbelwelle des Reihenmotors im Kurbelgehäuse gelagert?
- [x] a) Dreistoff-Lager
- [ ] b) Kugellager
- [ ] c) Hydrostatische Lager

48 Welche Aussage ist falsch? Ein Dreistofflager besteht aus
- [ ] a) einer Stützschale aus Stahl.
- [ ] b) einer Tragschicht aus Bronze.
- [x] c) einem Messingdamm zwischen Trag- und Laufschicht.
- [ ] d) einem Nickeldamm zwischen Trag- und Laufschicht.
- [ ] e) einer Laufschicht aus Weißmetall.

49 Welches der dargestellten Lager eignet sich nicht als Passlager?
- [x] a) Darstellung 1
- [ ] b) Darstellung 2
- [ ] c) Darstellung 3

50 Welche Kräfte nimmt das Lager 2 auf?
- [ ] a) Axialkräfte
- [ ] b) Radialkräfte
- [x] c) Axial- und Radialkräfte

51 Welche Kräfte nimmt das Lager 1 auf?
- [ ] a) Axialkräfte
- [x] b) Radialkräfte
- [ ] c) Axial- und Radialkräfte

52 Wie wird der in der Abbildung dargestellte Wellendichtring genannt?
- [x] a) Radial-Wellendichtring
- [ ] b) Axial-Wellendichtring
- [ ] c) Zentrischer Führungsring

53 Was ist beim Einbau eines Wellendichtrings zu beachten?
- [ ] a) Radial-Wellendichtring etwas aufweiten
- [x] b) Dichtlippe und Außenfläche mit Öl benetzen
- [ ] c) Radial-Wellendichtring erwärmen

54 Welche Teile müssen bei einer Reparatur der Motormechanik erneuert werden?
- [ ] a) Kurbelwellenlager und Pleuelwellenlager
- [ ] b) Nockenwellenlager und Zahnriemen
- [x] c) Zylinderkopfdichtung und Zylinderkopfschrauben

zu Aufg. 46

— Kurbelwelle

zu Aufg. 49–51

1 2 3

zu Aufg. 52

Dichtlippe mit Rückföderdrall — Staublippe — Zapfen der Kurbelwelle

| Technologie | Mathematik | Diagnose |

55 Benennen Sie die in der Abbildung dargestellten Funktionselemente.

5: *Nockenwellenrad*

7: *Spannrolle*

9: *Zahnriemen*

13: *Spannvorrichtung für Zahnriemen*

14: *Zahnriemenrad Kurbelwelle*

56 Benennen Sie die Funktionselemente des abgebildeten Kettenantriebs.

1. *Kettenräder Nockenwelle*

8. *Kettenrad Zwischenwelle*

9. *Rollenkette*

13. *Kettenspanner*

14. *Kettenrad Kurbelwelle*

57 Wann eignet sich der Einsatz des Kettenantriebs?
- [ ] a) Wenn große Kräfte übertragen werden müssen
- [ ] b) Wenn hohe Drehzahlen übertragen werden sollen
- [X] c) Wenn größere Abstände zwischen Kurbelwelle und Nockenwelle bestehen

58 Welche der angegebenen Eigenschaften des Zahnriemens ist falsch?
- [ ] a) Er verhindert mit den Zähnen ein Überspringen.
- [ ] b) Er ist leiser als der Kettenantrieb.
- [ ] c) Er muss seitlich geführt werden.
- [X] d) Er muss geölt werden.
- [ ] e) Er eignet sich für höhere Drehzahlen.
- [ ] f) Er verschleißt.

59 Kreuzen Sie an, mit welchem der beiden abgebildeten Nocken eine bessere Zylinderfüllung erreicht wird. Warum ist dies so?
- [X] a) Er öffnet schnell, hält das Ventil längere Zeit offen.
- [ ] b) Er ermöglicht einen größeren Hub.
- [ ] c) Er öffnet langsam, hält das Ventil kürzere Zeit offen.

60 Die Nockenwelle dreht sich
- [ ] a) mit Kurbelwellendrehzahl.
- [X] b) mit halber Kurbelwellendrehzahl.
- [ ] c) mit doppelter Kurbelwellendrehzahl.

61 Welches Übersetzungsverhältnis besteht zwischen Kurbelwelle und Nockenwelle?
- [ ] a) 1:1
- [ ] b) 1:2
- [X] c) 2:1

zu Aufg. 55

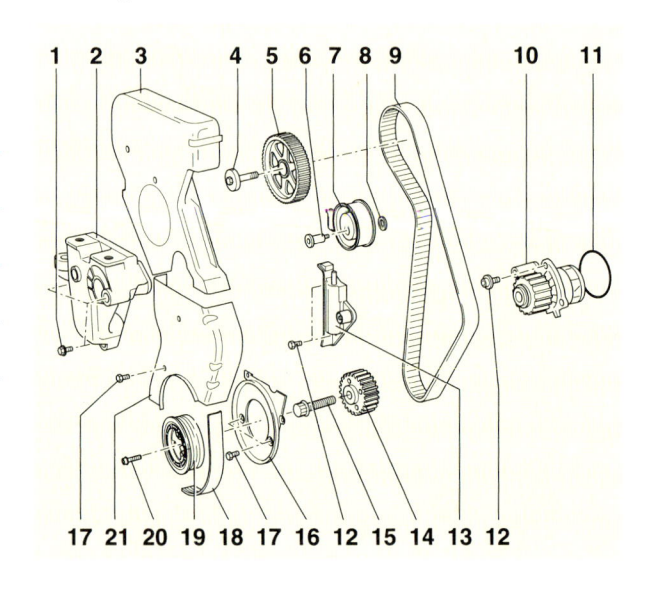

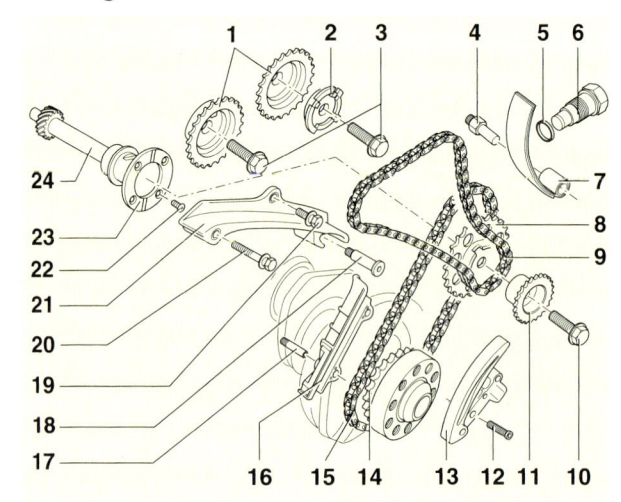

zu Aufg. 56

zu Aufg. 59

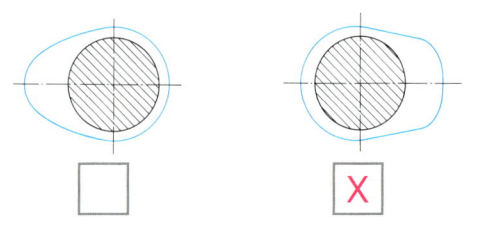

| Technologie | Mathematik | Diagnose |

62 Welche Bezeichnung ist für den dargestellten Motor richtig?
- [ ] a) OHC
- [ ] b) OHV
- [ ] c) CIH
- [X] d) DOHC

63 Wie wird die dargestellte Ventilbetätigung bezeichnet?
- [X] a) Rollenschlepphebel
- [ ] b) Kipphebel
- [ ] c) Tassenstößel

64 Benennen Sie die Funktionselemente des Ventils.
- a) *Ventilkegelstücke*
- b) *Federteller*
- c) *Ventilfeder*
- d) *Ventilschaftabdichtung*
- e) *Ventilführung*
- f) *Ventilschaft*
- g) *Ventilsitz*

65 Das schnelle Schließen des Ventils besorgt
- [ ] a) der Nocken.
- [X] b) die Ventilfeder.
- [ ] c) die Ventilkegelstücke.

66 Der Ventilsitzwinkel beträgt
- [ ] a) 15°.
- [X] b) 45°.
- [ ] c) 75°.

67 Das in der Abbildung dargestellte Ventil ist ein
- [ ] a) Einmetallventil.
- [ ] b) Bimetallventil.
- [X] c) Hohlventil.

68 Welche Aussage ist falsch?
Die Ventildrehvorrichtung
- [X] a) sorgt für einen gleichmäßigen Verschleiß des Ventiltellers.
- [ ] b) vermeidet eine ungleichmäßige Erwärmung des Ventiltellers.
- [ ] c) vermeidet Verzug und Undichtigkeiten.

69 Welche Folgen hat ein zu großes Ventilspiel?
- [X] a) Schlechtere Zylinderfüllung wegen kürzerer Öffnungszeiten
- [ ] b) Schlechtere Zylinderfüllung wegen längerer Öffnungszeiten
- [ ] c) Heiße Abgase schlagen durch das geöffnete Einlassventil zurück.

zu Aufg. 62

zu Aufg. 63

zu Aufg. 64

zu Aufg. 67

| Technologie | Mathematik | Diagnose |

70 Bis zu welchen Temperaturen werden EV und AV erwärmt?
- [ ] a) EV: 300–800°, AV: 500–600°
- [ ] b) EV: 100–200°, AV: 300–400°
- [x] c) EV: 500–800°, AV: 800–900°

71 Tragen Sie die Daten aus dem nebenstehenden Steuerdiagramm ein.

EÖ: *4,6° nach OT*

ES: *40,85° nach UT*

AÖ: *37,4° nach UT*

AS: *1,15° vor OT*

72 Welche Aussage ist falsch? Durch die Nockenwellenverstellung wird
- [ ] a) die Einlassnockenwelle verstellt.
- [ ] b) die Auslassnockenwelle verstellt,
- [x] c) die Kurbelwellenstellung zur Nockenwelle verstellt.

73 Bei niedrigen Drehzahlen wird die Einlassnockenwelle
- [x] a) nach spät verstellt.
- [ ] b) nach früh verstellt.
- [ ] c) nicht verstellt.

74 Bei einer Spätverstellung der Einlassnockenwelle wird
- [ ] a) die Ventilüberschneidung vergrößert.
- [x] b) die Ventilüberschneidung verkleinert.
- [ ] c) die Ventilüberschneidung nicht verändert.

75 Wie erfolgt die Verstellung der Nockenwelle? Ordnen Sie zu.
- a) *Kettenspanner*
- b) *Innen- und Schrägverzahnung (System Vanos)*
- c) *Flügelzellenversteller*

76 Die dargestellte Nockenwellenverstellung mit Kettenspanner ermöglicht die Verstellung
- [x] a) der Einlassnockenwelle.
- [ ] b) der Auslassnockenwelle.
- [ ] c) der Einlass- und Auslassnockenwelle.

77 Die Nockenwellenverstellung mit Flügelzellenversteller ermöglicht die Verstellung
- [ ] a) der Einlassnockenwelle.
- [ ] b) der Auslassnockenwelle.
- [x] c) der Einlass- und Auslassnockenwelle.

78 Welche Aussage zur Nockenwellenverstellungen ist falsch?
- [ ] a) Verbesserung der Zylinderfüllung
- [x] b) Verringerung des Ventilverschleißes
- [ ] c) Anpassung der Ventilüberschneidung an verschiedene Drehzahlen
- [ ] d) Besseres Drehmoment
- [ ] e) Geringerer Stickoxidanteil im Abgas

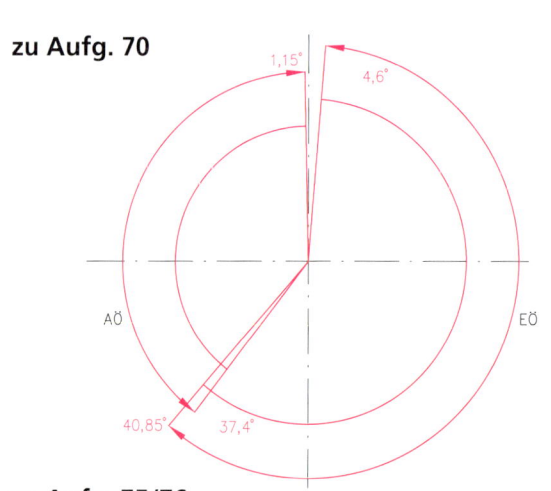

zu Aufg. 70

zu Aufg. 75/76

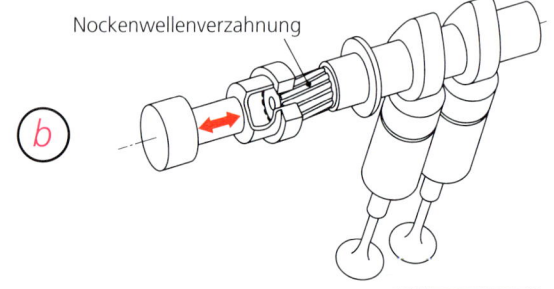

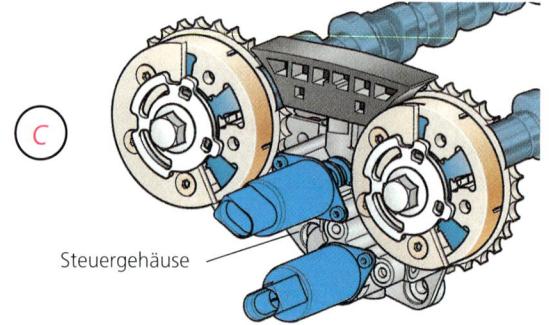

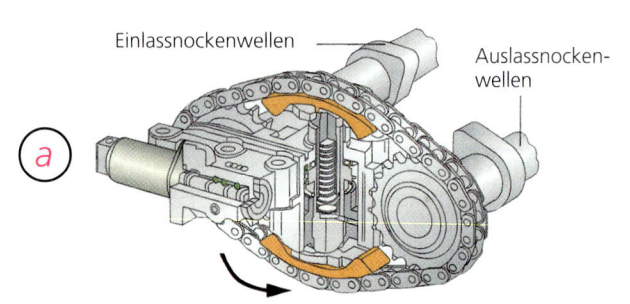

79 Die Systeme Valvetronic von BMW bzw. Variocam-Plus von Porsche ermöglichen
- [ ] a) die Verstellung von Einlassnockenwelle und Auslassnockenwelle.
- [ ] b) die Verstellung der Auslassnockenwelle.
- [x] c) die Verstellung der Nockenwellen und des Ventilhubs.

6.3 Kühlsystem

80 Was versteht man unter Innenkühlung?
- [ ] a) Kühlung durch Wasser
- [ ] b) Kühlung durch Luft
- [x] c) Kühlung durch Verdampfungswärme des Kraftstoffs

81 Benennen Sie die Funktionselemente einer Pumpenumlaufkühlung.
- a) *Motor*
- b) *Wasserpumpe*
- c) *Thermostat*
- d) *Kühler*
- e) *Ausgleichbehälter*

zu Aufg. 79

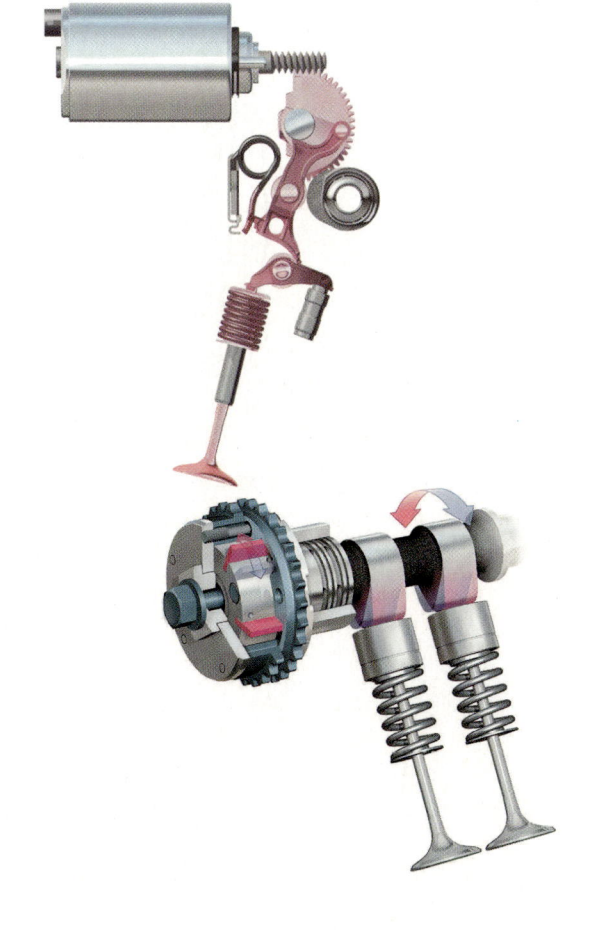

82 Was versteht man unter Kurzschlusskreislauf?
- [ ] a) Kühlwasser fließt über den Kühler.
- [ ] b) Kühlwasser zirkuliert über dem Ausgleichsbehälter innerhalb des Motors.
- [x] c) Kühlwasser fließt vom Motor über den Thermostat direkt zur Wasserpumpe und zurück zum Motor.

83 Der Kühlwasserthermostat
- [ ] a) schließt bei $t < 80\ °C$ den Kurzschlusskreislauf und öffnet den Kühlerkreislauf.
- [x] b) schließt bei $t > 80\ °C$ den Kurzschlusskreislauf und öffnet den Kühlerkreislauf.
- [ ] c) schließt bei $t > 80\ °C$ den Kühlerkreislauf und öffnet den Kurzschlusskreislauf.

84 Welche Aussage ist falsch? Der Einfüllverschluss
- [ ] a) hält einen Überdruck von 0,8 bar im Kühlsystem.
- [ ] b) öffnet bei Unterdruck im Kühlsystem.
- [ ] c) erhöht die Siedetemperatur des Kühlwassers auf 104–108 °C.
- [x] d) verhindert, dass Außenluft in das Kühlsystem eintritt.

85 Wozu dient der Ausgleichsbehälter?
- [x] a) Flüssigkeitsaufnahme bei hoher Temperatur
- [ ] b) Flüssigkeitsabgabe bei hoher Temperatur
- [ ] c) Flüssigkeitsaufnahme bei niedriger Kühlmitteltemperatur

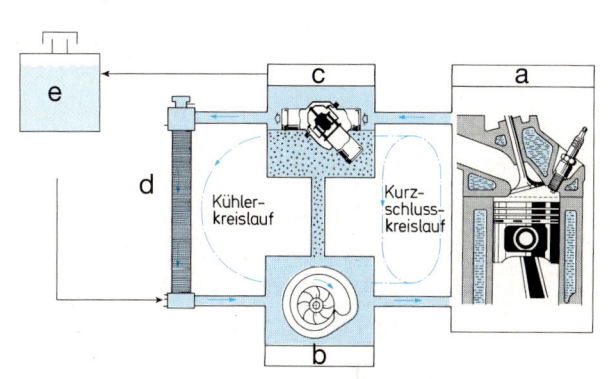

zu Aufg. 81

Technologie		**Mathematik**	**Diagnose**

86 Welcher Betriebszustand besteht bei den dargestellten Ausgleichsbehältern? Zeichnen Sie durch Pfeile den Fluss der Luft und der Flüssigkeit ein.

    a) *Hohe Kühlmittel-temperatur*

    b) *Normale Kühlmittel-temperatur*

87 Die Visco-Lüfterkupplung wird gesteuert durch
- [X] **a)** Bimetall.
- [ ] **b)** den Thermoschalter.
- [ ] **c)** den Thermostat.

88 Bei der abgebildeten Visco-Lüfterkupplung erfolgt die Kraftübertragung von der Antriebsscheibe auf den Lüfter durch
- [ ] **a)** die Lamellenkupplung.
- [X] **b)** die Reibung im Öl.
- [ ] **c)** einen Dauermagneten.

89 Wann läuft der zuschaltbare geschlossene Lüfter des abgebildeten Schaltplans mit höchster Drehzahl?
- [X] **a)** Wenn Relais K1 geschaltet ist.
- [ ] **b)** Wenn Relais K2 geschaltet ist.
- [ ] **c)** Thermostat T2 schließt.

90 Das elektronisch geregelte Kühlsystem
- [ ] **a)** passt die Kühlmitteltemperatur an die Außentemperatur an.
- [X] **b)** passt die Kühlmitteltemperatur an den momentanen Betriebszustand des Motors an.
- [ ] **c)** passt die Kühlmitteltemperatur einem konstanten Temperaturbereich an.

91 Welche Aussage ist falsch? Im elektronisch geregelten Kühlsystem
- [ ] **a)** sind im Motorsteuergerät Kennfelder für die Solltemperaturen gespeichert.
- [ ] **b)** steuert das Motorsteuergerät den elektrisch beheizten Thermostaten und den Lüfter.
- [X] **c)** steuert das Motorsteuergerät die Drehzahl der Wasserpumpe und des Lüfters.

92 Welche Aussage ist falsch? Zur Steuerung der Kühlmitteltemperatur benötigt das Motorsteuergerät folgende Sensorinformationen:
- [ ] **a)** Motordrehzahl.
- [ ] **b)** Motorlast.
- [ ] **c)** Kühlmittel-Isttemperatur.
- [X] **d)** Kühlmittel-Solltemperatur.

93 Das im Motorsteuergerät gespeicherte Kennfeld enthält Daten über
- [ ] **a)** die Motor-Isttemperatur.
- [X] **b)** die Motor-Solltemperatur.
- [ ] **c)** die Motorlast.

zu Aufg. 86

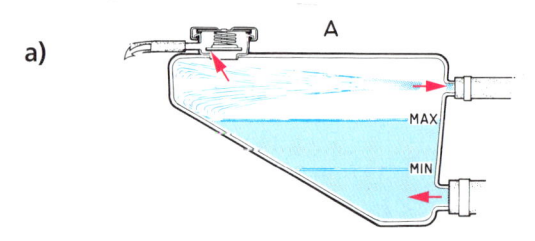

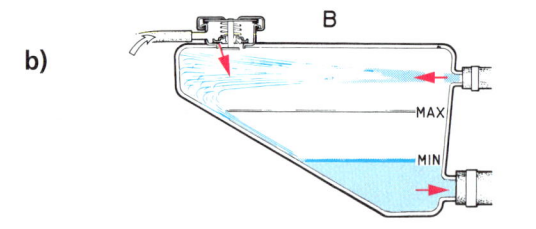

a)

b)

zu Aufg. 87/88

1 Antriebsscheibe
2 Deckel
3 Zwischenscheibe
4 Ventilhebel
5 Bimetall
6 Pumpkörper
7 Schaltstift

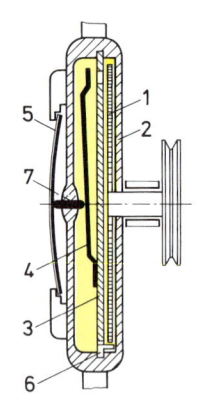

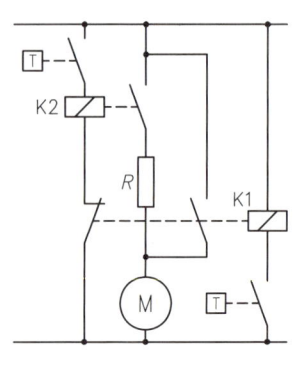

zu Aufg. 89

| Technologie | Mathematik | Diagnose |

94 Der Schaltplan zeigt den Aufbau einer kennfeldgesteuerten Motorkühlung.
Entwickeln Sie das Blockschaltbild des elektronisch geregelten Kühlsystems nach dem EVA-Prinzip.

zu Aufg. 94

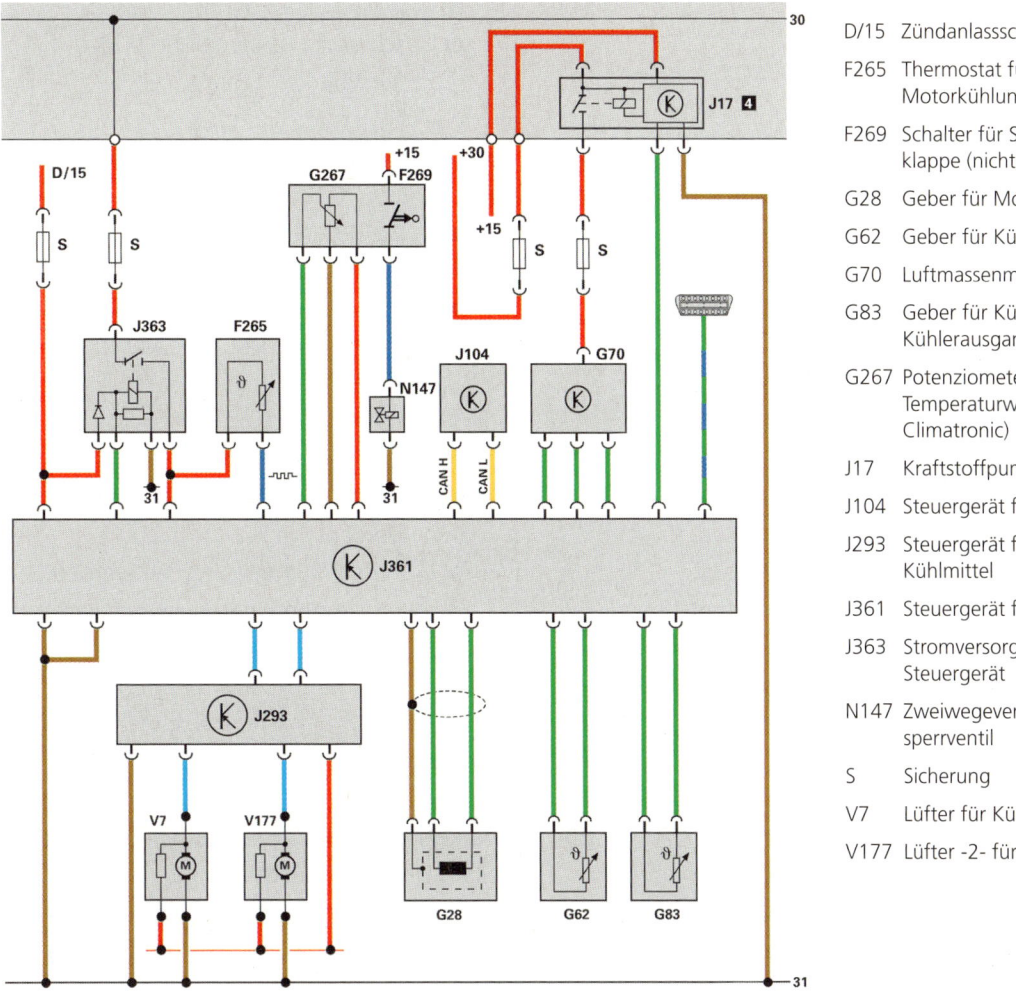

D/15 Zündanlassschalter, Klemme 15

F265 Thermostat für kennfeldgesteuerte Motorkühlung

F269 Schalter für Stellung Temperaturklappe (nicht bei Climatronic)

G28 Geber für Motordrehzahl

G62 Geber für Kühlmitteltemperatur

G70 Luftmassenmesser

G83 Geber für Kühlmitteltemperatur Kühlerausgang

G267 Potenziometer für Drehknopf Temperaturwahl (nicht bei Climatronic)

J17 Kraftstoffpumpenrelais

J104 Steuergerät für ABS

J293 Steuergerät für Lüfter für Kühlmittel

J361 Steuergerät für Simos

J363 Stromversorgungsrelais für Simos-Steuergerät

N147 Zweiwegeventil für Kühlmittelabsperrventil

S Sicherung

V7 Lüfter für Kühlmittel

V177 Lüfter -2- für Kühlmittel

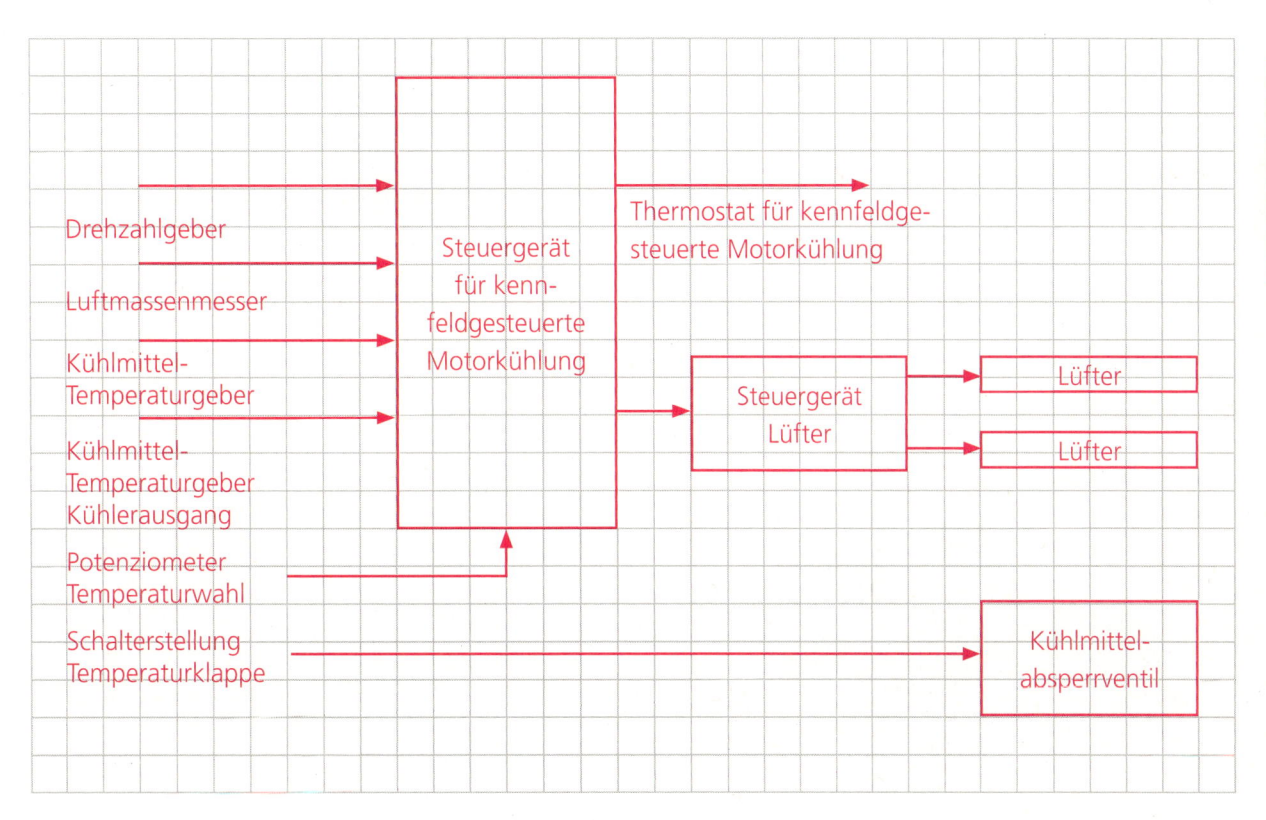

| Technologie | Mathematik | Diagnose |

95 Benennen Sie die Funktionselemente des abgebildeten Thermostaten.

a) *Dehnstoff-Thermostat*

b) *Widerstandsheizung*

c) *Ventilteller*

d) *Hubstift*

96 Das Wachselement wird erwärmt durch die
- [ ] a) Kühlflüssigkeit allein.
- [ ] b) elektrische Heizung allein.
- [X] c) Kühlflüssigkeit + elektrische Heizung.

97 Das Kühlwasser kocht. Welche Ursache hat das?
- [X] a) Der Kühlwasserthermostat öffnet nicht.
- [ ] b) Im Kühlsystem ist zu viel Wasser.
- [ ] c) Der Kühlerkreislauf ist geöffnet.

98 Welche Aussage ist falsch? Das Kühlmittel hat folgende Aufgaben:
- [ ] a) Frostschutz.
- [ ] b) Korrosionsschutz.
- [ ] c) Siedepunkterhöhung.
- [X] d) Siedepunkterniedrigung.

99 Die Basisflüssigkeit der Kühlerschutzflüssigkeit ist
- [X] a) Ethylenglykol.
- [ ] b) Silikon.
- [ ] c) Heptan.

100 Die Mischung 60:40 bedeutet
- [ ] a) 40 % Wasservolumen.
- [X] b) 60 % Wasservolumen.
- [ ] c) 60 % Kühlerschutzmittel.

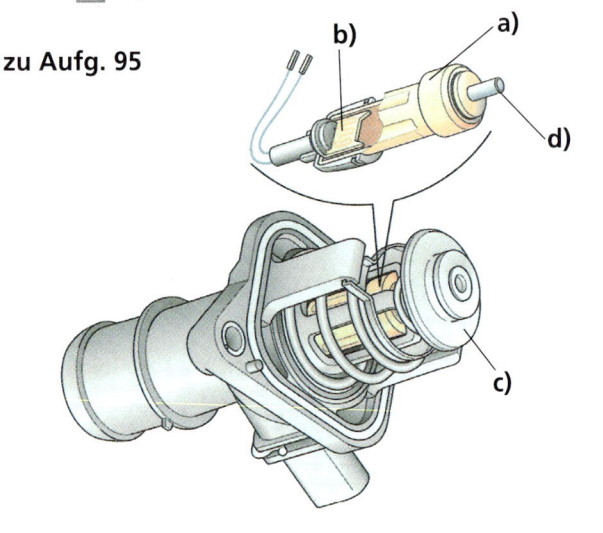

zu Aufg. 95

101 Kühlflüssigkeit zählt laut Wasserhaushaltsgesetz zu den
- [ ] a) besonders wassergefährdenden Stoffen.
- [ ] b) wassergefährdenden Stoffen.
- [X] c) schwach wassergefährdenden Stoffen.

102 Kühlflüssigkeit gehört nach dem KrW/AbfG zu den
- [X] a) besonders überwachungsbedürftigen Abfällen.
- [ ] b) überwachungsbedürftigen Abfällen.
- [ ] c) nicht überwachungsbedürftigen Abfällen.

103 Gebrauchte Kühlflüssigkeit
- [ ] a) kann in den Ausguss gegossen werden.
- [ ] b) muss im Betrieb recycelt werden.
- [X] c) wird sortenrein in gekennzeichneten Behältern gesammelt.

6.4 Motorschmierung

104 Entwickeln Sie das Blockschaltbild der dargestellten Druckumlaufschmierung.

zu Aufg. 104

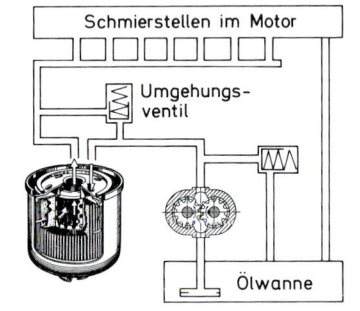

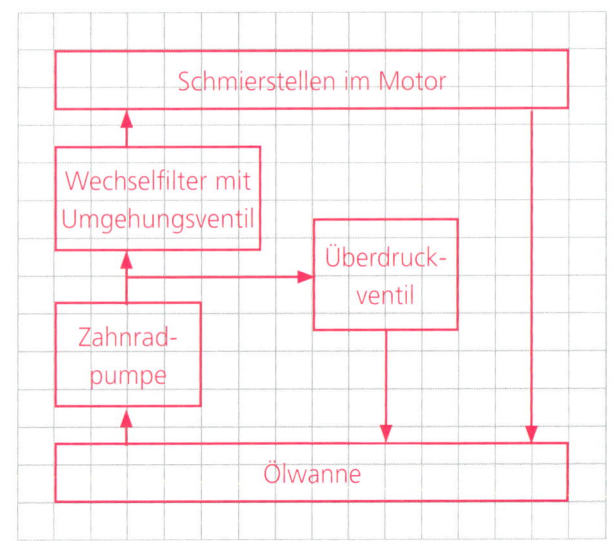

| Technologie | Mathematik | Diagnose |

105 Benennen Sie die wesentlichen Funktionselemente des abgebildeten Wechselfilters.

a) *Kurzschlussventil (Umgehungsventil)*

b) *Rücklaufventil*

c) *Filterpapier*

d) *Gummidichtung*

106 Das Kurzschlussventil
- [ ] a) verhindert, dass Bauteile durch zu hohen Druck beschädigt werden.
- [X] b) sorgt für eine zuverlässige Ölversorgung bei verstopftem Filter.
- [ ] c) verhindert ein Leerlaufen des Ölfilters bei Motorstillstand.

107 Welche Aussage ist falsch? Das Kurzschlussventil im Ölfilter öffnet
- [ ] a) bei verstopftem Filter.
- [ ] b) bei niedrigen Öltemperaturen.
- [X] c) bei hohen Öltemperaturen.

108 Benennen Sie die dargestellten Ölpumpen.

a) *Zahnradpumpe*

b) *Sichelpumpe*

c) *Innenzahnradpumpe*

109 Ergänzen Sie das dargestellte Schmiersystem und benennen Sie die Ölfilterschaltung.

Haupt- und Nebenstromfilterung

110 Die Wartungsintervallanzeige informiert über den
- [X] a) Ölwechselzeitpunkt.
- [ ] b) Bremsbelagwechselzeitpunkt.
- [ ] c) Bremsflüssigkeitwechselzeitpunkt.

111 Was versteht man unter Viskosität eines Motoröls?
- [ ] a) Schmierfilmfestigkeit
- [X] b) Zähflüssigkeit
- [ ] c) Alterungsbeständigkeit

112 SAE teilt Öl ein nach
- [ ] a) Leistungsstufen.
- [ ] b) Leistungsvermögen.
- [X] c) Viskositätsklassen.

113 Ein Öl SAE5W-30 ist ein
- [ ] a) Einbereichsöl.
- [ ] b) Winteröl.
- [X] c) Leichtlauföl.

114 Die Bezeichnung B3-96 ist eine Einteilung nach
- [ ] a) SAE.
- [ ] b) API(USA).
- [X] c) CCMC/ACEA (EU).

115 API teilt die Öle ein nach
- [ ] a) Viskositätsklassen.
- [X] b) Leistungsklassen.
- [ ] c) Schmierfähigkeit.

zu Aufg. 105

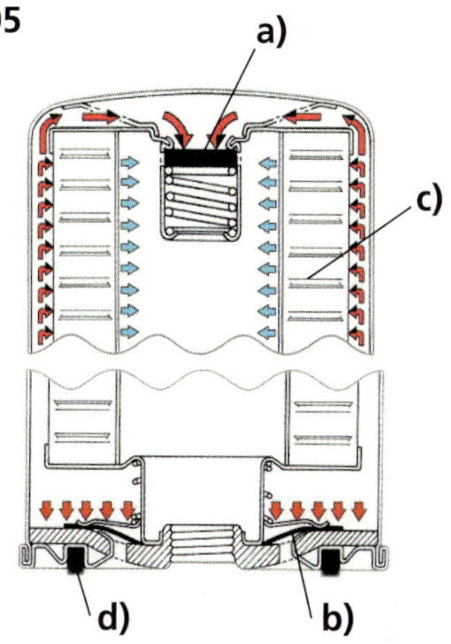

zu Aufg. 108

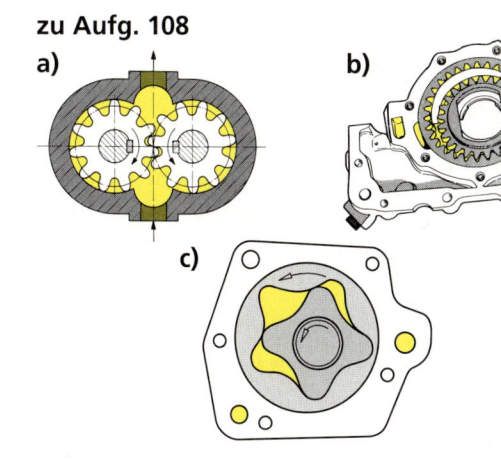

zu Aufg. 109

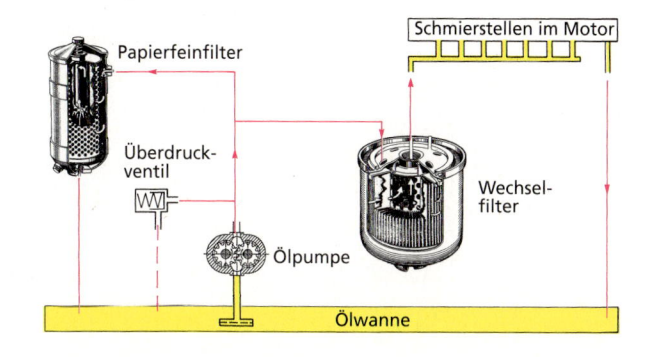

| Technologie | Mathematik | Diagnose |

116 Wann geht nach dem Starten bei laufendem Motor die Öldruckleuchte aus?
- [ ] a) 0,3–0,6 bar
- [x] b) 3–6 bar
- [ ] c) 6–10 bar

117 Wie hoch ist der Mindestöldruck bei Leerlauf?
- [ ] a) 1 bar
- [x] b) 2 bar
- [ ] c) 3 bar

118 Motoröl ist nach dem KrW/AfG
- [x] a) besonders überwachungsbedürftiger Abfall.
- [ ] b) überwachungsbedürftiger Abfall.
- [ ] c) nicht überwachungsbedürftiger Abfall.

119 Motoröl gehört zu den
- [x] a) stark wassergefährdenden Stoffen.
- [ ] b) wassergefährdenden Stoffen.
- [ ] c) schwach wassergefährdenden Stoffen.

120 Motoröl gehört in die Gefahrenklasse
- [ ] a) A1, Flammpunkt < 21 °C
- [ ] b) A2, Flammpunkt 21–55 °C
- [x] c) A3, Flammpunkt 55–100 °C

121 Motoröl
- [x] a) wird sortenrein in Behältern gesammelt.
- [ ] b) kann mit Motoröl unbekannter Herkunft gesammelt werden.
- [ ] c) darf mit geringen Mengen von Fremdstoffen, z. B. Bremsflüssigkeit, gesammelt werden.

122 Ölgetränkte Putzlappen
- [ ] a) sind mit dem Hausmüll zu entsorgen.
- [ ] b) können in offenen, sortenreinen Behältern gesammelt werden.
- [x] c) müssen in geschlossenen, nicht brennbaren Behältern gesammelt werden.

123 Was bedeutet das Symbol in „Gefahr für Mensch und Umwelt"?

Gesundheitsschädlich bei Berührung mit Haut und beim Verschlucken.

124 Was bedeutet das Symbol in „Schutzmaßnahmen und Verhaltensregeln"?

Von Zündquellen fernhalten, nicht rauchen.

zu Aufg. 123/124

Technische Mathematik

6.5 Druck im Verbrennungsraum, Kolbenkraft

Ergänzende Informationen: Druck im Verbrennungsraum, Kolbenkraft

(siehe auch Lernfeld 2)
Für den Druck im Verbrennungsraum gilt:

$$p = \frac{F_K}{A_K}$$

Für die Kolbenkraft ergibt sich:

Kolbenkraft $\quad F_K = 10 \cdot p \cdot A_K \quad$ (N)

Maximale Kolbenkraft $\quad F_{Kmax} = 10 \cdot p \cdot A_K \quad$ (N)

(p in bar, A_K in cm²)

---

1 Ein Vierzylinder-Ottomotor hat einen Kolbendurchmesser von $d = 82$ mm. Der Verbrennungshöchstdruck beträgt $p_{max} = 42$ bar. Berechnen Sie die Kolbenkraft F_k.
- ☐ a) 18 675 N
- ☐ b) 20 310 N
- ☒ c) 22 169 N

zu Aufg. 1
$$F_K = 10 \cdot p \cdot A_K$$
$$= 10 \cdot 42 \cdot \frac{8{,}2^2 \cdot 3{,}14}{4} = 22\,169 \text{ N}$$

2 Ein Zylinder eines Sechszylinder-Dieselmotors erreicht bei einem Verbrennungshöchstdruck von $p_{max} = 65$ bar eine Kolbenkraft von 32 656 N. Berechnen Sie den Kolbendurchmesser in mm.
- ☐ a) 70 mm
- ☒ b) 80 mm
- ☐ c) 90 mm

zu Aufg. 2
$$A_K = \frac{F_K}{10 \cdot p} = \frac{32\,656}{10 \cdot 65} = 50{,}24 \text{ cm}^2$$
$$d = \sqrt{\frac{4 \cdot A_K}{\pi}} = \sqrt{\frac{4 \cdot 50{,}24}{3{,}14}} = 8 \text{ cm}$$
$$= 80 \text{ mm}$$

3 Die maximale Kolbenkraft eines Vierzylinder-Ottomotors beträgt 14 590 N. Berechnen Sie den Verbrennungshöchstdruck, wenn der Kolbendurchmesser 65 mm beträgt.
- ☐ a) 34,55 bar
- ☒ b) 43,99 bar
- ☐ c) 54,32 bar

zu Aufg. 3
$$p_{max} = \frac{F_K}{10 \cdot A_K} = \frac{14\,590}{10 \cdot 33{,}17}$$
$$= 43{,}99 \text{ bar}$$

4 Der Verbrennungshöchstdruck eines Dieselmotors beträgt 65 bar, die maximal auftretende Kraft 43 186 N. Wie groß ist der Kolbendurchmesser?
- ☒ a) 92 mm
- ☐ b) 68 mm
- ☐ c) 54 mm

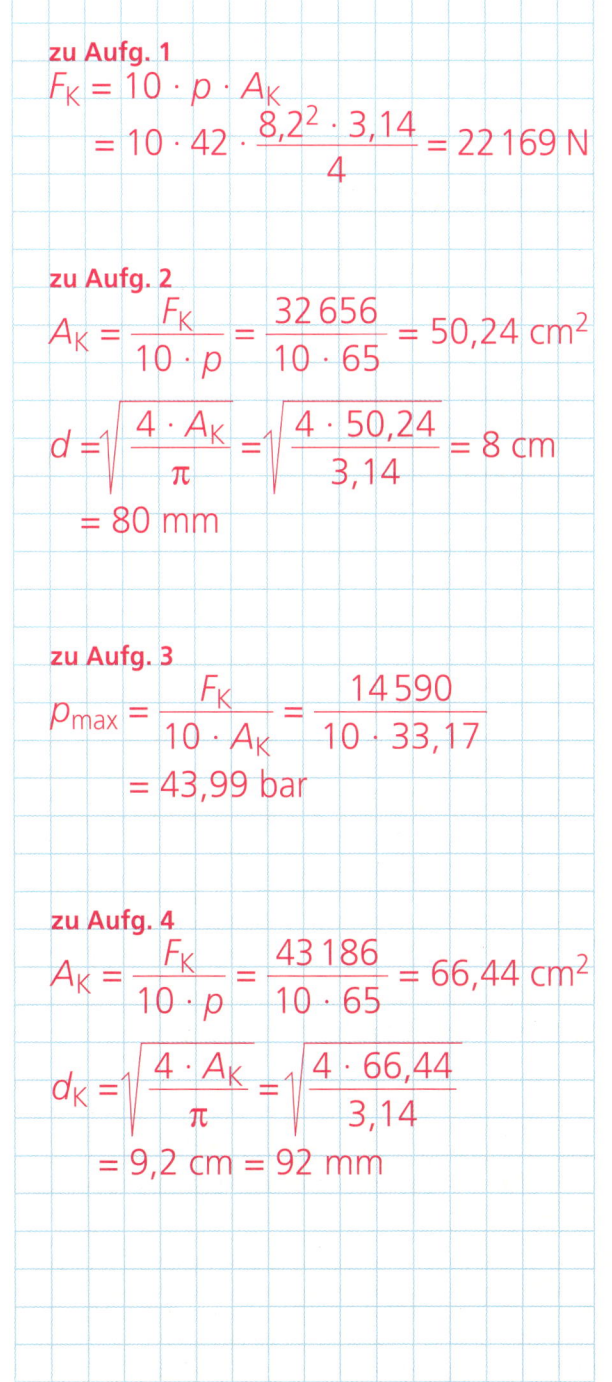

zu Aufg. 4
$$A_K = \frac{F_K}{10 \cdot p} = \frac{43\,186}{10 \cdot 65} = 66{,}44 \text{ cm}^2$$
$$d_K = \sqrt{\frac{4 \cdot A_K}{\pi}} = \sqrt{\frac{4 \cdot 66{,}44}{3{,}14}}$$
$$= 9{,}2 \text{ cm} = 92 \text{ mm}$$

Technologie | **Mathematik** | **Diagnose**

6.6 Verdichtungsverhältnis

Ergänzende Informationen: Hubraum, Verdichtungsverhältnis

Der Zylinderhubraum ist das vom Zylinder, Kolben und Zylinderkopf eingeschlossene Volumen. Der Verdichtungsraum umfasst das Volumen über dem oberen Totpunkt.

Es gilt

Zylinderhubraum = Hubraum + Verdichtungsraum $\quad V = V_h + V_c$

Gesamthubraum = Zylinderhubraum · Zylinderzahl $\quad V_H = V_h \cdot i$

Das Verdichtungsverhältnis ε gibt an, wie oft der Verdichtungsraum V_c im Zylinderhubraum $(V_h + V_c)$ enthalten ist.

$$\varepsilon = \frac{V_h + V_c}{V_c}$$

---

5 Ein Vierzylindermotor hat einen Zylinderdurchmesser von $d = 82$ mm und einen Hub $s = 80$ mm. Berechnen Sie den Hubraum V_H in l.
- [X] a) 1,69 l
- [ ] b) 0,89 l
- [ ] c) 2,23 l

zu Aufg. 5
$$V_H = V_h \cdot i = \frac{8{,}2^2 \cdot 3{,}14}{4} \cdot 8 \cdot 4$$
$$= 1689 \text{ cm}^3 = 1{,}69 \text{ l}$$

6 Berechnen Sie den Zylinderdurchmesser d in mm, wenn der Hubraum eines Vierzylindermotors $V_H = 1195$ cm³ und der Hub $s = 73{,}4$ mm beträgt.
- [ ] a) 65 mm
- [X] b) 72 mm
- [ ] c) 83 mm

zu Aufg. 6
$$d = \sqrt{\frac{4 \cdot V_h}{\pi \cdot s}} = \sqrt{\frac{4 \cdot 298{,}75}{3{,}14 \cdot 7{,}34}}$$
$$= 7{,}2 \text{ cm} = 72 \text{ mm}$$

7 Berechnen Sie das Verdichtungsverhältnis eines Vierzylindermotors, wenn der Gesamthubraum 1998 cm³, die Bohrung 86 mm und der Hub 80 mm betragen.
- [ ] a) 11,18
- [X] b) 14,26
- [ ] c) 16,45

zu Aufg. 7
$V_h = 464{,}47$ cm³; $V_c = 35{,}03$ cm³
$$\varepsilon = \frac{V_h + V_c}{V_c} = \frac{464{,}47 + 35{,}03}{35{,}03}$$
$$= 14{,}26$$

8 Ein Vierzylindermotor hat einen Hubraum von 1972 cm³. Das Verdichtungsverhältnis beträgt 8,8. Berechnen Sie den Verdichtungsraum V_c.
- [X] a) 63,21 cm³
- [ ] b) 72,45 cm³
- [ ] c) 84,14 cm³

zu Aufg. 8
$$V_c = \frac{V_h}{\varepsilon - 1} = \frac{493}{8{,}8 - 1} = 63{,}21 \text{ cm}^3$$

9 Bei einem Dieselmotor mit vier Zylindern beträgt der Zylinderdurchmesser $d = 75$ mm und der Hub $s = 79{,}1$ mm. Berechnen Sie das Verdichtungsverhältnis ε, wenn $V_c = 28{,}4$ cm³.
- [ ] a) 11,23
- [X] b) 13,30
- [ ] c) 14,45

zu Aufg. 9
$$V_h = \frac{d^2 \cdot \pi}{4} \cdot s = \frac{7{,}5^2 \cdot 3{,}14}{4} \cdot 7{,}91$$
$$= 349{,}28 \text{ cm}^3$$
$$\varepsilon = \frac{V_h + V_c}{V_c} = \frac{349{,}28 + 28{,}4}{28{,}4}$$
$$= 13{,}3$$

6.7 Verdichtungsänderung

Ergänzende Informationen: Verdichtungsänderung

Verdichtungserhöhung

Verdichtungsraum bekannt: $s = \dfrac{V_{c1} + V_{c2}}{A}$

Verdichtungsverhältnis bekannt: $s = \dfrac{s}{\varepsilon_1 - 1} - \dfrac{s}{\varepsilon_2 - 1}$

Verdichtungserniedrigung

Verdichtungsraum bekannt: $s = \dfrac{V_{c2} + V_{c1}}{A}$

Verdichtungsverhältnis bekannt: $s = \dfrac{s}{\varepsilon_2 - 1} - \dfrac{s}{\varepsilon_1 - 1}$

---

10 Ein Vierzylindermotor hat einen Kolbendurchmesser von 74 mm und einen Kolbenhub von 74 mm. Der Verdichtungsraum beträgt $V_c = 34{,}5$ cm³. Aufgrund einer Beschädigung der Zylinderlaufbahn müssen die Bohrungen auf $d = 76{,}5$ mm aufgebohrt werden. Um wie viel mm muss die Zylinderkopfdichtung dünner gewählt werden, damit das ursprüngliche Verdichtungsverhältnis bestehen bleibt?

☒ a) −0,513 mm
☐ b) −0,435 mm
☐ c) −0,389 mm

11 Bei einem Sechszylindermotor mit einer Zylinderbohrung von $d = 82$ mm und einem Kolbenhub $s = 79$ mm soll das Verdichtungsverhältnis von 9,15 auf 8,4 verringert werden. Berechnen Sie, wie viel mm die Zylinderkopfdichtung dicker gewählt werden muss.

☐ a) 1,15 mm
☒ b) 0,99 mm
☐ c) 0,85 mm

12 Ein Motor mit einem Kolbendurchmesser von $d = 72$ mm hat einen Verdichtungsraum von 38 cm³. Er wird durch Abfräsen des Zylinderkopfs um 4 cm³ verkleinert. Um wie viel mm muss der Zylinderkopf abgefräst werden?

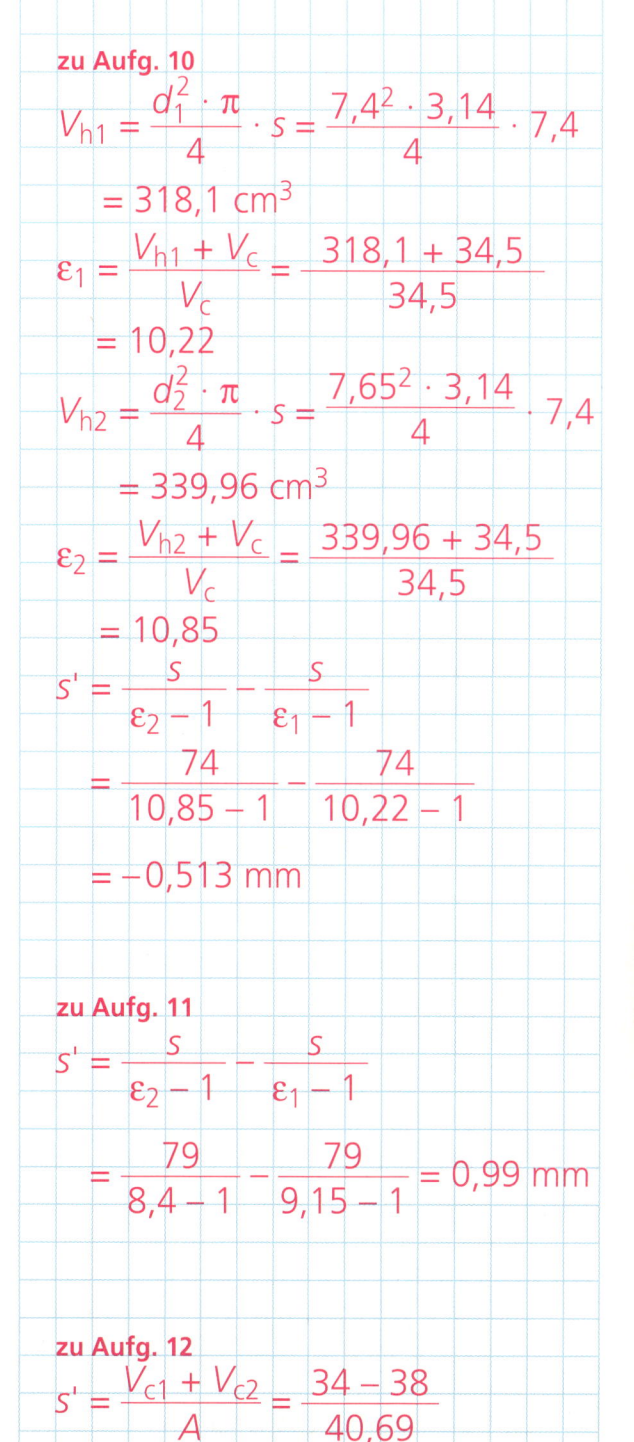

☐ a) −0,05 mm
☐ b) −0,08 mm
☒ c) −0,1 mm

---

zu Aufg. 10

$V_{h1} = \dfrac{d_1^2 \cdot \pi}{4} \cdot s = \dfrac{7{,}4^2 \cdot 3{,}14}{4} \cdot 7{,}4$

$= 318{,}1 \text{ cm}^3$

$\varepsilon_1 = \dfrac{V_{h1} + V_c}{V_c} = \dfrac{318{,}1 + 34{,}5}{34{,}5}$

$= 10{,}22$

$V_{h2} = \dfrac{d_2^2 \cdot \pi}{4} \cdot s = \dfrac{7{,}65^2 \cdot 3{,}14}{4} \cdot 7{,}4$

$= 339{,}96 \text{ cm}^3$

$\varepsilon_2 = \dfrac{V_{h2} + V_c}{V_c} = \dfrac{339{,}96 + 34{,}5}{34{,}5}$

$= 10{,}85$

$s' = \dfrac{s}{\varepsilon_2 - 1} - \dfrac{s}{\varepsilon_1 - 1}$

$= \dfrac{74}{10{,}85 - 1} - \dfrac{74}{10{,}22 - 1}$

$= -0{,}513 \text{ mm}$

zu Aufg. 11

$s' = \dfrac{s}{\varepsilon_2 - 1} - \dfrac{s}{\varepsilon_1 - 1}$

$= \dfrac{79}{8{,}4 - 1} - \dfrac{79}{9{,}15 - 1} = 0{,}99 \text{ mm}$

zu Aufg. 12

$s' = \dfrac{V_{c1} + V_{c2}}{A} = \dfrac{34 - 38}{40{,}69}$

$= -0{,}098 \text{ mm} = -0{,}1 \text{ mm}$

6.8 Hubverhältnis

Ergänzende Informationen: Hubverhältnis

Das Hubverhältnis Hub : Bohrung ist ein Motorkennwert. Hubkolben-Verbrennungsmotoren werden nach dem Hub-Bohr-Verhältnis eingeteilt:

Langhuber: s größer als d; $s/d > 1$ Quadrathuber: s gleich d; $s/d = 1$

Kurzhuber: s kleiner d; $s/d < 1$

Hub-Bohrungs-Verhältnis ist $k = \dfrac{s}{d}$

---

13 Ein Otto-Viertaktmotor hat einen Zylinderdurchmesser $d = 87$ mm und einen Hub von 82,4 mm. Berechnen Sie das Hubverhältnis.
- ☐ a) 0,675
- ☐ b) 0,856
- ☒ c) 0,947

zu Aufg. 13

$$k = \frac{s}{d} = \frac{82{,}4}{87} = 0{,}947$$

---

14 Ein Pkw-Motor hat einen Zylinderdurchmesser von $d = 76$ mm und ein Hubverhältnis 1,08. Berechnen Sie den Hub s.
- ☐ a) 65,67 mm
- ☐ b) 77,98 mm
- ☒ c) 82,08 mm

zu Aufg. 14

$$s = k \cdot d = 1{,}08 \cdot 76 = 82{,}08 \text{ mm}$$

---

15 Bei einem Vierzylindermotor beträgt der Hubraum $V_H = 1781$ cm³, der Verdichtungsraum $V_c = 49{,}5$ cm³, der Hub $s = 86{,}4$ mm, das Hubverhältnis 1,067.
Berechnen Sie
1) den Hubraum eines Zylinders V_h
2) den Zylinderdurchmesser d
3) das Verdichtungsverhältnis ε.

1) ☒ a) 445,25 cm³
    ☐ b) 423,45 cm³
    ☐ c) 456,78 cm³
2) ☐ a) 65,50 mm
    ☐ b) 73,45 mm
    ☒ c) 80,97 mm
3) ☒ a) 10
    ☐ b) 11,5
    ☐ c) 13,3

zu Aufg. 15

$$1)\ V_h = \frac{V_H}{i} = \frac{1781}{4} = 445{,}25 \text{ cm}^3$$

$$2)\ d = \frac{s}{k} = \frac{86{,}4}{1{,}067} = 80{,}97 \text{ mm}$$

$$3)\ \varepsilon = \frac{V_h + V_c}{V_c} = \frac{445{,}25 + 49{,}5}{49{,}5}$$

$$= 9{,}99 \approx 10$$

---

16 Ein Vierzylindermotor hat einen Gesamthubraum von 1984 cm³. Das Verdichtungsverhältnis beträgt 10,4, der Kolbenhub 92,8 mm.
Berechnen Sie
1) die Zylinderbohrung in mm,
2) das Hubverhältnis.

1) ☒ a) 82,5 mm   2) ☐ a) 0,89
    ☐ b) 74,50 mm   ☐ b) 0,64
    ☐ c) 67,35 mm   ☒ c) 1,12

zu Aufg. 16

$$V_h = \frac{V_H}{i} = \frac{1984}{4} = 496 \text{ cm}^3$$

$$1)\ d = \sqrt{\frac{4 \cdot V_h}{s \cdot \pi}} = \sqrt{\frac{4 \cdot 496}{9{,}28 \cdot 3{,}14}}$$

$$= 8{,}25 \text{ cm} = 82{,}5 \text{ mm}$$

$$2)\ k = \frac{s}{d} = \frac{92{,}8}{82{,}5} = 1{,}12$$

6.9 Kolbengeschwindigkeit

Ergänzende Informationen: Kolbengeschwindigkeit

Der Kolben eines Hubkolbenmotors führt eine ungleichförmige hin- und hergehende Bewegung durch. Bei jedem Hub wird er von der Geschwindigkeit null (im Totpunkt) bis zu einem Höchstwert beschleunigt und wieder auf null (im anderen Totpunkt) verzögert. Die mittlere Kolbengeschwindigkeit ist die Geschwindigkeit v_m einer angenommenen gleichförmigen Bewegung.

Es gilt

$$v_m = \frac{2 \cdot s \cdot n}{1000 \cdot 60}$$

$$v_m = \frac{s \cdot n}{30\,000} \quad (m/s)$$

(s in mm, n in 1/min)

---

17 Der Kolbenhub eines Vierzylinder-Reihenmotors beträgt 78,7 mm. Berechnen Sie die mittlere Kolbengeschwindigkeit bei der Nenndrehzahl $n = 5200$ 1/min.
- [X] a) 13,12 m/s
- [ ] b) 14,45 m/s
- [ ] c) 15,50 m/s

zu Aufg. 17

$$v_m = \frac{s \cdot n}{30\,000} = \frac{78,7 \cdot 5000}{30\,000}$$
$$= 13,12 \text{ m/s}$$

---

18 Berechnen Sie den Kolbenhub s, wenn die Nenndrehzahl 5000 1/min und die Kolbengeschwindigkeit 14,4 m/s betragen.
- [ ] a) 64,5 mm
- [ ] b) 75,6 mm
- [X] c) 86,4 mm

zu Aufg. 18

$$s = \frac{30\,000 \cdot v_m}{n} = \frac{30\,000 \cdot 14,4}{5000}$$
$$= 86,4 \text{ mm}$$

---

19 Bei welcher Drehzahl n erreicht ein Vierzylindermotor eine mittlere Kolbengeschwindigkeit von 16,7 m/s, wenn der Kolbenhub 92,8 mm beträgt?
- [ ] a) 3523 1/min
- [ ] b) 4535 1/min
- [X] c) 5399 1/min

zu Aufg. 19

$$n = \frac{30\,000 \cdot v_m}{s} = \frac{30\,000 \cdot 16,7}{92,8}$$
$$= 5398,7 \text{ 1/min}$$

---

20 Berechnen Sie die mittlere Geschwindigkeit v_m, wenn die Nenndrehzahl $n = 5800$ 1/min und der Kolbenhub $s = 90,3$ mm betragen.
- [ ] a) 15,80 m/s
- [X] b) 17,46 m/s
- [ ] c) 18,57 m/s

zu Aufg. 20

$$v_m = \frac{s \cdot n}{30\,000} = \frac{90,3 \cdot 5800}{30\,000}$$
$$= 17,46 \text{ m/s}$$

---

21 Ein Dieselmotor erreicht seine größte Leistung bei einer Drehzahl von 4400 1/min. Die Kolbengeschwindigkeit beträgt 14 m/s. Berechnen Sie den Kolbenhub s.
- [ ] a) 79,56 mm
- [ ] b) 84,65 mm
- [X] c) 105 mm

zu Aufg. 21

$$s = \frac{30\,000 \cdot v_m}{n} = \frac{30\,000 \cdot 14}{4000}$$
$$= 105 \text{ mm}$$

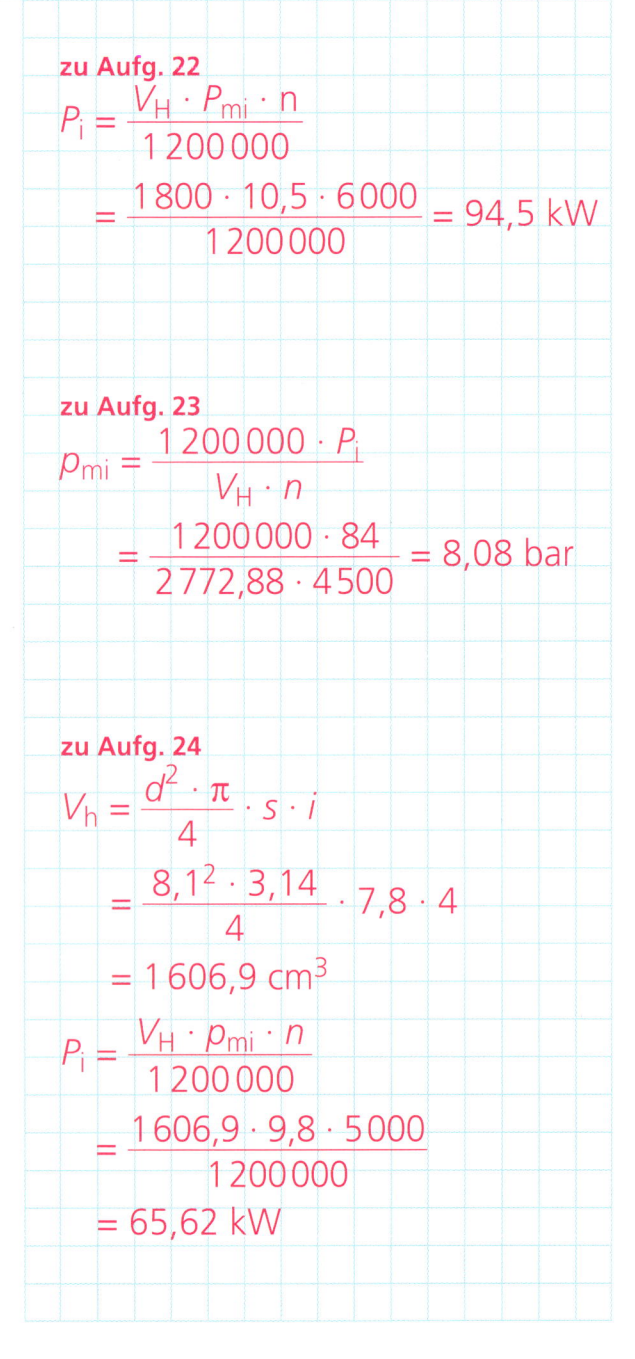

6.10 Motorleistung

Ergänzende Informationen: Motorleistung

Innenleistung (indizierte Leistung)
Die Innenleistung ergibt sich durch die Einwirkung des Gasdrucks auf die Kolben in den Zylindern.

Die Leistungsformel für den Viertaktmotor ist

$$P_i = \frac{A_K \cdot p_{mi} \cdot z \cdot s \cdot n}{1\,200\,000} \quad (kW)$$

(A_K in cm², p_{mi} in bar, s in cm, z Zylinderzahl, n in 1/min)

Nutzleistung (effektive Leistung)
Die Nutzleistung ist die Leistung, die nach Abzug von Verlusten (Reibung, Antrieb von Zusatzaggregaten) an der Schwungscheibe abgenommen wird.

Die Nutzleistung ist

$$P_{eff} = \frac{M \cdot n}{9550}$$

(M in Nm, n in 1/min)

---

22 Ein Vierzylinder-Viertaktmotor hat einen Gesamthubraum V_H = 1,8 l. Die Motordrehzahl beträgt n = 6000 1/min, der mittlere Kolbendruck p_{mi} = 10,5 bar. Berechnen Sie die Innenleistung.
- [X] a) 94,5 kW
- [ ] b) 86,3 kW
- [ ] c) 76,5 kW

zu Aufg. 22
$$P_i = \frac{V_H \cdot P_{mi} \cdot n}{1\,200\,000}$$
$$= \frac{1800 \cdot 10,5 \cdot 6000}{1\,200\,000} = 94,5 \text{ kW}$$

23 Von einem Sechszylinder-Ottomotor sind bekannt: Innenleistung P_i = 84 kW, Motordrehzahl n = 4500 1/min, Kolbendurchmesser d = 86 mm, Hub s = 79,6 mm. Wie groß ist der mittlere Kolbendruck?
- [ ] a) 7,81 bar
- [X] b) 8,08 bar
- [ ] c) 9,56 bar

zu Aufg. 23
$$p_{mi} = \frac{1\,200\,000 \cdot P_i}{V_H \cdot n}$$
$$= \frac{1\,200\,000 \cdot 84}{2772,88 \cdot 4500} = 8,08 \text{ bar}$$

24 Der mittlere Kolbendruck eines Vierzylinder-Ottomotors beträgt 9,8 bar bei einer Motordrehzahl von 5200 1/min. Der Zylinderdurchmesser beträgt d = 81 mm, der Kolbenhub s = 78 mm. Berechnen Sie die Innenleistung.
- [ ] a) 56,59 kW
- [ ] b) 62,45 kW
- [X] c) 65,62 kW

zu Aufg. 24
$$V_h = \frac{d^2 \cdot \pi}{4} \cdot s \cdot i$$
$$= \frac{8,1^2 \cdot 3,14}{4} \cdot 7,8 \cdot 4$$
$$= 1606,9 \text{ cm}^3$$
$$P_i = \frac{V_H \cdot p_{mi} \cdot n}{1\,200\,000}$$
$$= \frac{1606,9 \cdot 9,8 \cdot 5000}{1\,200\,000}$$
$$= 65,62 \text{ kW}$$

| Technologie | Mathematik | Diagnose |

25 Ein Sechszylinder-Dieselmotor hat eine Innenleistung von $P_i = 124$ kW bei einer Motordrehzahl von 2 400 1/min.
Der mittlere Kolbendruck beträgt 9,5 bar, der Hub $s = 105$ mm. Berechnen Sie
1) den Gesamthubraum V_H des Motors in l
2) den Kolbendurchmesser d.

1) [X] a) 6,53 l
   [ ] b) 7,02 l
   [ ] c) 8,54 l
2) [X] a) 114,9 mm
   [ ] b) 124,7 mm
   [ ] c) 108,6 mm

zu Aufg. 25

$$1)\; V_H = \frac{1\,200\,000 \cdot P_i}{p_{mi} \cdot n}$$

$$= \frac{1\,200\,000 \cdot 124}{9{,}5 \cdot 2400}$$

$$= 6526 \text{ cm}^3 = 6{,}526 \text{ l}$$

$$2)\; d = \sqrt{\frac{4 \cdot V_h}{s \cdot 3{,}14}} = \sqrt{\frac{4 \cdot 1087{,}67}{10{,}5 \cdot 3{,}14}}$$

$$= 11{,}49 \text{ cm} = 114{,}9 \text{ mm}$$

26 Ein Vierzylinder-Ottomotor hat einen Gesamthubraum von $V_H = 2{,}3$ l. Der mittlere Kolbendruck beträgt 8,6 bar, die Innenleistung $P_i = 60$ kW. Wie groß ist die Motordrehzahl?

[ ] a) 2 564 1/min
[X] b) 3 640 1/min
[ ] c) 4 327 1/min

zu Aufg. 26

$$n = \frac{1\,200\,000 \cdot P_i}{V_H \cdot p_{mi}}$$

$$= \frac{1\,200\,000 \cdot 60}{2300 \cdot 8{,}6}$$

$$= 3640 \text{ 1/min}$$

27 Ein Vierzylinder-Ottomotor hat sein größtes Drehmoment $M = 106$ Nm bei 2 800 1/min. Berechnen Sie die effektive Leistung P_{eff}.

[ ] a) 28,70 kW
[X] b) 31,08 kW
[ ] c) 42,75 kW

zu Aufg. 27

$$P_{eff} = \frac{M \cdot n}{9550} = \frac{106 \cdot 2800}{9550}$$

$$= 31{,}08 \text{ kW}$$

28 Ein Achtzylinder-Ottomotor erzeugt bei einer Drehzahl von 3 900 1/min eine effektive Leistung von 167,43 kW. Berechnen Sie das Drehmoment M.

[ ] a) 345 Nm
[X] b) 410 Nm
[ ] c) 540 Nm

zu Aufg. 28

$$M = \frac{9550 \cdot P_{eff}}{n} = \frac{9550 \cdot 167{,}43}{3900}$$

$$= 409{,}99 \text{ Nm}$$

29 Ein Vierzylinder-Ottomotor hat bei einem maximalen Drehmoment $M = 88$ Nm eine effektive Leistung von 25,8 kW. Berechnen Sie die Motordrehzahl.

[X] a) 2800 1/min
[ ] b) 3200 1/min
[ ] c) 3500 1/min

zu Aufg. 29

$$n = \frac{9550 \cdot P_{eff}}{M} = \frac{9550 \cdot 25{,}8}{88}$$

$$= 2799{,}89 \text{ 1/min}$$

6.11 Mechanischer Wirkungsgrad

Ergänzende Informationen: Mechanischer Wirkungsgrad

Der mechanische Wirkungsgrad ist das Verhältnis von Nutzleistung zu Innenleistung.

$$\eta = \frac{P_{eff}}{P_i}$$

30 Die Innenleistung eines Motors beträgt 98,6 kW, die Nutzleistung 85 kW. Wie groß ist der mechanische Wirkungsgrad?
- [X] a) 0,86
- [ ] c) 0,65
- [ ] b) 0,78

zu Aufg. 30
$$\eta_m = \frac{P_{eff}}{P_i} = \frac{85}{98,6} = 0,86$$

31 Die Innenleistung eines Motors beträgt 68,9 kW, der mechanische Wirkungsgrad $\eta_m = 0,85$. Berechnen Sie die Nutzleistung.
- [ ] a) 45,56 kW
- [ ] c) 63,25 kW
- [X] b) 58,57 kW

zu Aufg. 31
$$P_{eff} = \eta_m \cdot P_i = 0,85 \cdot 68,9$$
$$= 58,57 \text{ kW}$$

32 Die Nutzleistung eines Motors ist 43 kW, der mechanische Wirkungsgrad 0,8. Berechnen Sie die Innenleistung.
- [X] a) 53,75 kW
- [ ] c) 72,50 kW
- [ ] b) 65,75 kW

zu Aufg. 32
$$P_i = \frac{P_{eff}}{\eta_m} = \frac{43}{0,8} = 53,75 \text{ kW}$$

6.12 Hubraumleistung

Ergänzende Informationen: Hubraumleistung

Die Hubraumleistung P_H ist ein Kennwert, um Motoren mit unterschiedlichen Hubraumgrößen zu vergleichen. Er gibt an, welche größte Nutzleistung ein Motor je Liter Hubraum hat.

$$P_H = \frac{P_{eff}}{V_H}$$

33 Der Gesamthubraum eines Vierzylinder-Ottomotors beträgt $V_H = 1\,864$ cm³, die Nutzleistung 92 kW. Berechnen Sie die Hubraumleistung.
- [X] a) 49,36 kW/l
- [ ] c) 58,98 kW/l
- [ ] b) 52,67 kW/l

zu Aufg. 33
$$P_H = \frac{P_{eff}}{V_H} = \frac{92}{1,864} = 49,36 \text{ kW/l}$$

34 Die Hubraumleistung eines Vierzylinder-Ottomotors beträgt 54 kW/l. der Motor hat einen Gesamthubraum von $V_H = 1,815$ l. Berechnen Sie die Nutzleistung.
- [ ] a) 67 kW
- [X] c) 98 kW
- [ ] b) 86 kW

zu Aufg. 34
$$P_{eff} = P_H \cdot V_H = 54 \cdot 1,815 = 98 \text{ kW}$$

35 Die Hubraumleistung eines Dieselmotors beträgt 48 kW/l. Der Motor hat eine Nutzleistung von 110 kW. Berechnen Sie den Gesamthubraum in l.
- [X] a) 2,29 l
- [ ] c) 4,14 l
- [ ] b) 3,01 l

zu Aufg. 35
$$V_H = \frac{P_{eff}}{P_H} = \frac{110}{48} = 2,29 \text{ l}$$

| Technologie | Mathematik | Diagnose |

6.13 Ventilsteuerung

Ergänzende Informationen: Ventilsteuerung

Ventilöffnungswinkel: $\alpha_{EV} = \alpha_{E\ddot{o}} + 180° + \alpha_{ES}$ $\alpha_{AV} = \alpha_{A\ddot{o}} + 180° + \alpha_{As}$

Ventilüberschneidung: $\alpha_{\ddot{U}} = \alpha_{E\ddot{o}} + \alpha_{As}$

Ventilöffnungszeit: Zeit für α Kurbelumdrehungen in Sekunden $t = \dfrac{60 \cdot \alpha}{n \cdot 360} = \dfrac{\alpha}{n \cdot 6}$

---

36 Das Einlassventil eines Vierzylinder-Ottomotors öffnet 10° vor OT und schließt 45° nach UT. Die Drehzahl beträgt 4 200 1/min.
Berechnen Sie
1) den Ventilöffnungswinkel,
2) die Ventilöffnungszeit.

1) ☐ a) 185°   2) ☐ a) 0,007 s
   ☒ b) 235°   ☒ b) 0,008 s
   ☐ c) 265°   ☐ c) 0,009 s

zu Aufg. 36
1) $\alpha_{EV} = 10° + 180° + 45° = 235°$
2) $t = \dfrac{\alpha}{n \cdot 6} = \dfrac{235°}{4200 \cdot 6} = 0{,}008$ s

---

37 Das Auslassventil eines Dieselmotors öffnet 55° vor UT und schließt 30° nach OT. Die Drehzahl des Motors beträgt 2 500 1/min.
Berechnen Sie
1) den Ventilöffnungswinkel,
2) die Ventilöffnungszeit.

1) ☐ a) 225°   2) ☒ a) 0,018 s
   ☐ b) 245°   ☐ b) 0.009 s
   ☒ c) 265°   ☐ c) 0,021 s

zu Aufg. 37
1) $\alpha_{AV} = 55° + 180° + 30° = 265°$
2) $t = \dfrac{\alpha}{n \cdot 6} = \dfrac{235°}{2500 \cdot 6} = 0{,}018$ s

---

38 Ein Ottomotor hat folgende Steuerzeiten:
Eö: 17° v. OT Aö: 47° v. UT
Es: 43° n. UT As: 24° n. OT
Zündzeitpunkt: 10° v. OT
Motordrehzahl: n = 4 700 1/min
Schwungraddurchmesser d = 300 mm
Berechnen Sie
1) Öffnungswinkel und
2) Öffnungszeiten des Einlassventils,
3) Öffnungswinkel und
4) Öffnungszeiten des Auslassventils,
5) Ventilüberschneidung,
6) Bogenlänge vom Zündzeitpunkt bis OT.

1) ☒ a) 240°   4) ☐ a) 0,0079 s
   ☐ b) 250°   ☒ b) 0,0089 s
   ☐ c) 260°   ☐ c) 0,0099 s
2) ☐ a) 0,0075 s   5) ☐ a) 31°
   ☒ b) 0.0085 s   ☒ b) 41°
   ☐ c) 0,0095 s   ☐ c) 51°
3) ☐ a) 271°   6) ☐ a) 14,52 mm
   ☐ b) 261°   ☒ b) 26,17 mm
   ☒ c) 251°   ☐ c) 32,18 mm

zu Aufg. 38
1) $\alpha_{EV} = 17° + 180° + 43° = 240°$
2) $t_{EV} = \dfrac{\alpha}{n \cdot 6} = \dfrac{240°}{4700 \cdot 6} = 0{,}0085$ s
3) $\alpha_{AV} = 47° + 180° + 24° = 251°$
4) $t_{AV} = \dfrac{\alpha}{n \cdot 6} = \dfrac{251°}{4700 \cdot 6} = 0{,}0089$ s
5) $\alpha_{\ddot{u}} = 17° + 24° = 41°$
6) $l_B = \dfrac{\alpha \cdot d \cdot \pi}{360} = \dfrac{10 \cdot 300 \cdot 3{,}14}{360}$
   $= 26{,}17$ mm

Technologie — Mathematik — Diagnose

6.14 Kühlsystem

Ergänzende Informationen: Kennwerte des Kühlsystem

Das Kühlerschutzmittelvolumen V_G ist abhängig
- vom Volumen des Kühlsystems V_K,
- vom Anteil des Kühlerschutzmittels A_G,
- von der Summe der Anteile von Kühlwasser und Kühlerschutzmittel $A_G + A_W$.

$$V_G = \frac{V_K \cdot A_G}{A_G + A_W}$$

Mischungsverhältnis in % = $\dfrac{\text{Wassermenge } V_W \cdot 100}{\text{Wassermenge } V_W + \text{Kühlerschutzmittel } V_G}$

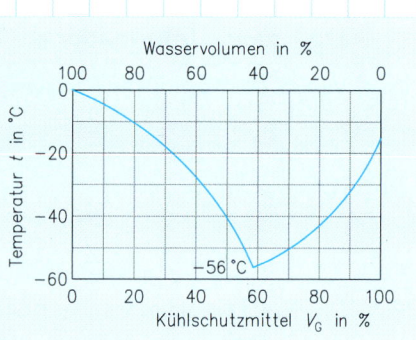

---

39 Ein Kühlsystem fasst 8,8 Liter Wasser und 2,7 Liter Kühlerschutzmittel. Wie groß ist das Mischungsverhältnis 1) in Anteilen und 2) in Prozent?

1) ☐ a) 3:1
   ☒ b) 4:1
   ☐ c) 5:1
2) ☐ a) 40 %/60 %
   ☐ b) 60 %/40 %
   ☒ c) 80 %/20 %

zu Aufg. 39

1) Mischungsverhältnis = $\dfrac{7,2}{1,8} = \dfrac{4}{1}$

2) 80 % Wasser
   20 % Gefrierschutzmittel

---

40 Ein Kühlsystem enthält 7,8 Liter Kühlflüssigkeit. Der Anteil des Wassers beträgt 3, des Kühlerschutzmittels 1. Berechnen Sie die Kühlerschutzmittelmenge V_G.

☐ a) 1,56 dm³
☒ b) 1,95 dm³
☐ c) 2,14 dm³

zu Aufg. 40

$V_G = \dfrac{V_K \cdot A_G}{A_G + A_W} = \dfrac{7,8 \cdot 1}{3 + 1}$
$= 1,95 \text{ dm}^3$

---

41 Das Kühlsystem eines Motors hat einen Inhalt von 12 l. Die Kühlflüssigkeit soll bis zu einer Temperatur von –20 °C Gefrierschutz besitzen. Berechnen Sie 1) das Volumen des Kühlerschutzmittels V_G in l, 2) das Wasservolumen V_W in l.

1) ☐ a) 3,8 l
   ☒ b) 4,2 l
   ☐ c) 5,8 l
2) ☒ a) 7,8 l
   ☐ b) 6,2 l
   ☐ c) 5,2 l

zu Aufg. 41

1) $V_G = \dfrac{12 \cdot 1}{1 + 1,86} = 4,2 \text{ l}$
2) $V_W = 12 - 4,2 = 7,8 \text{ l}$

Technologie | Mathematik | Diagnose

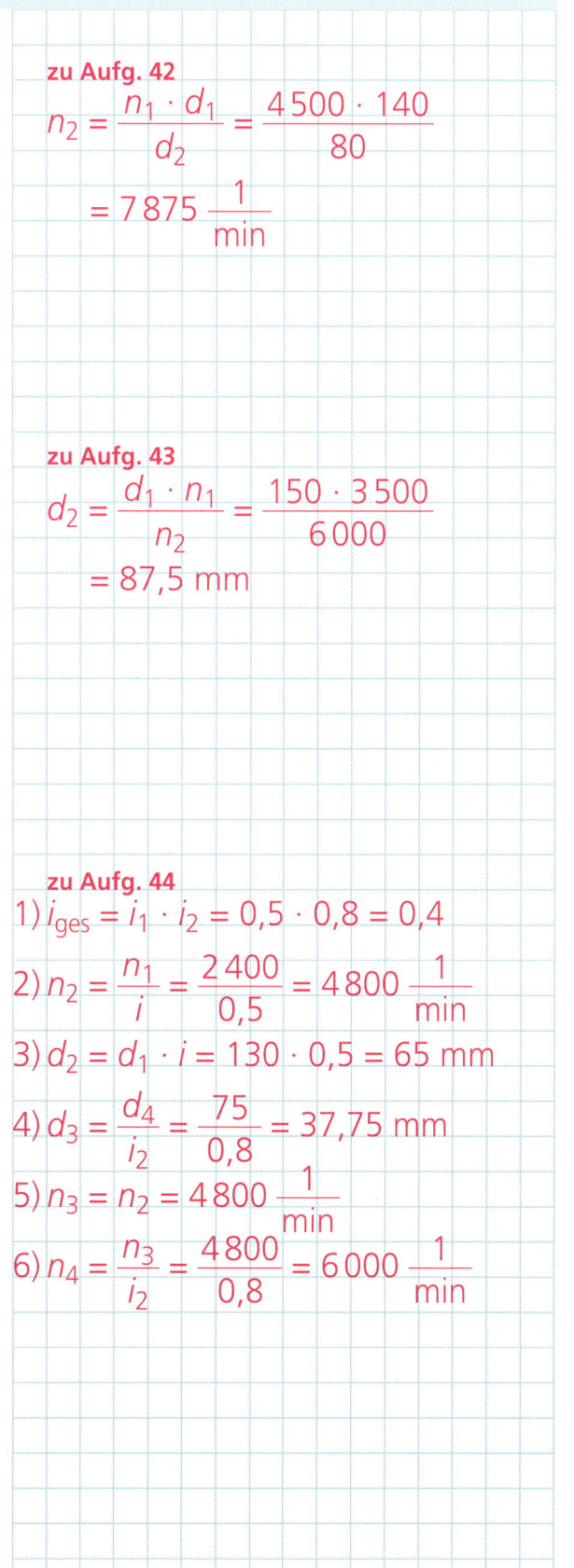

6.15 Riemen- und Rollenkettentrieb

Ergänzende Informationen: Riemen- und Rollenkettentrieb

Das Zugmittel läuft mit gleich bleibender Geschwindigkeit über beide Räder. Zugmittelgeschwindigkeit und Umfangsgeschwindigkeit beider Räder sind gleich groß.

Es gilt dann $v_1 = v_2 = v$ $d_1 \cdot n_1 = d_2 \cdot n_2$

42 Der Keilriementrieb zum Antrieb des Generators von der Kurbelwelle hat folgende Daten: Riemenscheibe auf der Kurbelwelle $d_1 = 140$ mm, Riemenscheibe auf der Generatorwelle $d_2 = 80$ mm. Die Motordrehzahl beträgt 4500 1/min.
Berechnen Sie die Drehzahl des Generators.
- ☐ a) 6543 1/min
- ☒ b) 7875 1/min
- ☐ c) 9076 1/min

zu Aufg. 42
$$n_2 = \frac{n_1 \cdot d_1}{d_2} = \frac{4500 \cdot 140}{80}$$
$$= 7875 \frac{1}{\min}$$

43 Ein Dieselmotor treibt über Keilriemen einen Lader an. Die Drehzahl des Motors beträgt 3500 1/min, der wirksame Durchmesser der Keilriemenscheibe auf der Kurbelwelle ist 150 mm. Wie groß muss der wirksame Durchmesser der Keilriemenscheibe auf dem Lader sein, wenn seine Drehzahl 6000 1/min betragen soll?
- ☐ a) 62,5 mm
- ☐ b) 75,6 mm
- ☒ c) 87,5 mm

zu Aufg. 43
$$d_2 = \frac{d_1 \cdot n_1}{n_2} = \frac{150 \cdot 3500}{6000}$$
$$= 87,5 \text{ mm}$$

44 Bei einem Pkw werden Wasserpumpe und Generator durch einen doppelten Riementrieb von der Kurbelwelle angetrieben.
Motordrehzahl: $n_1 = 2400$ 1/min
$d_1 = 130$ mm $d_4 = 75$ mm
$i_1 = 1:2$ $i_2 = 0,8$
Berechnen Sie
1) i_{ges}, 2) n_2, 3) d_2, 4) d_3, 5) n_3, 6) n_4.

1) ☐ a) 0,3
   ☒ b) 0,4
   ☐ c) 0,5
2) ☐ a) 3200 1/min
   ☒ b) 4800 1/min
   ☐ c) 5200 1/min
3) ☐ a) 55 mm
   ☒ b) 65 mm
   ☐ c) 75 mm
4) ☐ a) 28,56 mm
   ☒ b) 37,75 mm
   ☐ c) 42,45 mm
5) ☐ a) 3200 1/min
   ☒ b) 4800 1/min
   ☐ c) 5200 1/min
6) ☐ a) 5000 1/min
   ☒ b) 6000 1/min
   ☐ c) 7000 1/min

zu Aufg. 44
1) $i_{ges} = i_1 \cdot i_2 = 0,5 \cdot 0,8 = 0,4$

2) $n_2 = \dfrac{n_1}{i} = \dfrac{2400}{0,5} = 4800 \dfrac{1}{\min}$

3) $d_2 = d_1 \cdot i = 130 \cdot 0,5 = 65$ mm

4) $d_3 = \dfrac{d_4}{i_2} = \dfrac{75}{0,8} = 37,75$ mm

5) $n_3 = n_2 = 4800 \dfrac{1}{\min}$

6) $n_4 = \dfrac{n_3}{i_2} = \dfrac{4800}{0,8} = 6000 \dfrac{1}{\min}$

Prüfen und Instandsetzen

6.16 Prüfen und Messen Motormechanik

1 Durch welches Messverfahren kann sich der Kfz-Mechatroniker einen Überblick über den mechanischen Zustand des Motors verschaffen? Beschreiben Sie die Vorgehensweise.

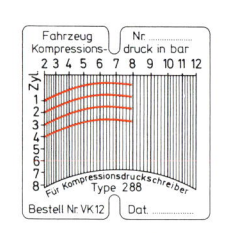

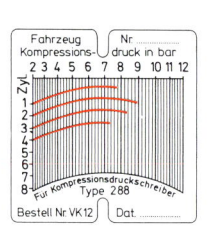

Kompressionsdrucktest: Voraussetzung: Die Prüfung erfolgt bei warmem Motor. Alle Zündkerzen sind herausgeschraubt. Vorwiderstände der Einspritzanlage sind getrennt. Die Batterie ist voll geladen. Kompressionsdrucktester in Zündkerzenbohrung einbringen, Starter 4 Sekunden betätigen, für jeden Zylinder eine Druckkurve erstellen, Diagrammblatt auswerten.

2 Wie hoch ist der normale Kompressionsdruck und wann wird die Verschleißgrenze erreicht?

Normaler Kompressionsdruck: 9 – 14 bar, Verschleißgrenze liegt bei 7 – 8 bar.

3 Bei einem Zylinder ist der Kompressionsdruck zu niedrig. Wie kann der Fehler eines schadhaften Zylinders eingegrenzt werden?

Motoröl in die Bohrung füllen, Motor durchdrehen, Kompressionsdruck prüfen. Nimmt der Kompressionsdruck zu, besteht ein Schaden an der Zylinderwand, an den Kolbenringen oder am Kolben.

4 Mit welchem Verfahren kann der Fehler genau lokalisiert werden?

Druckverlusttest: Voraussetzung: Motor betriebswarm, Zündkerzen herausgeschraubt, Luftfilter abgenommen, Kühlerverschlussdeckel abgeschraubt. Der Zylinder wird mit Druckluft (5 – 15 bar) gefüllt. Der Druckverlust sollte nicht höher als 40 Prozent sein. Fehler werden über die ausströmende Luft lokalisiert: Es entweicht Luft aus Ansaugkrümmer: Einlassventil schadhaft; Auspuffkrümmer: Auslassventil schadhaft; Ölfüllstutzen: Kolben, Kolbenringe schadhaft; Kühlwassereinfüllstutzen: Zylinderkopfdichtung defekt.

5 Wie kann mit dem Motortester der mechanische Zustand ermittelt werden?

Mithilfe des Zylindervergleichs bzw. mit dem dynamischen Kompressionstest. Beim Zylindervergleich wird jeweils für einen Zylinder die Zündung außer Funktion gesetzt. Das nicht verbrannte Kraftstoff-Luft-Gemisch wird komprimiert. Die

Drehzahl des Motors sinkt um die Leistung des blockierten Zylinders.
Drehzahlabfall ist ein Maß für den mechanischen Zustand des Zylinders.
Beim dynamischen Kompressionstest wird die Anlasserstromaufnahme ermittelt.

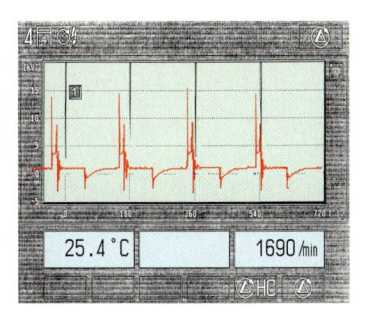

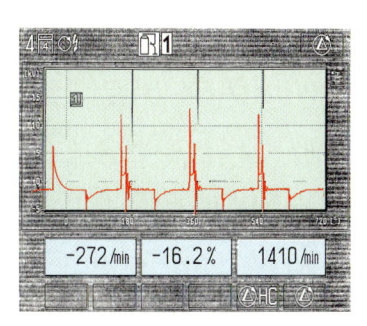

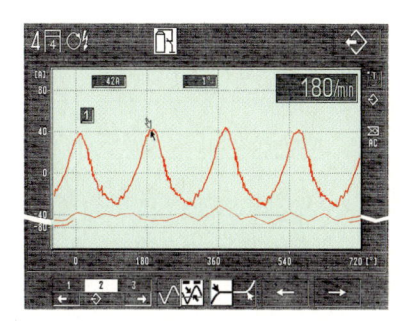

6.17 Diagnose Motormechanik

6 Im Leerlauf ist ein helles Klopfgeräusch zu hören. Welche Ursache kann das haben?

Kolbenbolzen im Kolben hat zu viel spiel, Kolbenkippen durch Verschleiß, zu großes Einbauspiel.

7 Im Leerlauf erscheint ein starkes, dunkles Klopfgeräusch. Auch während der Fahrt, drehzahlabhängig, gut hörbar, wenn Gas gegeben und zurückgenommen wird. Welche Ursache liegt vor?

Pleuellager defekt

8 Im unteren Geschwindigkeitsbereich, bei Beschleunigung, beim Anfahren aus dem Stand, beim Gas geben und wieder zurücknehmen tritt ein dunkles Klopfgeräusch auf. Welche Ursache hat dies?

Kurbelwellenlager defekt

9 Ein schleichender Kühlmittelverlust ist eingetreten. Welche Ursache liegt vor?

Zylinderkopfdichtung defekt, Kühlmittel gelangt in den Brennraum.

10 Luftblasen steigen bei geöffnetem Ausgleichsbehälter aus der Kühlflüssigkeit. Welche Ursache liegt vor?

Verbrennungsgase werden in das Kühlsystem gedrückt.
Die Zylinderkopfdichtung ist defekt.

11 Die Oberfläche des Kühlmittels ist bunt schillernd. Welche Ursache hat das?

Öl aus dem Schmierkreislauf gelangt in das Kühlsystem.
Die Zylinderkopfdichtung ist defekt.

12 Am Ölpeilstab befindet sich eine gräuliche Emulsion. Welche Ursache liegt vor?

Kühlflüssigkeit gelangt in den Ölkreislauf.
Die Zylinderkopfdichtung ist defekt.

13 Werten Sie das Kompressionsdruckdiagramm aus.

Zylinder 1 und 4 haben die Verschleißgrenze erreicht.

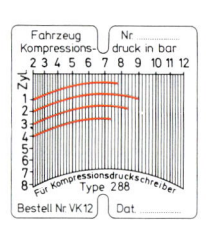

6.18 Instandsetzung Motormechanik

14 Welche UVV sind bei Arbeiten an der Motormechanik zu beachten?

Motor abkühlen lassen. Schutzkleidung tragen, Leitungsstecker am Lüfter ziehen, da elektrisch betriebene Lüfter auch bei stehendem Motor arbeiten. Ausgetretenes Öl bzw. Kühlmittel mit Universalbinder aufnehmen, Hautkontakt mit Kraftstoff, Kühlmittel und Öl vermeiden. Beim Lösen von Kraftstoffleitungen offenes Feuer vermeiden, nicht rauchen.

15 Worauf ist beim Ausbau des Zylinderkopfs zu achten?

Zylinderkopf auf etwa 35 °C abkühlen lassen. Zylinderkopfschrauben in umgekehrter Anzugsreihenfolge lösen, Dichtung und Dichtungsreste entfernen.

16 Welche Maßnahmen sind vor Wiederverwendung des Zylinderkopfs durchzuführen?

Zylinderkopf auf Verzug mit H-Lineal prüfen, auf Riefen und Kratzer untersuchen. Auf Risse am Ventilsitz und zwischen dem Ventilsitz und Zündkerzenbohrung prüfen.

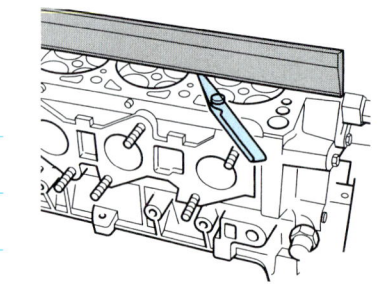

17 Worauf ist beim Auflegen der Zylinderkopfdichtung zu achten?

Zylinderkopfdichtung mit Aufschrift „TOP" nach oben auflegen, Front zur Zahnriemenseite.

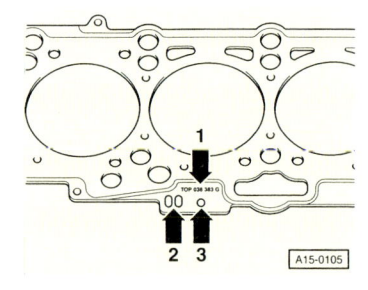

18 Worauf ist beim Einbau des Zylinderkopfs zu achten?

Neue Zylinderkopfschrauben verwenden, Zylinderkopfschrauben nach Angaben des Herstellers anziehen, z. B. von der Mitte nach außen, in Stufen anziehen.

19 Wie können Risse im Zylinderkopf aufgespürt werden?

Mit dem CO-Lecktester bei eingebautem Zylinderkopf.
Bei ausgebautem und abgedichtetem Zylinderkopf mit Druckluft im Wasserbad.

6.19 Prüfen und Messen Kühlsystem

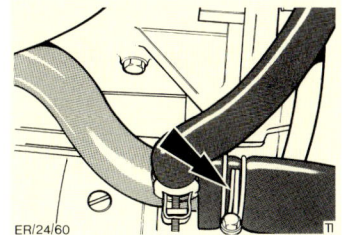

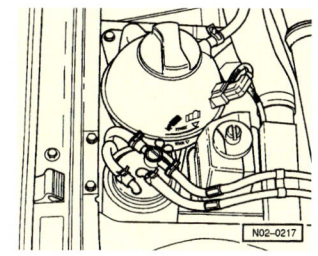

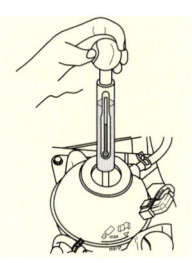

20 Worauf ist bei der Sichtprüfung des Kühlsystems zu achten?

Zustand der Kühlmittelschläuche, Kontrolle aller Schlauchverbindungen, Kontrolle des Kühlmittelstands, Kontrolle des Frostschutzes

21 Wie kann das Kühlsystem auf Dichtheit geprüft werden? Beschreiben Sie die beiden möglichen Verfahren.

1) Möglichkeit: Mithilfe eines Drucktesters wird im Kühlsystem ein Druck von 1 bar erzeugt. Dieser Druck wird 10 Sekunden beibehalten. Fällt er innerhalb dieser Zeit ab, ist das System undicht.

2) Möglichkeit: Mit dem CO-Tester wird Luft aus dem Kühlsystem angesaugt. Färbt sich die blaue Flüssigkeit gelb, so ist der Zylinderkopf bzw. die Zylinderkopfdichtung defekt.

22 Wie kann die Frostschutzkonzentration gemessen werden?

Mithilfe der Frostschutzspindel (Aärometer) kann der Frostschutz bestimmt werden. Mit einem Saugball wird Kühlwasser aus dem Kühlsystem angesaugt, bis der Schwimmkörper frei schwimmen kann. Über eine Temperaturskale wird die Kühlmitteltemperatur, auf der Schwimmerskala der Volumenanteil des Frostschutzmittels in Prozent angegeben.

23 Wie kann ein Kühlwasserthermostat auf einwandfreie Funktion überprüft werden?

Der Thermostat muss ausgebaut werden. Er wird in Wasser gelegt, das erhitzt wird. Mit einem Thermometer wird die Temperatur gemessen und der Öffnungsbeginn überprüft. Der Öffnungsbeginn sollte bei 89–93 °C liegen.

6.20 Diagnose Kühlsystem

24 Das Kühlwasser kocht. Welche Ursache kann das haben?

Folgende Möglichkeiten bestehen: Kühlwasserthermostat öffnet nicht, zu wenig Kühlwasser im Kühlsystem, Riemen des Lüfters und der Kühlmittelpumpe rutscht, Kühler mit Verunreinigungen verstopft.

25 Kühlwasserschläuche ziehen sich beim Abkühlen zusammen. Woran kann das liegen?

Bei Abkühlen des Kühlwassers entsteht durch die Volumenveränderung ein Unterdruck, der durch den Einfüllverschluss bzw. den Ausgleichsbehälter ausgeglichen wird. Ist dies nicht der Fall, könnte der Einfüllverschluss defekt sein.

26 Aus dem Kühlwasser steigen bei laufendem Motor Luftblasen hoch. Welche Ursache hat das?

Vermutlich ist die Zylinderkopfdichtung defekt.

27 Der Motor kommt lange nicht auf Betriebstemperatur. Welche Ursache liegt vor?

Der Kühlwasserthermostat ist defekt. Er öffnet nicht den Kurzschlusskreislauf. Damit wird das Kühlwasser über den Kühler gefördert und benötigt längere Zeit zur Erwärmung.

28 Der Motor wird zu heiß. Welche Ursachen sind möglich?

Zu wenig Kühlflüssigkeit, Lüfter defekt, Thermoschalter defekt, Thermostat defekt, Wasserpumpenantrieb locker oder defekt, Kühler mit Verunreinigungen verstopft

6.21 Instandsetzung Kühlsystem

29 Worauf ist beim Nachfüllen von kaltem Wasser in den heißen Motor zu achten?

Wasser bei laufendem Motor einfüllen oder Wasser langsam eingießen, um Spannungen im Motorblock zu vermeiden.

30 Worauf ist beim Öffnen des Verschlussdeckels zu achten?

Motor zuerst abkühlen lassen, Deckel zum Ausgleichsbehälter nur bei Temperaturen unter 90 °C abnehmen, vor Abnahme Druck kontrolliert ablassen, Verschlussdeckel mit Lappen abdecken.

31 Worauf ist bei Arbeiten an der Kühlanlage in Bezug auf den Lüfter zu achten?

Lüfter läuft nach, daher Lüfterstecker am Lüfter abziehen.

32 Worauf ist beim Umgang mit Kühlflüssigkeit zu achten?

Berührung mit den Augen und der Haut vermeiden, Schutzhandschuhe und Schutzbrille tragen, ausgetretenes Material mit Universalbinder aufnehmen.

| Technologie | Mathematik | Diagnose |

33 Ein Kühler ist undicht. Wie kann er bei kleinen Undichtigkeiten repariert werden?

Bei geringfügigen Undichtigkeiten genügt ein Dichtmittel, das der Kühlflüssigkeit zugesetzt wird. Das Dichtmittel lagert sich an der undichten Stelle ab. Danach ist eine Druckprüfung mit einem Drucktester erforderlich.

6.22 Prüfen und Messen Motorschmierung

34 Wie kann der Ölstand gemessen werden?

Ölmessstab

35 Wie kann der Öldruck gemessen werden?

Öldruckschalter ausbauen, Prüfadapter des Manometers einbauen, Motor starten, wenn Druckanzeige stabil ist, Öldruck ablesen: Solldruck 0,3 – 0,6 bar.

36 Worauf ist beim Einbau des Ölfilters zu achten?

Sitzfläche reinigen, Dichtung am Filter leicht einölen.

6.23 Diagnose Motorschmierung

37 Die Ölkontrollleuchte leuchtet nach Einschalten der Zündung nicht. Welche Ursachen sind möglich?

Kontrollleuchte defekt, Öldruckschalter defekt, Kabelverbindung unterbrochen, Steckverbindungen korrodiert, Leitungen unterbrochen

38 Die Kontrollleuchte erlischt beim Gasgeben nicht und leuchtet bei der Fahrt. Wo könnte die Ursache liegen?

Zu wenig Öl im Motor, Ölansaugsieb zugesetzt, Öldruck zu gering, Leitung zum Öldruckschalter hat Masseschluss, Öldruckschalter defekt

39 Die Kontrollleuchte geht erst bei höheren Drehzahlen aus. Welche Ursache liegt vor?

Das Umgehungsventil im Ölhauptstrom klemmt.

40 Der Ölverbrauch ist zu hoch. Welche Ursache hat das?

Zylinder, Kolben, Kolbenringe verschlissen, Ventilführung, Ventilführungsdichtringe verschlissen, Kurbelwellen- bzw. Nockenwellendichtringe undicht.

41 Der Öldruck im unteren Drehzahlbereich ist zu niedrig. Welche Ursache hat das?

Das Überdruckventil klemmt im offenen Zustand aufgrund Verschmutzung.

42 Der Öldruck im oberen Drehzahlbereich ist zu hoch. Welche Ursache hat das?

Das Überdruckventil öffnet nicht wegen Verschmutzung.

Lernfeld 7:
Diagnostizieren und Instandsetzen von Motormanagementsystemen

Technologie

7.1 Ottomotor Saugrohreinspritzung

7.1.1 Grundlagen

1 Was versteht man unter einer Saugrohreinspritzung?
Die Einspritzventile spritzen
- [X] **a)** in die Einzelsaugrohre der Zylinder vor die Einspritzventile.
- [ ] **b)** in das Sammelsaugrohr.
- [ ] **c)** direkt in den Brennraum.

2 Der theoretische Luftbedarf zur vollkommenen Verbrennung beträgt 14,7 kg Luft auf 1 kg Kraftstoff. Das entspricht einem Luftverhältnis von
- [X] **a)** $\lambda = 1$.
- [ ] **b)** $\lambda = 0{,}95$.
- [ ] **c)** $\lambda = 1{,}2$.

3 Unter dem Luftverhältnis versteht man mathematisch
- [X] **a)** λ = zugeführte Luftmenge/theoretischer Luftbedarf.
- [ ] **b)** λ = theoretischer Luftbedarf/ zugeführte Luftmenge.
- [ ] **c)** λ = theoretische Luftmenge · theoretischer Luftbedarf.

4 Zur vollkommenen Verbrennung von 1 l Kraftstoff benötigt man
- [X] **a)** 11 500 l Luft.
- [ ] **b)** 14,7 kg Luft.
- [ ] **c)** 2 150 l Luft.

5 Ottokraftstoff ist
- [X] **a)** klopffest.
- [ ] **b)** zündwillig.
- [ ] **c)** kältefest.

6 Die Research-Oktanzahl gibt
- [X] **a)** die Klopffestigkeit an.
- [ ] **b)** die Zündwilligkeit an.
- [ ] **c)** das Siedeverhalten an.

7 ROZ 92 bedeutet: Der Kraftstoff ist so klopffest wie ein Vergleichsgemisch aus
- [X] **a)** 92 % Isooktan und 8 % Heptan.
- [ ] **b)** 8 % Isooktan und 92 % Heptan.
- [ ] **c)** 92 % Cetan und 8 % Isooktan.

7.1.2 Drehmomentorientiertes Motormanagement

8 Wie unterscheidet sich das drehmomentorientierte Motormanagement vom konventionellen Motormanagement?
- [ ] **a)** Der Fahrer verstellt über das Fahrpedal die Stellung der Drosselklappe, das Motorsteuergerät berechnet Zündwinkel und Einspritzmenge.
- [X] **b)** Das Motorsteuergerät verstellt entsprechend dem Fahrerwunsch und der Berücksichtigung der Drehmomentanforderung über einen Elektromotor die Drosselklappe.
- [ ] **c)** Der Pedalwertgeber wirkt direkt auf die Drosselklappensteuereinheit und verstellt über den Elektromotor die Drosselklappe.

9 Das drehmomentorientierte Motormanagementsystem koordiniert
- [ ] **a)** die On-Board-Diagnose.
- [ ] **b)** die Eigendiagnose und den Fehlerspeicher.
- [X] **c)** die äußeren und inneren Drehmomentanforderungen.

10 Ordnen Sie die u. a. Begriffe den inneren (1) bzw. äußeren Drehmomentanforderungen (2) zu.

Fahrerwunsch	2
Start	1
Leerlaufregelung	1
Drehzahlbegrenzung	1
Geschwindigkeitsregelung	2
Klimaanlage	2

Technologie | **Mathematik** | **Diagnose**

11 Aus welchen Größen bildet das drehmomentorientierte Motorsteuergerät ein Solldrehmoment?
- ☐ a) Luftmasse, Kühlwassertemperatur, Motordrehzahl
- ☒ b) Äußere und innere Drehmomentanforderungen
- ☐ c) Fahrpedalstellung, Motordrehzahl

7.1.2.1 Luftmanagement
Füllungssteuerung

12 Benennen Sie die Funktionselemente der abgebildeten Füllungssteuerung (E-Gas-Funktion).
- a) *Gaspedal*
- b) *Geber für Gaspedalstellung*
- c) *Motorsteuergerät*
- d) *Drosselklappensteuereinheit*
- e) *Drosselklappenantrieb*
- f) *Winkelgeber*

13 Das elektronische Gaspedal
- ☐ a) wirkt direkt auf die Drosselklappe.
- ☐ b) wirkt direkt auf den Drosselklappenantrieb.
- ☒ c) gibt die Stellung des Fahrpedals an das Motorsteuergerät.

14 Welche Aussage ist falsch?
Das elektronische Gaspedal ermittelt die Stellung des Fahrpedals über
- ☐ a) ein Potentiometer.
- ☐ b) einen Hallgeber.
- ☒ c) mechanische Kontakte.

15 Wodurch entstehen Rückströmungen der angesaugten Luftmasse im Saugrohr und verfälschen das Messergebnis?
- ☒ a) Pulsieren der angesaugten Luft
- ☐ b) Pulsieren der ausgestoßenen Abgase
- ☐ c) Ventilüberschneidung

16 Was versteht man unter einem Luftmassenmesser mit Rückstromerkennung? Er misst
- ☒ a) die angesaugte Luftmasse minus der rückströmenden Luftmasse.
- ☐ b) die angesaugte Luftmasse plus der rückströmenden Luftmasse.
- ☐ c) die rückströmende Luftmasse.

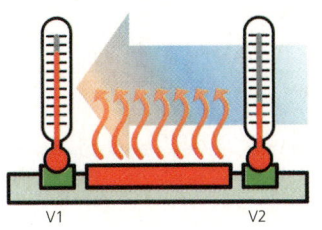

17 Wie kann der Luftmassenmesser mit Rückströmung die einströmende und die rückströmende Luft unterscheiden?
- ☒ a) Durch zwei Sensoren, die unterschiedlich abgekühlt werden
- ☐ b) Durch eine spezielle Luftklappe, die sich entsprechend der Luftströmung verstellt
- ☐ c) Durch das integrierte Heizelement, das unterschiedlich abgekühlt wird

18 Wie bestimmt der Luftmassenmesser die Luftmasse der einströmenden und der rückströmenden Luft. Ergänzen Sie den Text. Die Temperaturen der Sensoren sind:

V2 > V1 bei *einströmender* Luft

V1 > V2 bei *rückströmender* Luft

Differenz = Maß für Luftmasse

19 Durch welchen Sensor kann die Motorlast bzw. Füllung nicht berechnet werden?
- ☒ a) Drehzahlgeber
- ☐ b) Saugrohrdruckfühler
- ☐ c) Luftmassenmesser

zu Aufg. 12

zu Aufg. 18

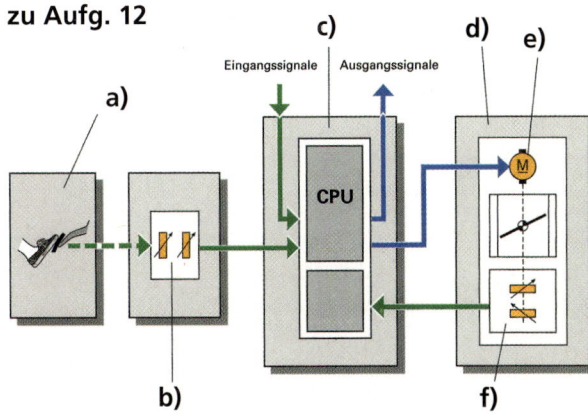

Erkennen der angesaugten Luftmasse

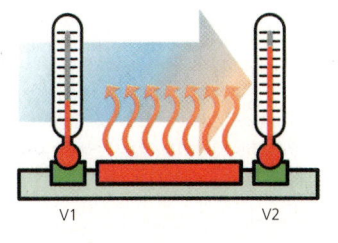

Erkennen der rückströmenden Luftmasse

| Technologie | Mathematik | Diagnose |

20 Welche Aufgabe hat die Drosselklappensteuereinheit?
- [X] a) Steuerung der Füllung
- [ ] b) Steuerung der Einspritzung
- [ ] c) Bildung des Kraftstoff-Luft-Gemisch

21 Wie erfolgt die Rückmeldung der aktuellen Drosselklappenstellung?
- [ ] a) Durch ein Potenziometer
- [X] b) Durch zwei Potenziometer
- [ ] c) Durch Schaltkontakte

Sekundärluftsystem

22 Welche Aufgabe hat das Sekundärluftsystem?
- [ ] a) Durch Lufteinblasung vor die Einlassventile erfolgt eine verbesserte Gemischbildung, damit eine bessere Gesamtleistung und geringere Emissionen entstehen.
- [X] b) Durch Lufteinblasung hinter die Auslassventile erfolgt eine Nachverbrennung der Abgase und eine schnellere Erwärmung des Katalysator.
- [ ] c) Durch Einblasung von Abgasen vor die Einlassventile erreicht der Motor schneller seine Betriebstemperatur.

23 Ordnen Sie der Darstellung die nachfolgend genannten Komponenten zu.
- a) Motorsteuergerät
- b) Relais für Sekundärluftpumpe
- c) Sekundärluftventil
- d) Kombiventil
- e) Sekundärluftpumpe
- f) Lambda-Sonde
- g) Katalysator

24 Entwickeln Sie das Blockschaltbild des Sekundärluftsystems. Markieren Sie durch Pfeile, welchen Weg die Luft nimmt.

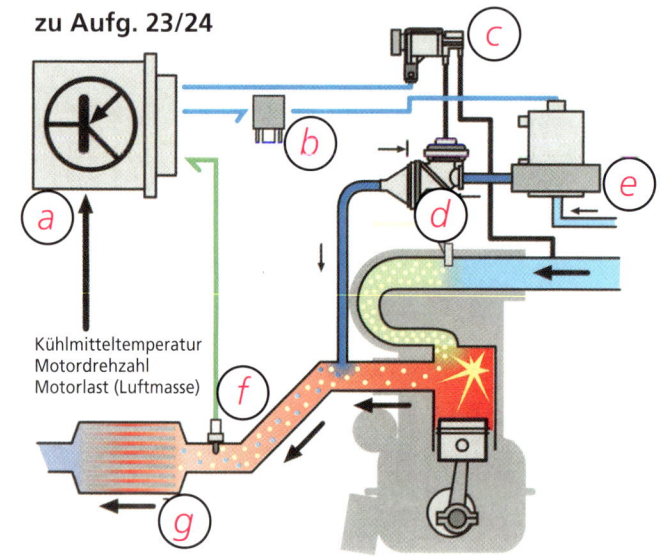

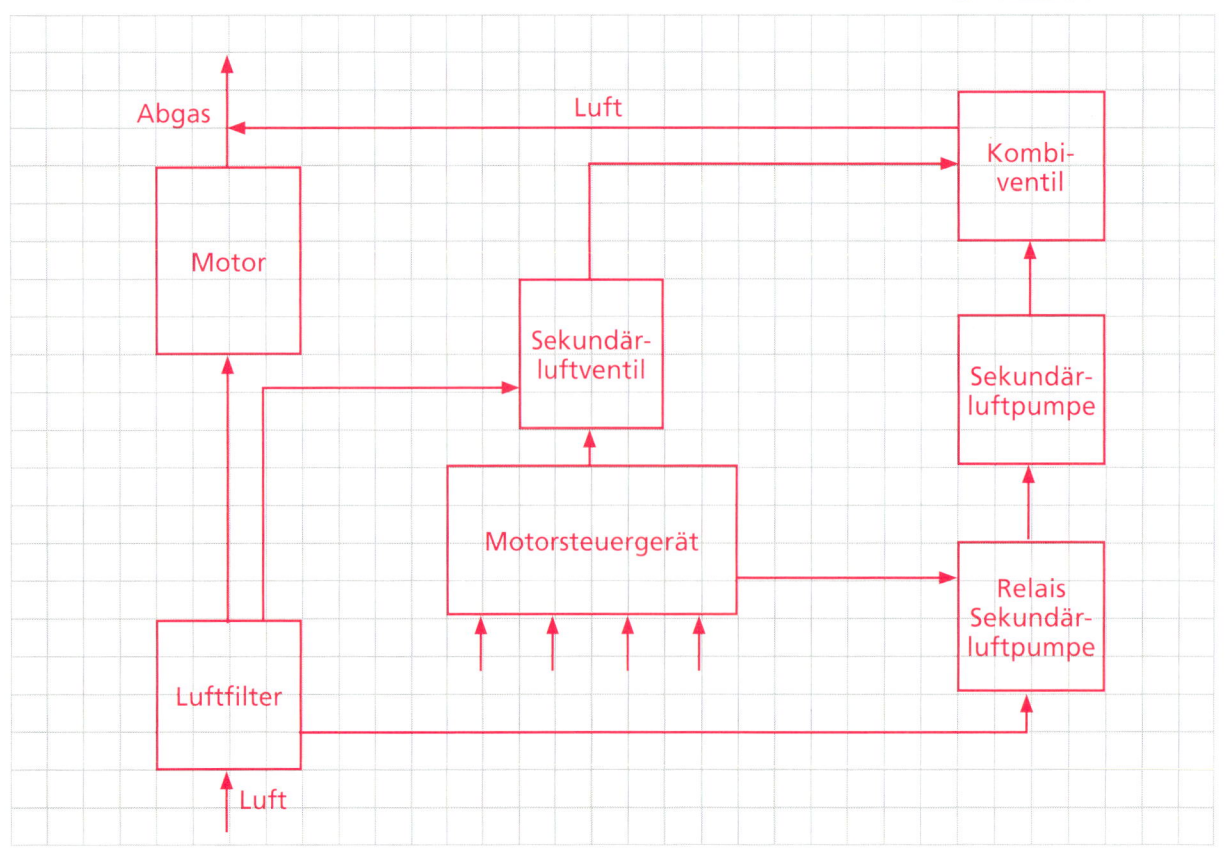

zu Aufg. 23/24

Kühlmitteltemperatur
Motordrehzahl
Motorlast (Luftmasse)

156

| Technologie | Mathematik | Diagnose |

25 Wann ist die Sekundärlufteinblasung aktiv?
- [X] a) Nach dem Kaltstart und im Leerlauf nach Warmstart
- [ ] b) Bei Teillast
- [ ] c) Bei Volllast

Abgasrückführung

26 Wie arbeitet die Abgasrückführung?
- [ ] a) Das gesamte Abgas wird dem angesaugten Kraftstoff-Luft-Gemisch zugeführt.
- [ ] b) Ein Teil des Kraftstoff-Luft-Gemischs wird dem Abgas zugeführt.
- [X] c) Ein Teil der Abgase wird dem angesaugten Kraftstoff-Luft-Gemisch zugeführt.

27 Welche Aufgabe hat die Abgasrückführung?
- [ ] a) Verminderung der CO-Emissionen
- [ ] b) Verminderung der HC-Emissionen
- [X] c) Verminderung der Stickoxid-Emissionen

28 Entwicken Sie den Blockschaltplan der Abgasrückführung.

29 Wie viel % der Abgase werden bei Ottomotoren zugeführt?
- [X] a) 10 %
- [ ] b) 15 %
- [ ] c) 20 %

30 Die Abgasrückführung ist aktiv
- [X] a) im Teillastbereich.
- [ ] b) bei Kaltstart.
- [ ] c) bei Volllast.

Schaltsaugrohre

31 Welche Aufgabe hat das Schaltsaugrohr?
- [X] a) Erhöhung der Frischgasfüllung
- [ ] b) Reduzierung der Stickoxide
- [ ] c) Glättung der Druckschwingungen in der Saugleitung

32 Benennen Sie die wesentlichen Funktionselemente eines Schaltsaugrohrs.
- a) *Hauptsammler*
- b) *Leistungssammler*
- c) *Schaltwelle*

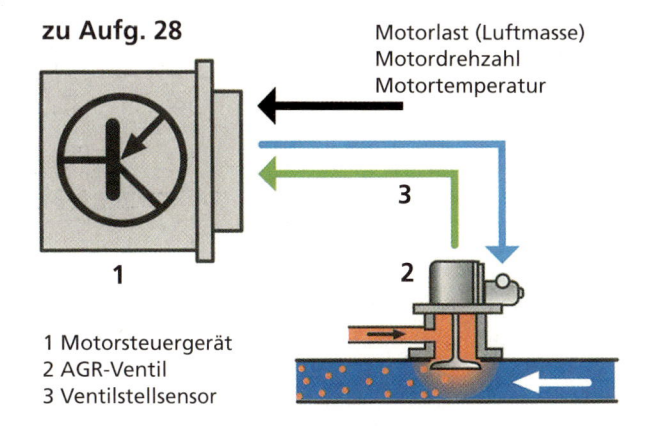

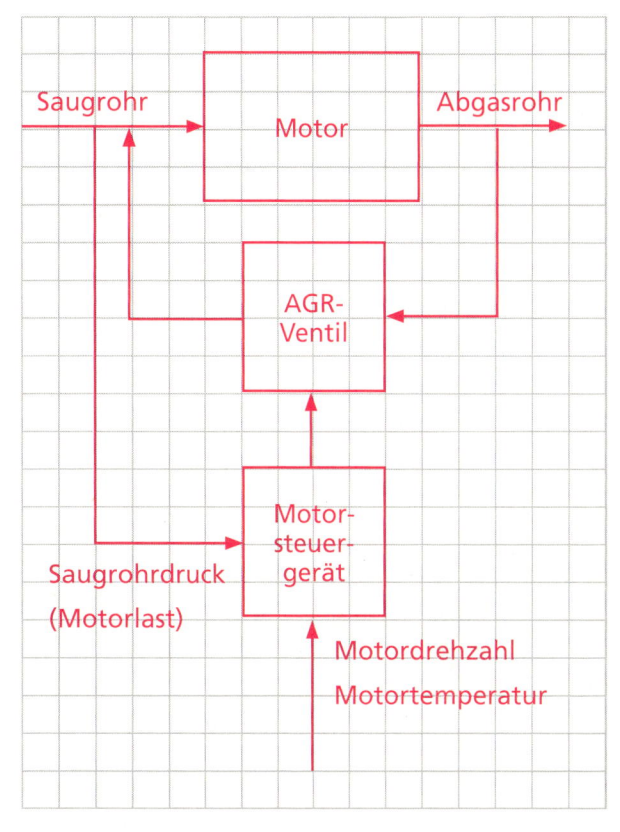

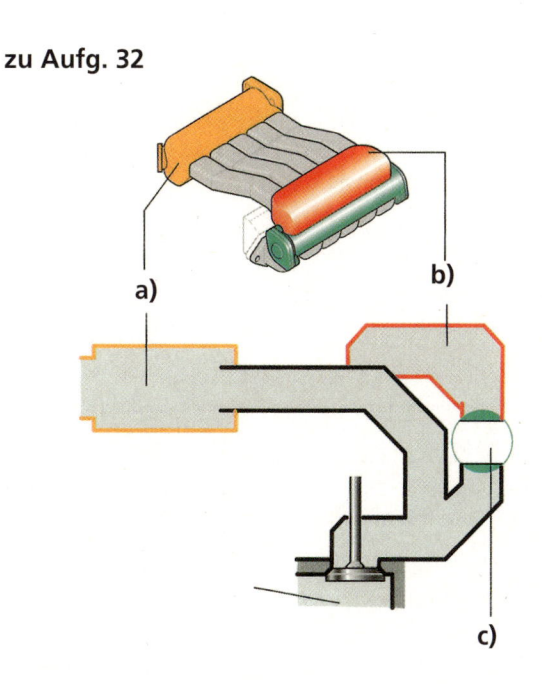

zu Aufg. 28

1 Motorsteuergerät
2 AGR-Ventil
3 Ventilstellsensor

zu Aufg. 32

| Technologie | Mathematik | Diagnose |

33 Welche Aussage ist falsch? Schaltsaugrohre ermöglichen
- ☐ a) im unteren Drehzahlbereich mithilfe des langen Saugrohrteils ein großes Drehmoment.
- ☐ b) im oberen Drehzahlbereich mithilfe des kurzen Saugrohrs eine hohe Leistung.
- ☒ c) im oberen Drehzahlbereich mithilfe des kurzen Saugrohrteils ein großes Drehmoment.

Nockenwellenverstellung

34 Welche Aussage zur Nockenwellenverstellung ist falsch? Durch die NW-Verstellung erreicht man
- ☐ a) Leerlaufstabilisierung
- ☐ b) Leistungssteigerung
- ☐ c) Drehmomenterhöhung
- ☐ d) Abgasrückführung
- ☒ e) CO-Reduzierung

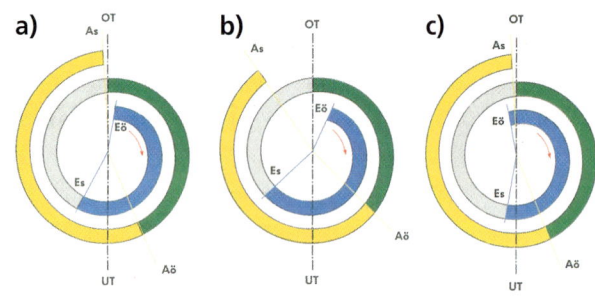

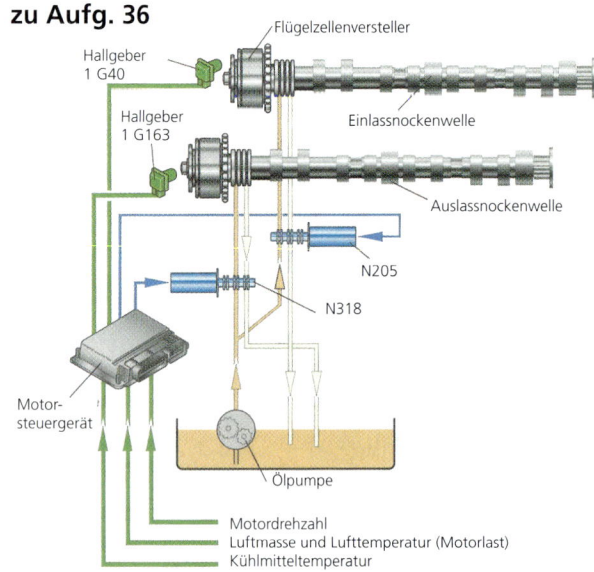

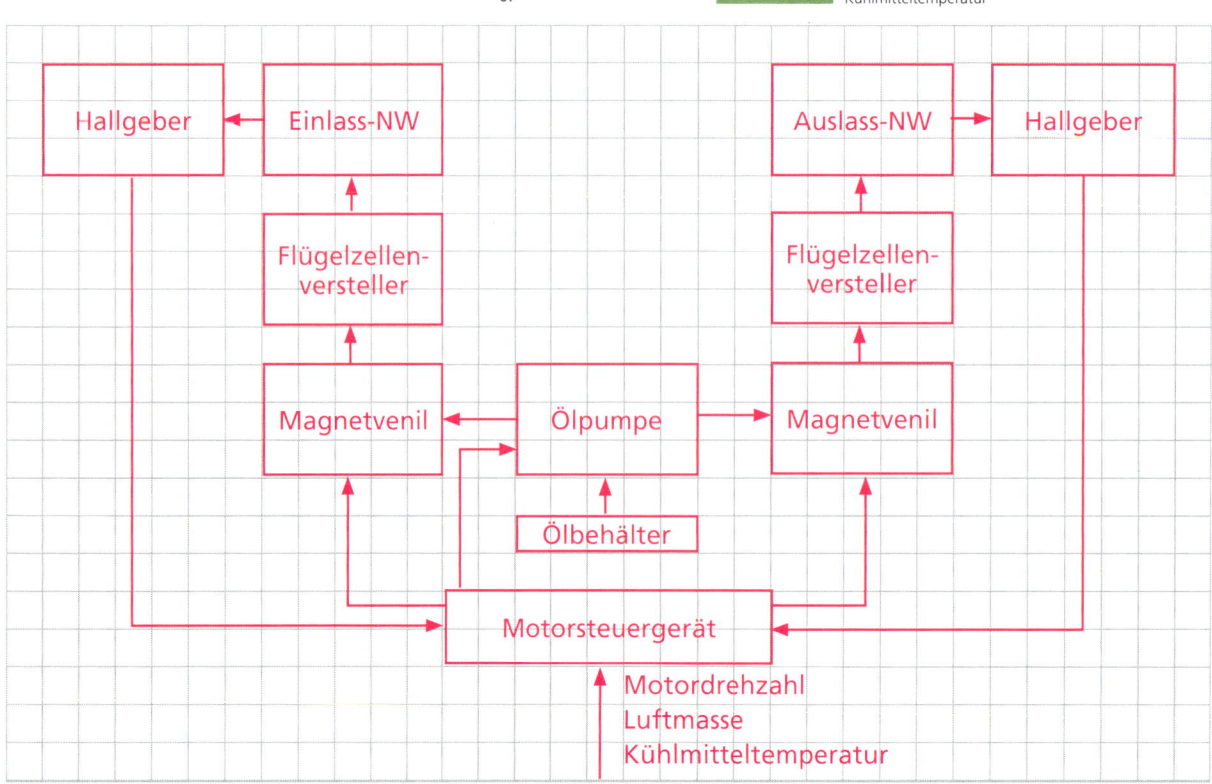

35 Bei welcher Nockenwellenstellung wird ein maximales Drehmoment erreicht? Begründen Sie Ihre Wahl
- ☐ a) Abbildung a
- ☐ b) Abbildung b
- ☒ c) Abbildung c

Hoher Füllungsgrad durch EV öffnet früh, EV schließt früher
Kein Ausschieben von Frischgasen

36 Entwickeln Sie einen Blockschaltplan der Nockenwellenverstellung für Einlass- und Auslassnockenwelle mit Flügelzellenverstellern.

zu Aufg. 35

zu Aufg. 36

| Technologie | Mathematik | Diagnose |

7.1.2.2 Einspritzmanagement
Kraftstoffversorgung

37 Welche Art der Kraftstoffversorgung zeigt die Abbildung?
- [ ] a) Kraftstoffsystem mit Rücklauf
- [X] b) Kraftstoffsystem ohne Rücklauf
- [ ] c) Kraftstoffsystem mit Druckdämpfer

38 Welche Aufgabe hat das Kraftstoffpumpenrelais?
- [ ] a) Es versorgt die elektrische Kraftstoffpumpe mit 12-V-Spannung, wenn die Zündung eingeschaltet ist.
- [ ] b) Es schaltet die Kraftstoffpumpe bei Fahrbetrieb kurzzeitig aus, wenn der Förderdruck zu groß ist.
- [X] c) Es versorgt die Kraftstoffpumpe mit Batteriespannung, wenn bei eingeschalteter Zündung die Motordrehzahl erkannt ist.

39 Tragen Sie in den Stromlaufplan den Stromverlauf zur Kraftstoffpumpe farbig ein. Kennzeichnen Sie das Kraftstoffpumpenrelais durch eine Markierung.

40 Welches Ventil zeigt die Darstellung?
- [ ] a) Kegelstrahlventil
- [ ] b) Zweistrahlventil
- [X] c) Kegelstrahlventil mit Luftumfassung

41 Welchen Vorteil hat ein Ventil mit Luftumfassung?
- [ ] a) Die Luft kühlt den Kraftstoff besser.
- [X] b) Die höhere Luftgeschwindigkeit führt zu einer besseren Vermischung Kraftstoff/Luft.
- [ ] c) Die Füllung im Zylinder wird höher.

42 Was versteht man unter sequenzieller Einspritzung?
- [X] a) Die Einspritzventile spritzen nacheinander Kraftstoff entsprechend der Zündfolge unmittelbar vor Beginn des Ansaugtaktes in das Saugrohr.
- [ ] b) Alle Einspritzventile spritzen Kraftstoff gleichzeitig in das Saugrohr ein, wo es vorgelagert wird.
- [ ] c) Kraftstoff wird jeweils von den Einspritzventilen von Zylinder 1 und 3 sowie 2 und 4 einmal pro Arbeitsspiel eingespritzt.

Tankentlüftung

43 Welche Aufgabe hat das Tankentlüftungssystem?
- [X] a) Kohlenwasserstoffemissionen reduzieren
- [ ] b) CO-Emissionen reduzieren
- [ ] c) Stickoxidemissionen reduzieren

zu Aufg. 37

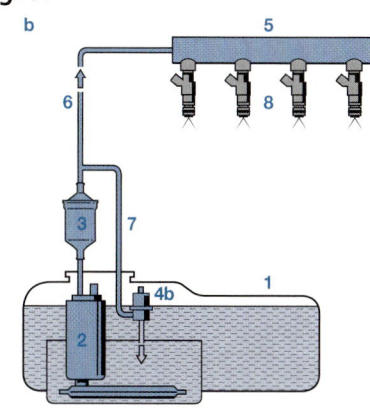

zu Aufg. 39

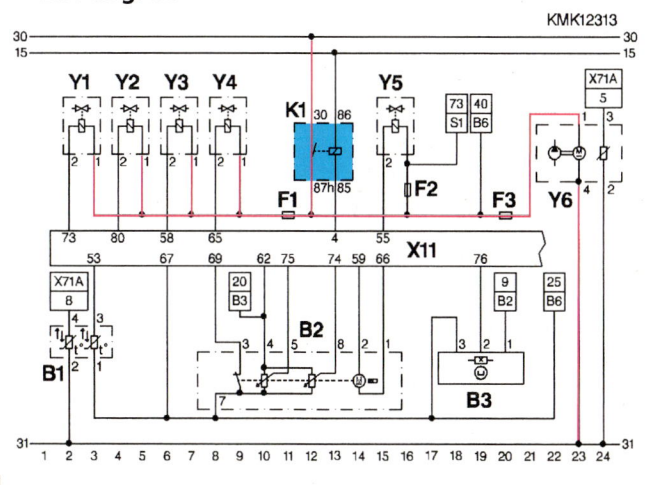

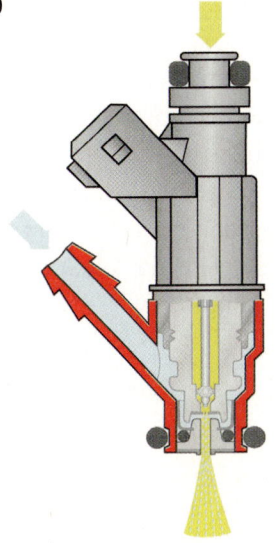

zu Aufg. 40

44 Entwickeln Sie den Blockschaltplan eines Systems für Tankentlüftung mit den angegebenen Komponenten. Wie wird der Aktivkohlebehälter regeneriert?

- ☐ a) Durch Austausch der Aktivkohle
- ☐ b) Kontinuierlich durch den Unterdruck im Saugrohr
- ☒ c) Über ein Magnetventil, das vom Motorsteuergerät angesteuert wird

7.1.2.3 Zündmanagement
Grundlagen

45 Unter einem Sekundärstromkreis versteht man
- ☐ a) den Batteriestromkreis.
- ☐ b) den Steuerstromkreis.
- ☒ c) den Zündstromkreis.

46 Die Erzeugung des Zündfunkens ist eine Folge rasch ablaufender Vorgänge. Ergänzen Sie die folgenden Aussagen.

a) Speichern der Zündenergie in der *Primärspule*

b) Übertragen der Zündenergie auf die *Sekundärspule*

c) Erzeugen der Hochspannung in der *Sekundärspule*

d) Verteilen der Hochspannung *auf die Zündkerzen entsprechend der Zündfolge*

e) Entzündung des *Kraftstoff-Luft-Gemischs*

47a Was versteht man unter RUV?
- ☒ a) Ruhende Verteilung der Hochspannung
- ☐ b) Rotierende Verteilung der Hochspannung
- ☐ c) Regeln und Verteilen der Hochspannung

47b Wie ist die Zündspule aufgebaut? Welche Aussage ist falsch?
Neben dem Eisenkern gibt es
- ☒ a) eine Primärwicklung mit vielen Wicklungen dünnen Kupferdrahts.
- ☐ b) eine Primärwicklung mit wenig Wicklungen dicken Kupferdrahts.
- ☐ c) eine Sekundärwicklung mit vielen Wicklungen dünnen Kupferdrahts.

zu Aufg. 44

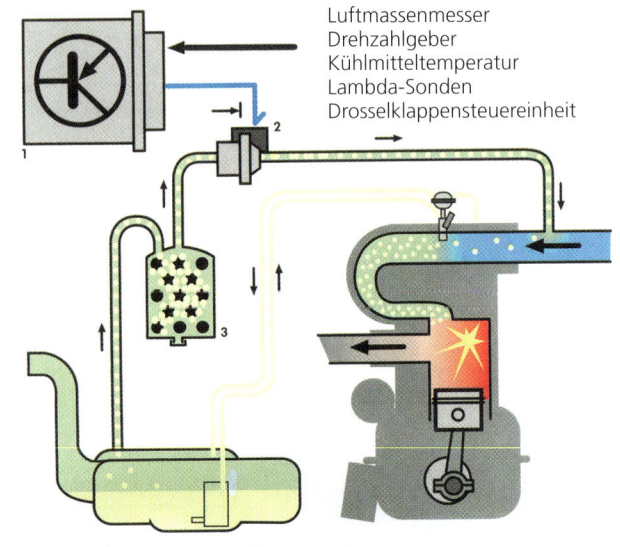

Luftmassenmesser
Drehzahlgeber
Kühlmitteltemperatur
Lambda-Sonden
Drosselklappensteuereinheit

1 Steuergerät für Motronic
2 Magnetventil 1 für Aktivkohlebehälter-Anlage
3 Aktivkohlebehälter

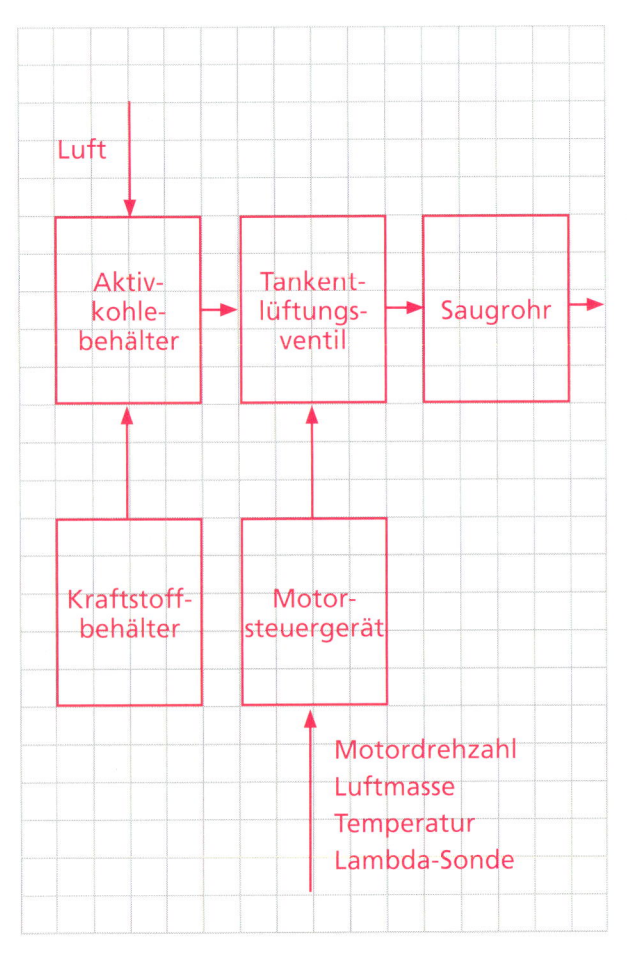

Luft → Aktivkohlebehälter → Tankentlüftungsventil → Saugrohr

Kraftstoffbehälter → Motorsteuergerät

Motordrehzahl
Luftmasse
Temperatur
Lambda-Sonde

48 Bezeichnen Sie jeweils die Art der Zündspule und der Spannungsverteilung.

49 Welche Aufgabe hat die Diode in der 2. Darstellung?
- [X] a) Sie sperrt den Einschaltfunken beim Einschalten des Primärstromes.
- [ ] b) Sie sorgt für ein schnelles Auspendeln der Restenergie.
- [ ] c) Sie begrenzt den Zündstrom.

50 Wie wird der Zündfunke erzeugt? Ergänzen Sie den Lückentext.

a) Bei geschlossenem Zündschalter fließt ein Strom durch die *Primärwicklung* der Zündspule.

b) In der Primärwicklung baut sich ein *Magnetfeld* auf.

c) Der Primärstrom steigt verzögert an, weil durch das entstehende Magnetfeld eine der *Batteriespannung entgegengesetzt wirkende Selbstinduktionsspannung* induziert wird.

d) Im Zündzeitpunkt wird von einem Transistor in der Zündungsendstufe der *Primärstrom unterbrochen*.

e) Das zusammenbrechende Magnetfeld induziert in der *Sekundärwicklung eine Spannung*.

f) Da die Sekundärwicklung *aus vielen Windungen dünnen Kupferdrahts* besteht, wird eine *Hochspannung* erzeugt.

g) Der Zündfunke springt nach Erreichen der *Zündspannung* über.

h) Die Zündspannung sinkt auf die niedrigere *Brennspannung*.

i) Die *Brennspannung hält den Funkenstrom* aufrecht, bis die aus dem Speicher nachgelieferte Energie einen bestimmten Wert unterschreitet.

j) Die Restenergie *pendelt* aus.

51 Ordnen Sie die Begriffe dem Zündoszillogramm zu.
a) Zündzeitpunkt
b) Zündspannung
c) Zündspannungsnadel
d) Brennspannung
e) Einschalten des Primärstromes

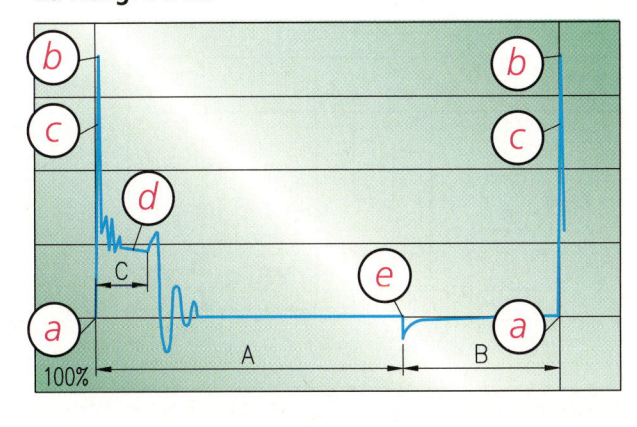

zu Aufg. 48

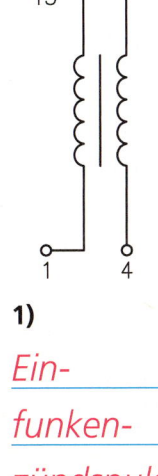

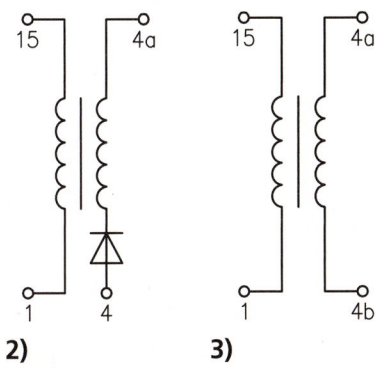

1) *Ein-funken-zündspule ROV*

2) *Einzel-funken-zündspule RUV*

3) *Zwei-funken-zündspule RUV*

zu Aufg. 51/52

| Technologie | Mathematik | Diagnose |

52 In welcher Zeit fließt der Primärstrom?
- ☐ a) A
- ☒ b) B
- ☐ c) C

53 Was versteht man unter dem Zündwinkel?
- ☒ a) Winkel an der Kurbelwelle von OT bis zum Zündzeitpunkt
- ☐ b) Winkel an der Kurbelwelle in der Sekundärstrom fließt
- ☐ c) Winkel an der Kurbelwelle, in der der Primärstrom fließt

54 Warum muss der Zündwinkel der Drehzahl angepasst werden?
- ☐ a) Um genügende Zündenergie in der Primärstufe zu speichern.
- ☒ b) Um dem Kraftstoff-Luftgemisch genügend Zeit zur Verbrennung zu geben.
- ☐ c) Um genügend Zeit zur Übertragung der Zündenergie von der Primärspule auf die Sekundärspule zu haben.

55 Was versteht man unter Schließwinkel?
- ☒ a) Ein Drehwinkel der Kurbelwelle, während dem der Primärstrom fließt
- ☐ b) Ein Drehwinkel der Kurbelwelle, während dem der Sekundärstrom fließt
- ☐ c) Ein Drehwinkel vom Zündzeitpunkt bis zu UT

56 Welche Folgen hat ein zu kleiner Schließwinkel?
- ☒ a) Es wird nicht genügend Zündenergie in der Primärspule gespeichert.
- ☐ b) Die Zündung erfolgt zu spät.
- ☐ c) Die Abgasentgiftung ist verschlechtert.

57 Welche Aussage zur Kennfeldsteuerung und zur Kennliniensteuerung ist falsch?
- ☐ a) Im Kennfeld ist der Schließwinkel in Abhängigkeit von der Batteriespannung und der Motordrehzahl programmiert.
- ☐ b) Bei Kennlinien ist der Schließwinkel in Abhängigkeit nur von der Motordrehzahl programmiert.
- ☒ c) Die Kennlinie enthält für jeden Betriebszustand den richtigen Schließwinkel.
- ☐ d) Das Kennfeld enthält für jeden Betriebspunkt den optimalen Schließwinkel.

zu Aufg. 59/60

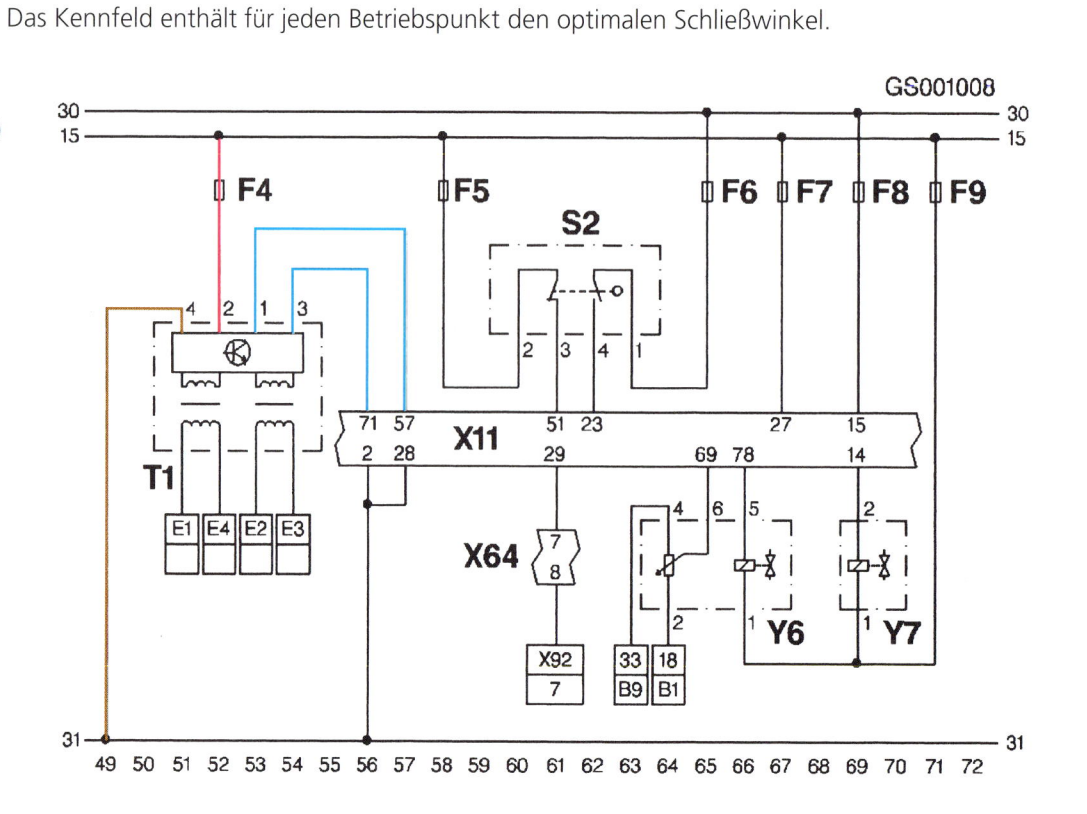

| Technologie | Mathematik | Diagnose |

Zündsysteme

58 Wie unterscheidet sich das Zündsystem mit der Zweifunkenzündspule vom Zündsystem mit der Einzelfunken-Zündspule?
- ☐ a) Jede Zündkerze hat eine Zündspule.
- ☒ b) Zwei Zündkerzen haben eine Zündspule
- ☐ c) Eine Zündkerze hat zwei Zündspulen.

59 Die Abbildung zeigt einen Teilschaltplan des Zündsystems.
- a) Markieren Sie das Zündsystem farbig und zeichnen Sie
- b) die Ausgangssignale aus dem Steuergerät blau, die Spannungsversorgung rot und die Masse braun.

60 Welches Zündsystem ist im Schaltplan dargestellt?
- ☐ a) ROV, Einzelfunken-Zündspule
- ☐ b) RUV, Einzelfunken-Zündspule
- ☒ c) RUV, Zweifunken-Zündspule

Zündkerze

61 Ordnen Sie den Funktionselementen der Zündkerze die entsprechenden Buchstaben zu.
- a) Isolator
- b) Abbrandfeste Elektrode (Mittelelektrode)
- c) Masseelektrode
- d) Isolatorfuß
- e) Atmungsraum
- f) Zündkerzengehäuse
- g) Kriechstrombarrieren
- h) Anschlussbolzen

62 Warum hat die Zündkerze Kriechstrombarrieren?
- ☐ a) Um bei Verschmutzung und Feuchtigkeit Kriechströme zum Anschlussbolzen zu verhindern.
- ☐ b) Um bei Verschmutzung und Feuchtigkeit Kriechströme zur Mittelelektrode zu verhindern.
- ☒ c) Um bei Verschmutzung und Feuchtigkeit Kriechströme zur Fahrzeugmasse zu verhindern.

63 Welche Zündkerze hat eine niedrige Wärmewert-Kennzahl? Kreuzen Sie die richtige Abbildung an.

64 Die Wärmewert-Kennzahl ist umso größer,
- ☐ a) je weniger Wärme sie aufnimmt und je mehr Wärme sie ableitet.
- ☐ b) je mehr Wärme sie aufnimmt und je mehr Wärme sie ableitet.
- ☒ c) je mehr Wärme sie aufnimmt und je weniger Wärme sie ableitet.

65 Eine Zündkerze wird in einem Motor thermisch überlastet. Welche Folgen ergeben sich?
- ☐ a) Die Zündkerze verrußt.
- ☒ b) Es treten Selbstzündungen auf.
- ☐ c) Die Isolatorspitze verschmutzt.

Betriebsdatenerfassung

66 Welche Signale werden für die Berechnung des Zündwinkels nicht benötigt? Signal des/der
- ☐ a) Drehzahlgebers
- ☐ b) Luftmassenmessers
- ☐ c) Drosselklappensteuereinheit
- ☐ d) Gebers für Kühlmitteltemperatur
- ☒ e) Gebers für Ansauglufttemperatur
- ☐ f) Klopfsensoren
- ☐ g) Hallgebers
- ☐ h) Pedalwertgebers

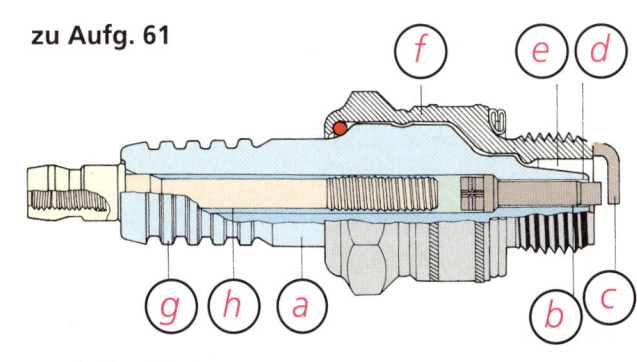

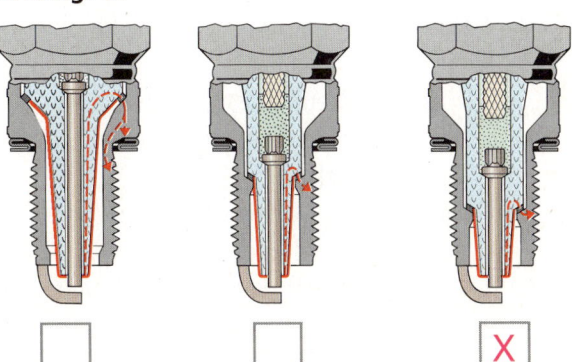

zu Aufg. 61

zu Aufg. 63

☐ ☐ ☒

| | Technologie | Mathematik | Diagnose |

67 Benennen Sie die Funktionselemente des Drehzahlsensors in dem Sie u. a. Buchstaben übertragen.
- a) Dauermagnet
- b) Sensorgehäuse
- c) Motorgehäuse
- d) Weicheisenkern
- e) Wicklung
- f) Zahnscheibe mit Bezugsmarke

68 Der dargestellte Drehzahlsensor ist ein
- [X] a) Induktionsgeber.
- [ ] b) Kapazitätsgeber.
- [ ] c) Hallgeber.

69 Markieren Sie im Schaltplan den Drehzahl- und Bezugsmarkengeber (a), den Nockenwellen-Positionssensor (b) und den Kühlmitteltemperatursensor (c).

70 Wie erkennt der Drehzahlgeber die Kurbelwellenstellung?
- [ ] a) Berechnung aus den Zähnen des Impulsgeberrads
- [X] b) Zahnlücke im Impulsgeberrad
- [ ] c) OT-Geber

71 Wie wird die Position der Nockenwelle ermittelt?
- [X] a) Hallgeber an der Nockenwelle
- [ ] b) Zahnlücke im Impulsgeberrad des Drehzahlgebers
- [ ] c) Induktionsgeber an der Nockenwelle

72 Zur Messung der Motortemperatur dient ein Sensor mit
- [ ] a) PTC-Widerstand.
- [X] b) NTC-Widerstand.
- [ ] c) Bimetall.

Klopfregelung

73 Welche Folgen hat eine klopfende Verbrennung?
- [X] a) Verbrennungsspitzen und starke Belastung der mechanischen Bauteile
- [ ] b) Hoher Verbrennungsdruck und höhere Leistung
- [ ] c) Hohe Wärme und bessere Verbrennung des Gemischs.

74 Wann entsteht eine klopfende Verbrennung? Welche Aussage ist falsch?
- [ ] a) Selbstentzündung des Kraftstoff-Luft-Gemischs
- [ ] b) Kraftstoff mit zu niedriger Oktanzahl
- [X] c) Kraftstoff mit zu hoher Oktanzahl
- [ ] d) Mangelnde Kühlung
- [ ] e) Ablagerungen im Brennraum

75 Wie reagiert die Klopfregelung bei klopfender Verbrennung?
Bei klopfender Verbrennung wird
- [ ] a) der Zündzeitpunkt des betreffenden Zylinders nach früh verstellt.
- [X] b) der Zündzeitpunkt des betreffenden Zylinders nach spät verstellt.
- [ ] c) der Zündwinkel in seine Grundstellung zurückgenommen.

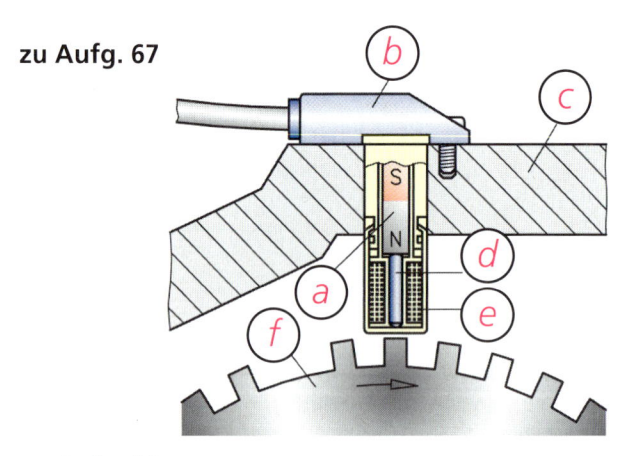

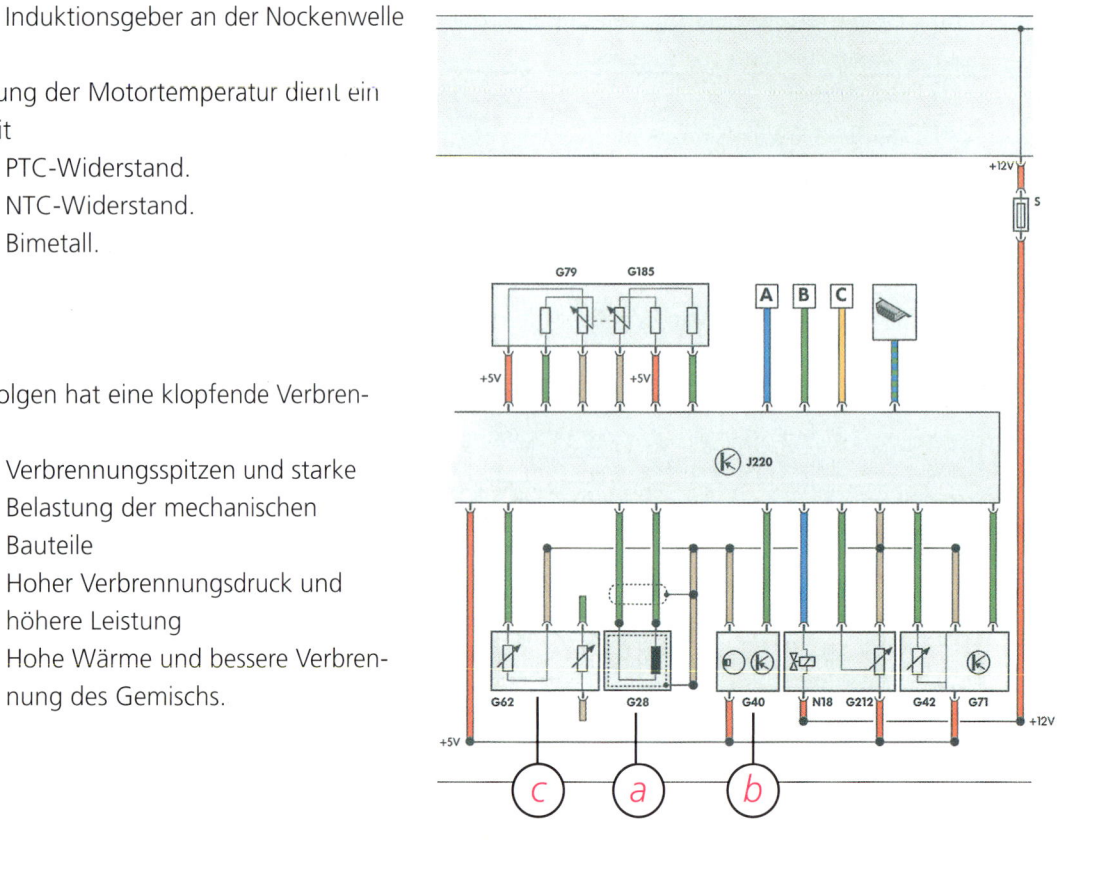

zu Aufg. 67

zu Aufg. 69

Technologie	**Mathematik**	**Diagnose**

76 Entwickeln Sie den Blockschaltplan der Klopfregelung.

zu Aufg. 76

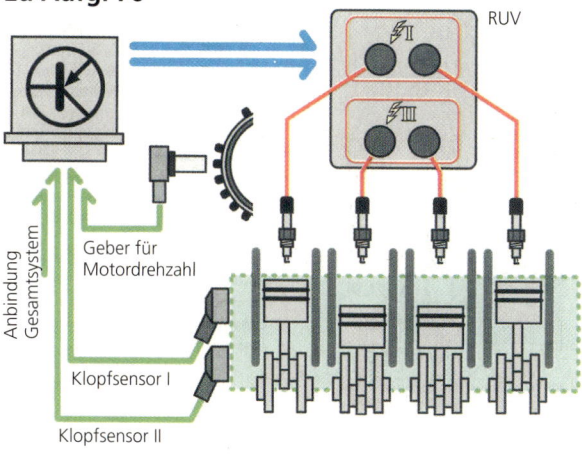

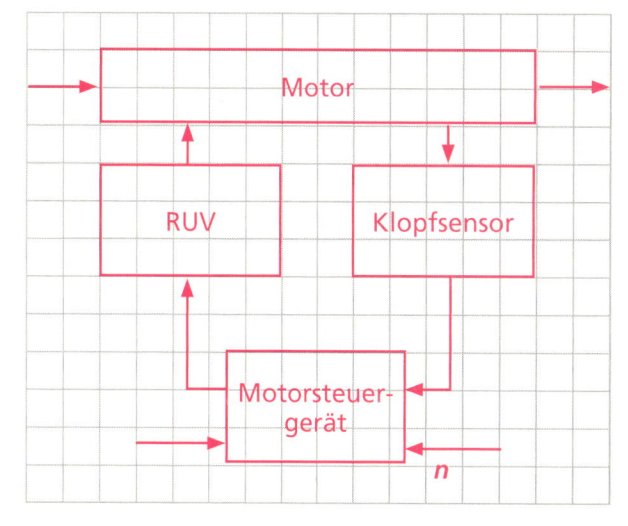

77 Wie reagiert die Klopfregelung, wenn kein Klopfen mehr auftritt?
- [X] a) Der Zündzeitpunkt wird stufenweise nach früh bis zum Wert im gespeicherten Kennfeld verstellt.
- [ ] b) Der Zündzeitpunkt wird stufenweise nach spät verstellt.
- [ ] c) Der Zündzeitpunkt wird sofort auf den ursprünglichen Wert zurückgeführt.

78 Was versteht man unter selektiver Klopfregelung?
- [ ] a) Klopfregelung für einen Zylinder
- [ ] b) Klopfregelung für zwei benachbarte Zylinder
- [X] c) Klopfregelung für jeden Zylinder

79 Nach welchem physikalischen Prinzip arbeitet der Klopfsensor?
- [ ] a) Flussänderung in einer Spule
- [ ] b) Halleffekt
- [X] c) Druckempfindliche Quarzkristalle

80 Welches Schaltsymbol zeigt den Klopfsensor?
- [ ] a) B6
- [ ] b) B9
- [X] c) B10

zu Aufg. 80

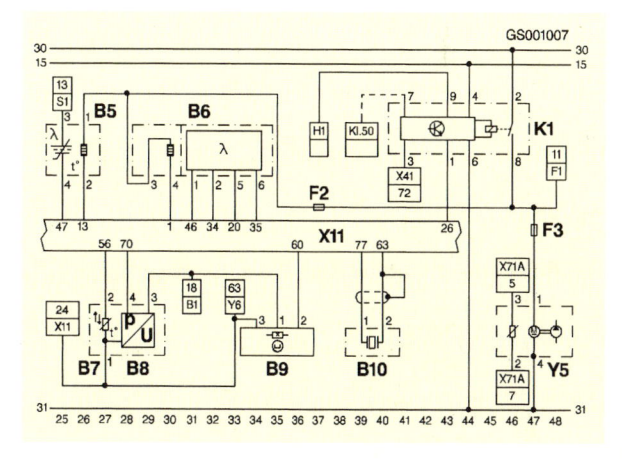

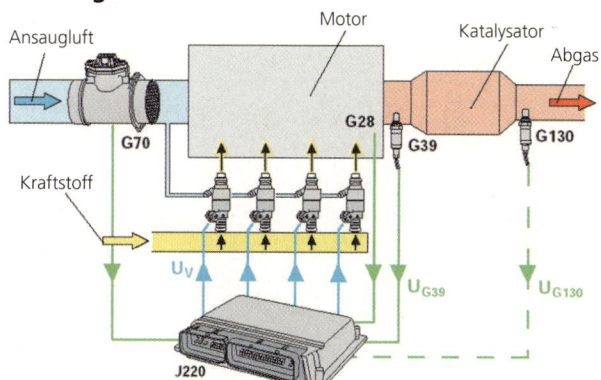

7.1.2.4 Abgasmanagement

81 Welcher Stoff gehört nicht zu den Schadstoffen?
- [X] a) Stickstoff
- [ ] b) Kohlenmonoxid
- [ ] c) Kohlenwasserstoff
- [ ] d) Stickoxid

82 Geben Sie die jeweiligen Gerätenummern des Lambda-Regelkreises an.
- a) Luftmassenmesser: **G 70**
- b) Lambda-Sonde vor Kat: **G 39**
- c) Lambda-Sonde nach Kat: **G 130**
- d) Motorsteuergerät: **J 220**
- e) Geber für Motordrehzahl: **G 28**

zu Aufg. 82

| Technologie | Mathematik | Diagnose |

83 Welche Aussage ist falsch? Das Motorsteuergerät bestimmt aus folgenden Sensorinformationen das Stellsignal für die Einspritzventile:
- [ ] a) Signal Luftmassenmesser.
- [X] b) Signal Klopfsensor.
- [ ] c) Lambda-Sondenspannung Vorkat.
- [ ] d) Lambda-Sondenspannung Nachkat.
- [ ] e) Motordrehzahl.

84 Wie funktioniert der Lambda-Regelkreis? Ordnen Sie die Buchstaben der Abbildung zu.
- a) Wenig O_2 im Abgas
- b) Einspritzmenge reduziert
- c) Viel O_2 im Abgas
- d) Mageres Gemisch
- e) Einspritzmenge vergrößert
- f) Steuergerät magert Gemisch ab
- g) Steuergerät fettet Gemisch an
- h) Fettes Gemisch

85 Wie groß ist die Abgassituation vor dem Katalysator? Interpretieren Sie das Diagramm. Mit steigendem Luftverhältnis bis λ = 1 nimmt

CO: _ab_
HC: _ab_
NO_x: _zu_

Mit Luftverhältnis λ > 1 nimmt

CO: _geringfügig ab_
HC: _zu_
NO_x: _ab_

86 Welche Aussage ist falsch? Trägermaterial beim Katalysator ist
- [ ] a) Keramik.
- [ ] b) Metall.
- [X] c) Kunststoff.

87 Wie ist der Katalysator aufgebaut? Benennen Sie die einzelnen Schichten.
- a) _Metallträger_
- b) _Katalysatorschicht_
- c) _Wash-Coat_

88 Welcher Stoff wird nicht für die Katalysatorschichten verwendet?
- [ ] a) Platin
- [ ] b) Rhodium
- [ ] c) Palladium
- [X] d) Titan

89 Ordnen Sie zu. Welche Schadstoffe werden a) oxidiert b) reduziert?

NO_x = _b_

HC = _a_

CO = _a_

90 Welche chemische Reaktion erfolgt im Katalysator?
- a) NO_x ⇒ _N2_
- b) HC ⇒ _CO_2+H_2O_
- c) CO ⇒ _CO_2_

zu Aufg. 84

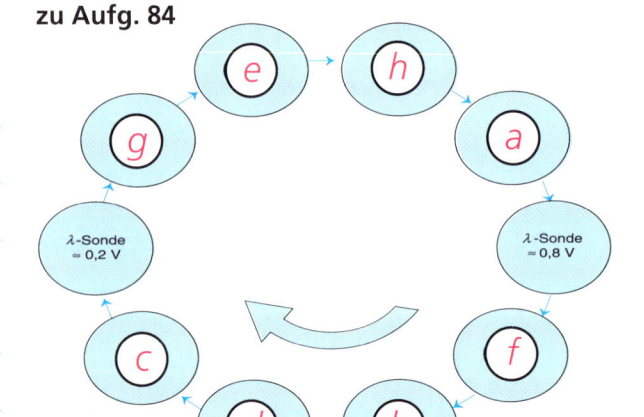

zu Aufg. 85

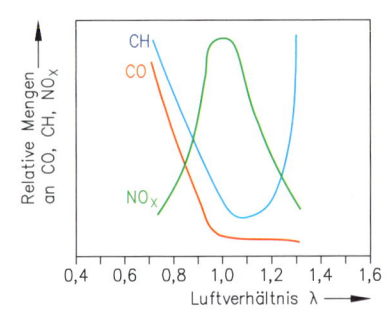

zu Aufg. 87

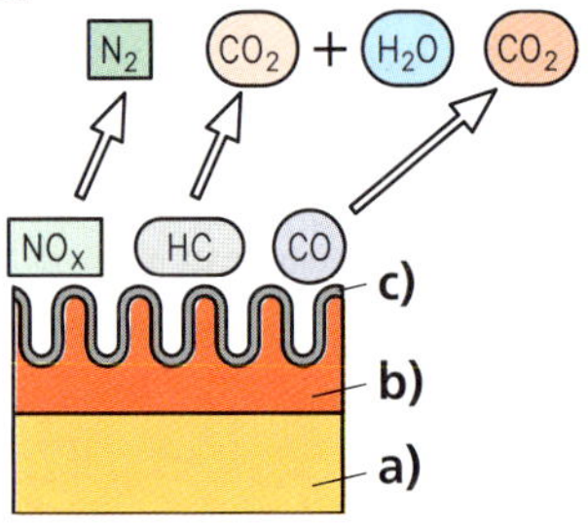

| Technologie | Mathematik | Diagnose |

91 Ordnen Sie die Begriffe der Lambda-Sonde zu.
a) Keramikkörper
b) Schutzrohr mit Schlitzen
c) Kontaktteil
d) Elektrisch leitende Schicht (+)
e) Elektrisch leitende Schicht (−)
f) Sondenheizung
g) Luftseite
h) Abgasseite

92 Wie hoch ist die Betriebstemperatur der Lambda-Sonde?
☐ a) 300 °C
☐ b) 500 °C
☒ c) 600 °C

93 Die Lambda-Sonde gibt eine Spannung von 0,8 V ab. Welches Kraftstoff-Luft-Gemisch ist vorhanden?
☒ a) Fett
☐ b) Mager
☐ c) Im stöchiometrischen Verhältnis

94 Was versteht man unter einer Sprung-Sonde? Die Sonde hat einen Spannungssprung bei
☒ a) 0,45 V, λ = 1
☐ b) 0,2 V, λ < 1
☐ c) 0,8 V, λ > 1

95 Wie erfolgt das λ-Sonden-Signal bei der Sprungsonde?
☐ a) Sie gibt nur ein Spannungssignal bei λ = 1 ab.
☒ b) Das Spannungssignal pendelt ständig zwischen 0,2 V und 0,8 V.
☐ c) Sie liefert nur ein Spannungssignal bei 0,45 V.

96 Welche Besonderheit hat die Planar-Lambda-Sonde?
☐ a) Benötigt keine Sondenheizung
☒ b) Sondenheizung in Sensorelement integriert
☐ c) Sondenheizung mit zwei Heizelementen

97 Welchen Vorteil hat eine Planar-Lambda-Sonde gegenüber einer beheizten Lambda-Sonde?
☒ a) Sie erreicht schneller die Betriebstemperatur.
☐ b) Sie ist kleiner in der Ausführung.
☐ c) Sie wandelt die Schadstoffe besser um.

98 Ordnen Sie die Sondensignale zu.
a) *Sprungsonde*
b) *Breitband-Lambda-Sonde*

99 Welche konstruktive Besonderheit hat eine Breitband-Lambda-Sonde?
☐ a) Elektroden aus Platin
☐ b) Sensorelement mit Sondenheizung
☒ c) Pumpzelle

zu Aufg. 91

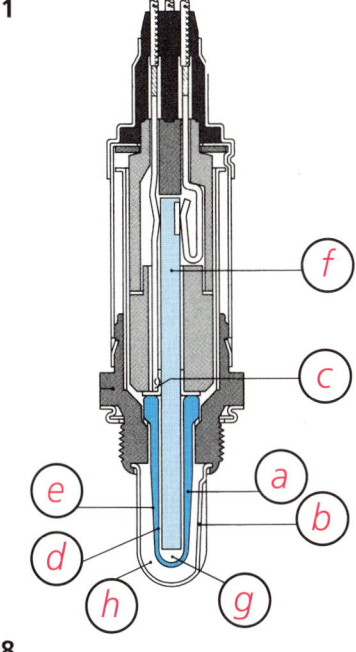

zu Aufg. 98
a) Sprung–Lambda–Sonde
b) Breitband–Lambda–Sonde

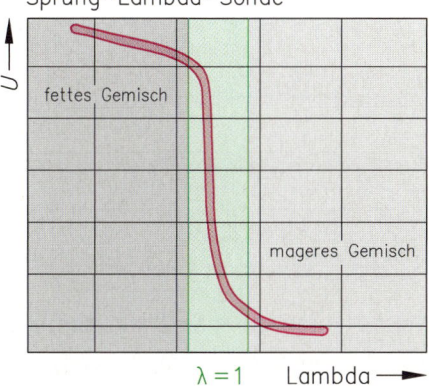

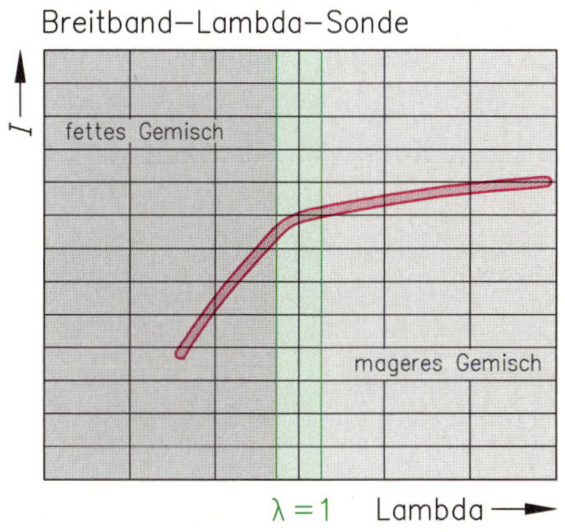

100 Welchen Vorteil hat die Breitband-Lambda-Sonde?
- [ ] a) Sie liefert ein Sondensignal nur bei λ = 1.
- [ ] b) Sie liefert ein Sondensignal bei nur λ > 1.
- [x] c) Sie liefert ein Sondensignal über den aktuellen Wert der Luftzahl.

101 Was versteht man unter einer adaptiven Lambda-Regelung?
- [ ] a) Stetige Überprüfung der Lambda-Regelung
- [x] b) Anpassung der Lambda-Regelung an Veränderungen, z. B. Undichtigkeiten
- [ ] c) Anpassung der Lambda-Regelung durch Notlauffunktion

102 Welche Aussage ist falsch?
Stetige Lambda-Regelung bedeutet:
- [ ] a) Es lassen sich auch Gemischzusammensetzungen von λ = 0,3 bis 0,7 regeln.
- [x] b) Es lassen sich nur Gemischzusammensetzungen von λ = 1 regeln.
- [ ] c) Sie eignet sich besonders für Magerbetrieb von Motoren.
- [ ] d) Die Sonde liefert ein stetiges Signal.

103 Die Abbildung zeigt eine Zwei-Sonden-Regelung. Benennen Sie die beiden Teile.

a) *Breitband-Lambda-Sonde*

b) *Planar-Lambda-Sonde*

104 Welche Aufgabe hat die Planar-Lambda-Sonde in der Zwei-Sonden-Regelung?
- [ ] a) Sie liefert das Signal für die Gemischaufbereitung.
- [x] b) Sie überwacht die Funktion des Katalysators und des Lambda-Regelkreises.
- [ ] c) Sie überwacht die Funktion der Vor-Kat-Sonde.

7.1.2.5 Betriebsdatenerfassung, -verarbeitung, Ansteuerung Motormanagement

105 Welches Signal gehört nicht zu den Haupteingangsgrößen bei der ME-Motronic?
- [ ] a) Motordrehzahl
- [ ] b) Motorlast
- [x] c) Kühlwassertemperatur

106 Welcher Sensor ist für die Kraftstoffzumessung eine wichtige Nebengröße?
- [ ] a) Luftmassenmesser
- [x] b) Kühlwassertemperaturgeber
- [ ] c) Klopfsensor

107 Aus welchen beiden Größen wird die Kraftstoffgrundmenge gebildet?
- [x] a) Luftmasse und Motordrehzahl
- [ ] b) Luftmasse und Nockenwellendrehzahl
- [ ] c) Saugrohrdruck und Kühlmitteltemperatur

108 Welches Signal wird für die Berechnung der Einspritzzeit nicht benötigt?
- [ ] a) Motorlast
- [ ] b) Motordrehzahl
- [x] c) Signal des Klopfsensors
- [ ] d) Signal des Hallgebers
- [ ] e) Signal des Kühlmitteltemperaturgebers
- [ ] f) Signal der Drosselklappensteuereinheit
- [ ] g) Signal des Pedalwertgebers
- [ ] h) Signal der Lambda-Sonde

zu Aufg. 103

Technologie

109 Welches Signal wird für die Berechnung des Zündwinkels nicht benötigt?
Signal des/der
- [ ] a) Drehzahlgebers
- [ ] b) Luftmassenmessers
- [ ] c) Drosselklappensteuereinheit
- [ ] d) Gebers für Kühlmitteltemperatur
- [X] e) Gebers für Ansauglufttemperatur
- [ ] f) Klopfsensoren
- [ ] g) Hallgebers
- [ ] h) Pedalwertgebers

110 Die Betriebsdaten werden im Motorsteuergerät verarbeitet. Welcher Speicher speichert alle von den Sensoren gelieferten Daten?
- [ ] a) Flash-EPROM
- [X] b) RAM
- [ ] c) EPROM

111 Welcher Speicher enthält die motorspezifischen Kennlinien und Kennfelder und verfügt über eine serielle Schnittstelle zum Umprogrammieren?
- [X] a) Flash-EPROM
- [ ] b) RAM
- [ ] c) EPROM

112 Welche Aussage ist falsch? Der Speicher EEPROM
- [X] a) ist nicht löschbar.
- [ ] b) ist programmierbar.
- [ ] c) ist ein nicht flüchtiger Dauerspeicher.
- [ ] d) enthält Daten, die nicht verloren gehen dürfen.

113 Ordnen Sie die Begriffe a) analoge Signale und b) digitale Signale den Definitionen und den Abb. zu:

a   stufenlos veränderliche Größen

b   Signale in festgelegten Schritten ohne Zwischenwerte

114 Analoge Eingangssignale erzeugt
- [X] a) der Temperatursensor.
- [ ] b) der Drehzahlsensor.
- [ ] c) der Hallgeber.

115 Unter einem pulsweiten modulierten Signal (PWM) versteht man
- [X] a) ein Rechtecksignal mit konstanter Frequenz und variabler Einschaltzeit.
- [ ] b) ein Rechtecksignal mit variabler Frequenz und konstanter Einschaltzeit.
- [ ] c) ein Rechtecksignal mit variabler Signalspannung und konstanter Frequenz.

zu Aufg. 110-112

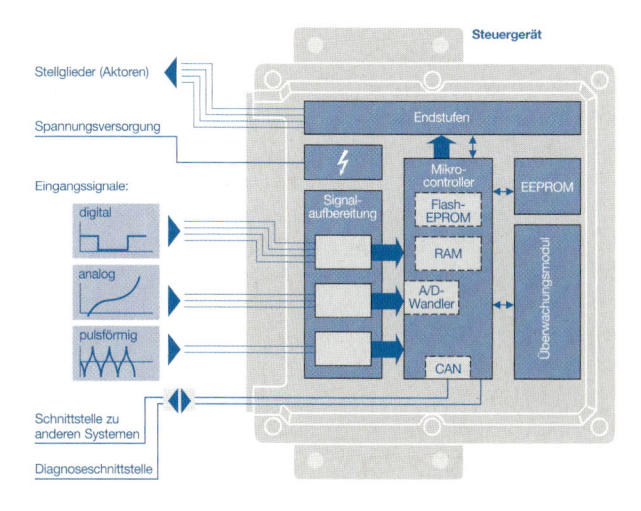

zu Aufg. 113

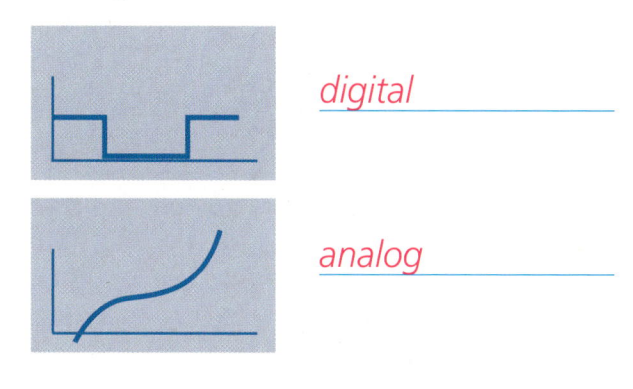

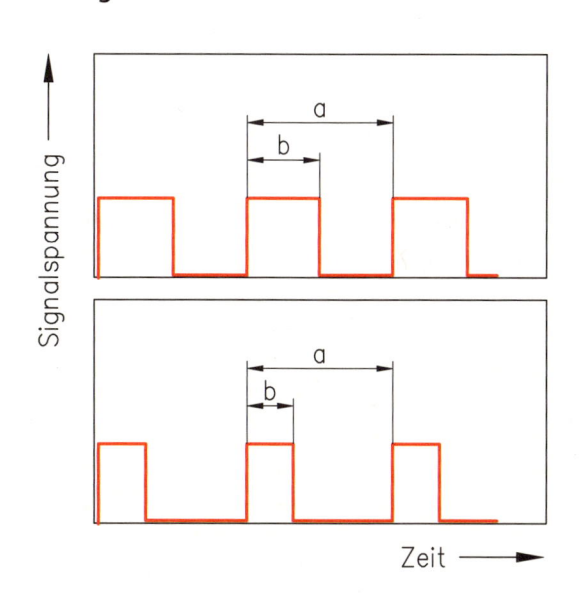

digital

analog

zu Aufg. 115

| Technologie | Mathematik | Diagnose |

116 Entwickeln Sie den Blockschaltplan einer ME-Motronic nach dem EVA-Prinzip. Sensoren und Aktoren bestimmen Sie aus den Schaltplänen.

Motoridentifizierung
Benzinmotor Saugrohreinspritzung 1 l, 4 Zylinder
Drehmomentorientiertes Motormanagement
ME-Motronic
Klopfregelung
Lambda-Regelung
Tankentlüftung
Abgasrückführung

Informationen zur Pin-Belegung des Motorsteuergeräts (Auszug)
Pin 14: Tankentlüftungsventil
Pin 49: Servolenkungs-Druckschalter
Pin 56: Temperaturfühler Ansaugluft
Pin 70: Saugrohr-Drucksensor
Pin 78: Abgasrückführungsventil

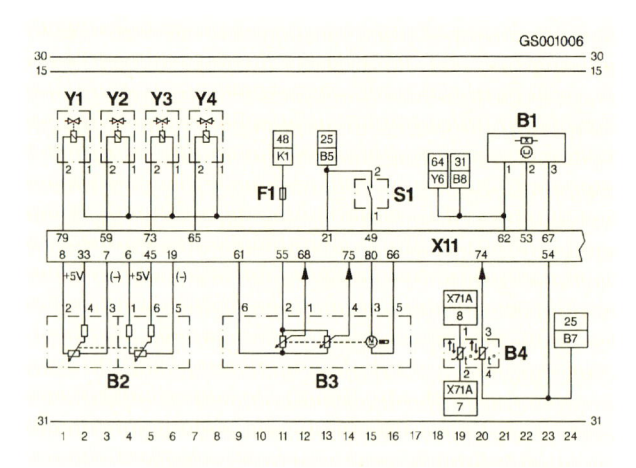

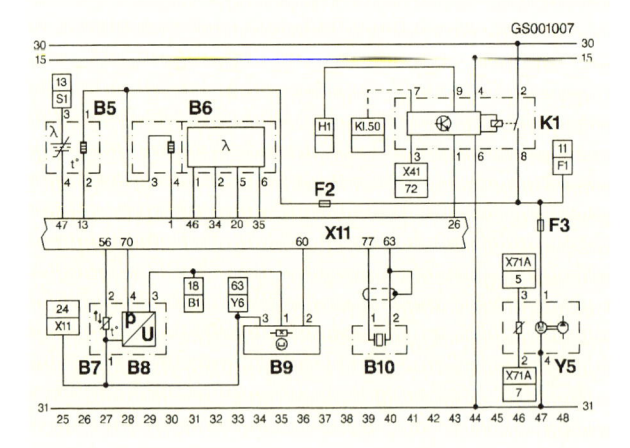

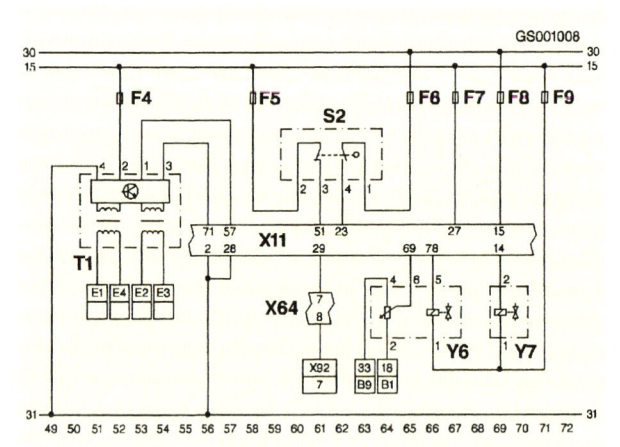

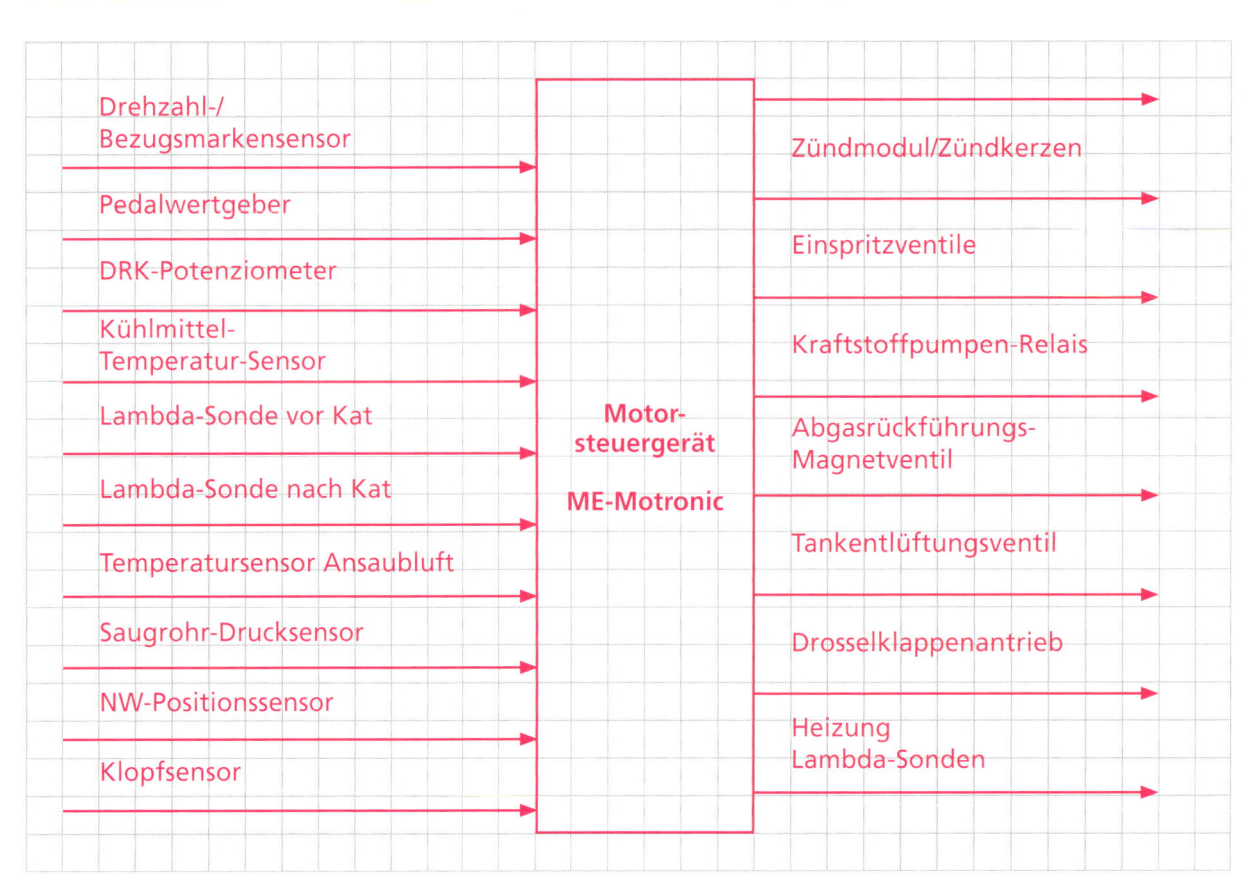

zu Aufg. 116

Sensoren (Eingang):
- Drehzahl-/Bezugsmarkensensor
- Pedalwertgeber
- DRK-Potenziometer
- Kühlmittel-Temperatur-Sensor
- Lambda-Sonde vor Kat
- Lambda-Sonde nach Kat
- Temperatursensor Ansaugluft
- Saugrohr-Drucksensor
- NW-Positionssensor
- Klopfsensor

Motorsteuergerät ME-Motronic

Aktoren (Ausgang):
- Zündmodul/Zündkerzen
- Einspritzventile
- Kraftstoffpumpen-Relais
- Abgasrückführungs-Magnetventil
- Tankentlüftungsventil
- Drosselklappenantrieb
- Heizung Lambda-Sonden

7.2 Ottomotor Benzin-Direkteinspritzung

7.2.1 Grundlagen

117 Welche Aussage über die Direkteinspritzung ist falsch?
- [X] a) Die Bildung des Kraftstoff-Luftgemischs erfolgt im Saugrohr.
- [ ] b) Durch das offene Einlassventil strömt Verbrennungsluft.
- [ ] c) Eine Saugrohrklappe steuert die Luftströmung in den Zylinder.
- [ ] d) Die Einspritzventile spritzen den Kraftstoff direkt in den Verbrennungsraum.

7.2.2 Luftmanagement/Einspritzmanagement

118 Wie wird bei der Benzindirekteinspritzung die Ansaugluft gesteuert?
- [ ] a) Drosselklappe
- [X] b) Saugrohrklappe
- [ ] c) Luftmassenmesser

119 Bei betätigter Saugrohrklappe wird der Ansaugquerschnitt
- [X] a) verkleinert.
- [ ] b) vergrößert.
- [ ] c) bleibt konstant.

120 Welche Aussagen treffen auf den Schichtladungsbetrieb nicht zu?
- [ ] a) Die Ansaugluft strömt walzenförmig (tumble) in den Zylinder.
- [ ] b) Die Kraftstoffeinspritzung erfolgt erst spät in der Verdichtungsphase kurz vor dem Zündzeitpunkt.
- [ ] c) Es bildet sich eine Gemischwolke, die durch die walzenförmige Luftströmung im Brennraum im Bereich der Zündkerze konzentriert ist.
- [ ] d) Es entsteht ein mageres Gemisch.
- [X] e) Es findet eine gleichmäßige, homogene Verteilung des Kraftstoff-Luft-Gemischs im ganzen Brennraum statt.
- [ ] f) Die Gemischwolke wird entzündet, der Rest nimmt an der Verbrennung nicht teil.

121 Wann erfolgt die Direkteinspritzung im Schichtladungsbetrieb?
- [ ] a) Volllast
- [X] b) Teillast
- [ ] c) Beschleunigung

122 Bei Schichtladungsbetrieb ist
- [X] a) die Drosselklappe geöffnet, die Saugrohrklappe verschließt den unteren Kanal.
- [ ] b) die Drosselklappe weit geöffnet, die Saugrohrklappe ist geöffnet.
- [ ] c) die Drosselklappe geschlossen, die Saugrohrklappe ist geschlossen.

123 Bei Schichtladungsbetrieb ist das Kraftstoff-Luft-Gemisch
- [ ] a) fett
- [X] b) mager
- [ ] c) $\lambda = 1$

124 Was versteht man bei der Direkteinspritzung unter Homogenbetrieb?
- [ ] a) Homogene Direkteinspritzung beim Dieselmotor
- [X] b) Homogene Gemischverteilung wie bei Saugrohreinspritzung beim Ottomotor
- [ ] c) Gemischverteilung wie bei Schichtladungsbetrieb

125 Bei Homogenbetrieb ist
- [ ] a) die Drosselklappe geöffnet, die Saugrohrklappe ist geschlossen.
- [ ] b) die Drosselklappe geschlossen, die Saugrohrklappe ist geöffnet.
- [X] c) die Drosselklappe geöffnet, die Saugrohrklappe ist geöffnet.

126 Bei Homogenbetrieb ist das Kraftstoff-Luft-Verhältnis
- [X] a) $\lambda = 1$
- [ ] b) $\lambda < 1$
- [ ] c) $\lambda > 1$

127 Wie unterscheidet sich das Kraftstoffsystem der Benzindirekteinspritzung von der Saugrohreinspritzung?
- [ ] a) Kraftstoffsystem mit Hochdruckkreis
- [ ] b) Kraftstoffsystem ohne Rücklauf
- [X] c) Kraftstoffsystem mit Niederdruck- und Hochdruckkreis

Technologie

128 Wie hoch verdichtet die Hochdruckpumpe den Kraftstoff bei der Direkteinspritzung?
- [ ] a) 3–5 bar
- [X] b) 50–120 bar
- [ ] c) 500–1 000 bar

129 Welche Aussage ist falsch? Der Vorteil der Benzindirekteinspritzung
- [ ] a) ist ein geringerer Kraftstoffverbrauch.
- [ ] b) sind geringere Abgasemissionen.
- [X] c) sind geringere Stickoxidemessionen.

7.2.3 Abgasmanagement

130 Warum reicht bei der Direkteinspritzung ein Dreiwegekatalysator nicht aus?
- [X] a) Durch den Schichtladungsbetrieb entstehen Stickoxide, die der Dreiwegekatalysator nicht vollständig abbauen kann.
- [ ] b) Durch den Homogenbetrieb entstehen Stickoxide, die der Dreiwegekatalysator nicht vollständig abbauen kann.
- [ ] c) Durch den Schichtladungsbetrieb entstehen Kohlenmonoxide, die der Katalysator nicht vollständig abbauen kann.

131 Entwickeln Sie einen Blockschaltplan mit den angegebenen Komponenten.
- a) Dreiwegekatalysator
- b) NO_x-Speicherkatalysator
- c) Temperatursensor
- d) NO_x-Sensor
- e) Motor
- f) Lambda-Sonde

Mathematik

132 Geben Sie die Aufgaben der Komponenten an.

Der Speicherkatalysator _speichert die Stickoxide_.

Der Dreiwegekatalysator _wandelt HC und CO_ um, _NO_x nur teilweise_.

Der NO_x-Sensor _misst die Stickoxidkonzentration_.

Der Temperatursensor _misst die Abgastemperatur_.

133 Wie werden die Stickoxide aus dem Abgas entfernt?
- [ ] a) Oxidiert durch Sauerstoffüberschuss
- [ ] b) Reduziert durch Kraftstoffüberschuss
- [X] c) In Bariumoxid gespeichert und später mit Kraftstoffüberschuss reduziert

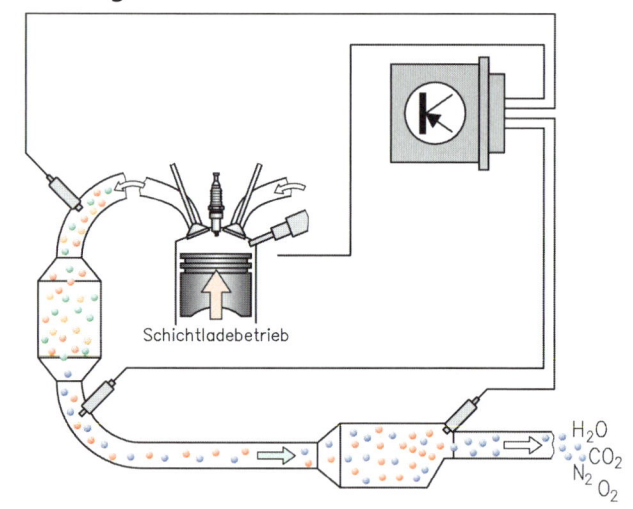

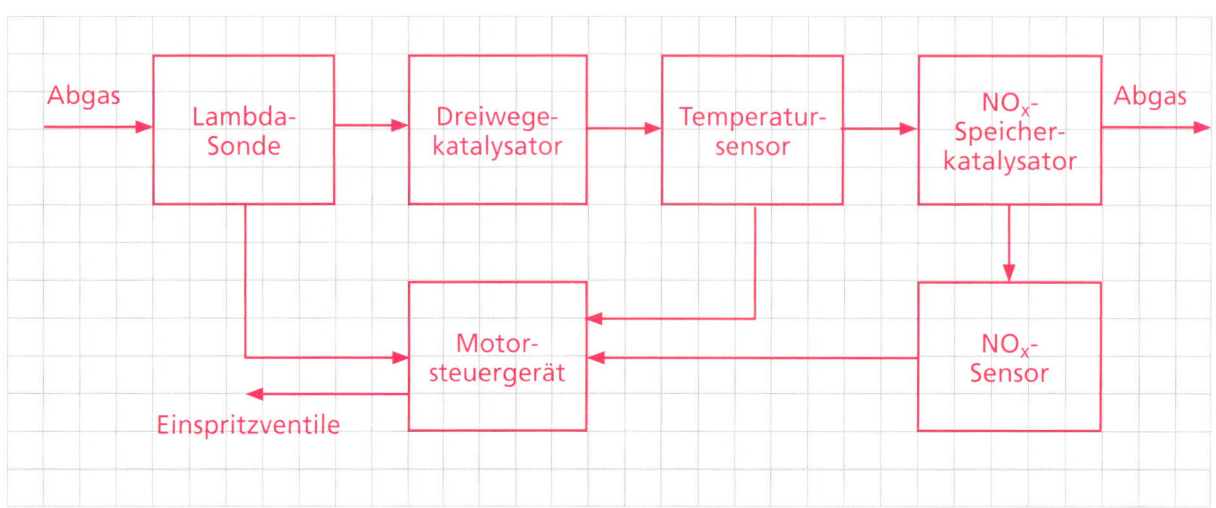

zu Aufg. 131

Schichtladebetrieb — H_2O, CO_2, N_2, O_2

Blockschaltplan: Abgas → Lambda-Sonde → Dreiwegekatalysator → Temperatursensor → NO_x-Speicherkatalysator → Abgas; NO_x-Speicherkatalysator → NO_x-Sensor → Motorsteuergerät → Einspritzventile; Lambda-Sonde → Motorsteuergerät.

7.2.4 Betriebsdatenverarbeitung

134 Tragen Sie die Betriebsarten bei der Benzin-Direkteinspritzung in das Diagramm in Abhängigkeit von Drehzahl und Last ein.

zu Aufg. 134

Diagramm: Last über Drehzahl
- Homogenbetrieb
- Homogen-Mager-Betrieb
- Schichtladungsbetrieb

135 Wie erfolgt der Wechsel auf die unterschiedlichen Betriebsarten?

- [X] a) Durch einen Betriebsartenkoordinator
- [ ] b) Durch das Fahrpedal des Fahrers
- [ ] c) Durch die Wahl der Getriebegänge

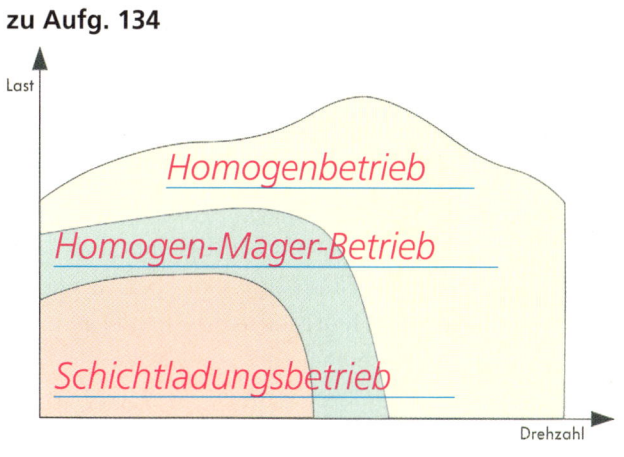

136 Die Darstellungen zeigen Schaltplanauszüge der MED-Motronic. Bestimmen Sie die Gerätekennzeichnung und die PIN-Belegung des Motorsteuergeräts der u. a. Sensoren bzw. Aktoren

zu Aufg. 136

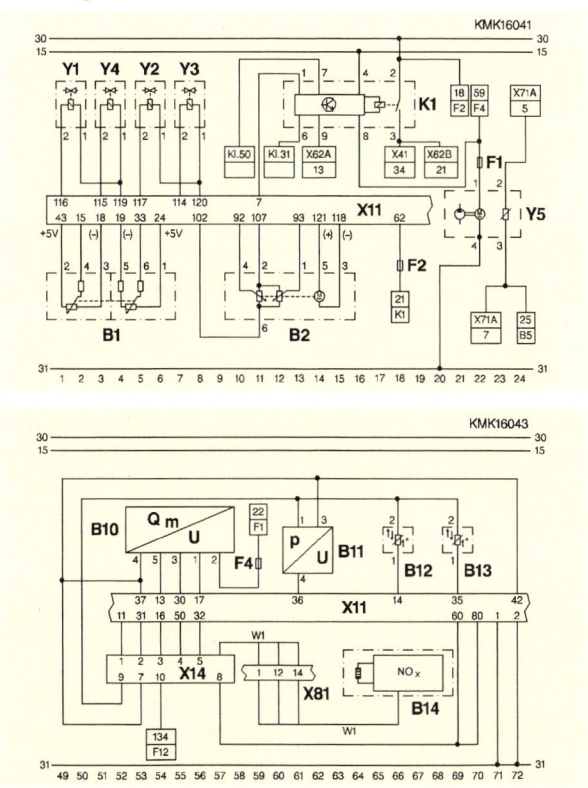

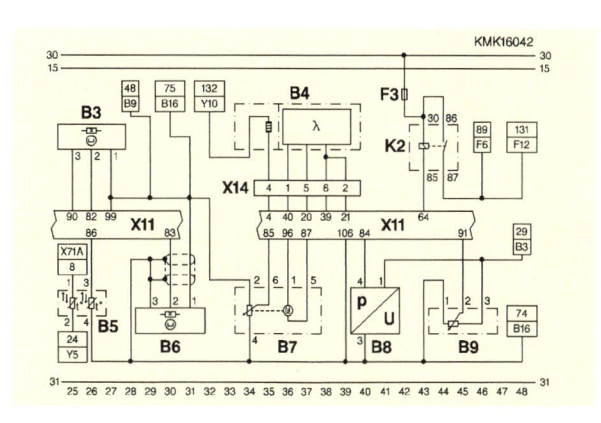

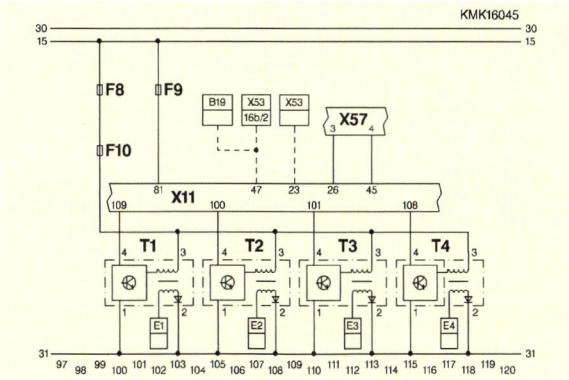

Ergänzen Sie die Tabelle.

Sensoren/Aktoren	Gerätekennzeichnung	PIN-Belegung am Steuergerät
a) Einspritzventile	Y1 – Y4	114, 115, 116, 117, 119, 120
b) Drehzahlgeber	B3	90, 82, 99
c) Kühlmitteltemperaturgeber	B5	86
d) Lambda-Sonde	B4	40, 20, 39, 21
e) Lambda-Sondenheizung	B4	4
f) Luftmassenmesser	B10	37, 13, 30, 17
g) Pedalwertgeber	B1	15, 18, 19, 24, 33, 43
h) Zündmodul	T1 – T4	109

7.3 Dieselmotor

7.3.1 Grundlagen

137 Was versteht man bei Dieselmotoren unter innerer Gemischbildung?
- [ ] a) Das Kraftstoff-Luft-Gemisch wird in den Einzelsaugrohren gebildet.
- [X] b) Das Kraftstoff-Luft-Gemisch wird im Verbrennungsraum gebildet.
- [ ] c) Das Kraftstoff-Luft-Gemisch wird im Sammelsaugrohr gebildet.

138 Dieselmotoren arbeiten mit
- [ ] a) $\lambda < 1$
- [ ] b) $\lambda = 1$
- [X] c) $\lambda > 1$

139 Was versteht man beim Dieselmotor unter Zündverzug?
- [ ] a) Zündwinkel von der Selbstzündung bis zum OT
- [X] b) Zeit zwischen Einspritzbeginn und Selbstzündung
- [ ] c) Zeit zwischen Einspritzbeginn und OT

140 Welche Ursachen führen zu nagelnder Verbrennung?
- [ ] a) Der Kraftstoff hat nicht die ausreichende Oktanzahl.
- [X] b) Bei großem Zündverzug sammelt sich Kraftstoff im Verbrennungsraum, der schlagartig verbrennt.
- [ ] c) Der Kraftstoff hat eine zu geringe Cetanzahl.

141 Dieselkraftstoff ist
- [ ] a) klopffest.
- [X] b) zündwillig.
- [ ] c) leicht vergasbar.

7.3.2 Common Rail

142 Benennen Sie die Funktionselemente des Motormanagementsystems eines Dieselmotors mit Common Rail (CR). Ordnen Sie die Buchstaben zu.
- a) Luftmassenmesser
- b) Steuergerät
- c) Hochdruckpumpe
- d) Rail
- e) Injektoren
- f) KW-Drehzahlsensor
- g) Kühlmitteltemperatursensor
- h) Kraftstofffilter
- i) Fahrpedalsensor

143 Welche Aussage über das CR-System ist richtig?
- [ ] a) CR hat nur einen Hochdruckbereich, aber keinen Niederdruckbereich.
- [X] b) Druckerzeugung und Kraftstoffeinspritzung sind getrennt.
- [ ] c) Jedes Einspritzventil hat einen eigenen Hochdruckspeicher.

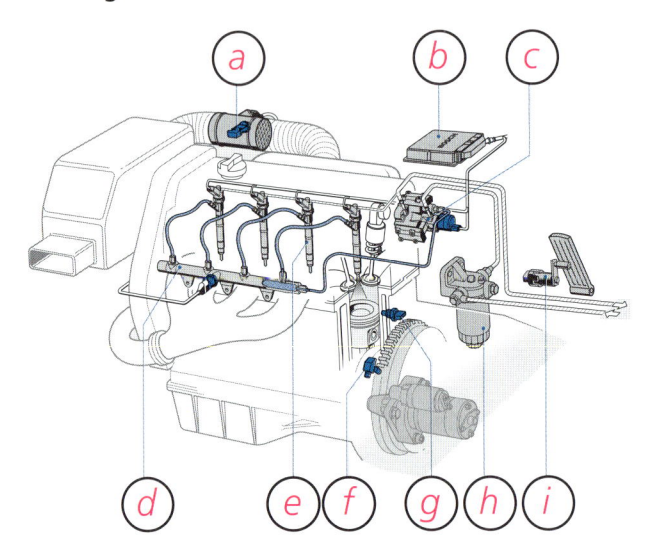

zu Aufg. 142

7.3.2.1 Luftmanagement

144 Benennen Sie die Funktionseinheiten des abgebildeten Ansaugsystems.

a) *Luftfilter*
b) *Aufladung durch Turbolader*
c) *Ladeluftkühlung*
d) *Drallklappe*
e) *Abgasrückführung*
f) *Motorsteuergerät*

zu Aufg. 144

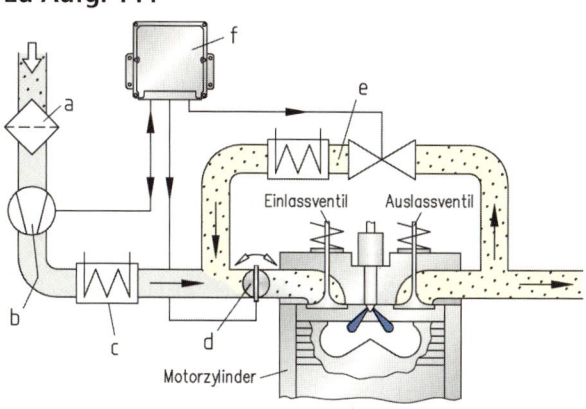

145 Benennen Sie die Einlass- und Auslasskanäle der Abbildung.
a) Füllkanal
b) Drallkanal
c) Auslasskanal

zu Aufg. 145

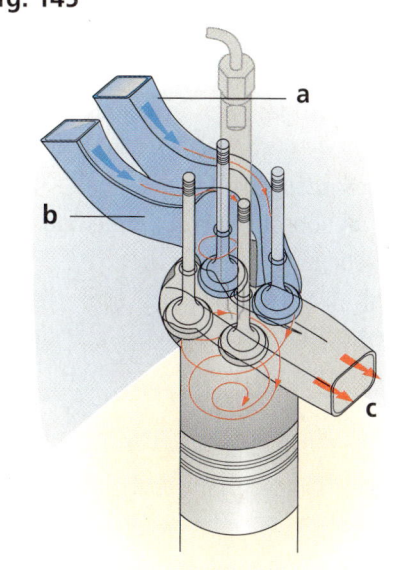

146 Geben Sie die Aufgaben der Funktionselemente an.
Der Drallkanal *versetzt Ansaugluft in Drallbewegung*.
Der Füllkanal *leitet Luft direkt in den Zylinder und verbessert die Füllung*.
Der Auslasskanal *leitet die Abgase ab*.

147 Welche Aussage ist falsch? Die Vorteile der Abgasturboladung sind:
[X] a) Erhöhung des Verdichtungsverhältnisses.
[ ] b) Ausnutzung der im Abgas enthaltenen Energie.
[ ] c) Vorverdichtung der Frischgase.
[ ] d) Steigerung des Drehmomentes.

148 Benennen Sie die Komponenten eines ungeregelten Turboladers und geben Sie Eintritt und Austritt von Luft bzw. Abgasen durch Pfeile an.

zu Aufg. 148

Vorverdichtete Luft
Ladeluftkühler
Abgase 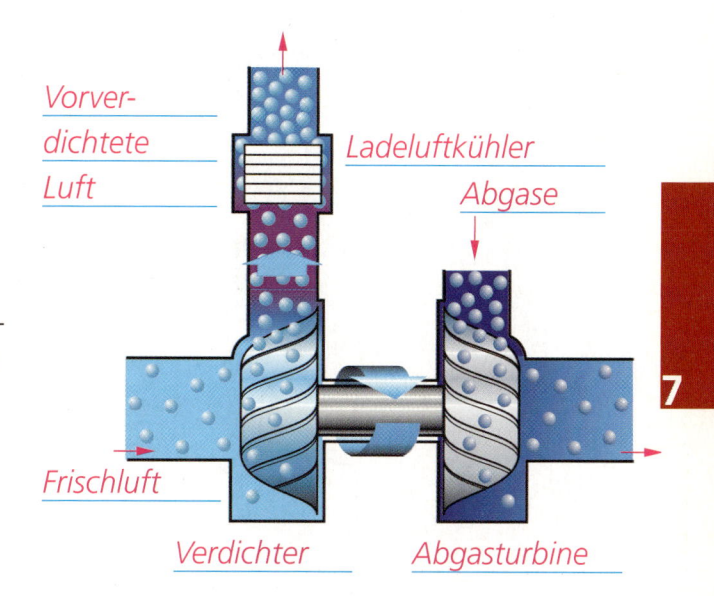
Frischluft
Verdichter
Abgasturbine

149 Welche Eigenschaften hat ein ungeregelter Abgasturbolader nicht?
- ☐ a) Bei hoher Drehzahl entsteht ein hoher Ladedruck.
- ☐ b) Bei niedriger Drehzahl entsteht ein niedriger Ladedruck.
- ☐ c) Bei niedriger Drehzahl entsteht ein Turboloch.
- ☒ d) Bei hohem Ladedruck dreht der Turbolader durch.

150 Wie kann der Turbolader geregelt werden?
- ☐ a) Durch ein Druckregelventil in der Abgasleitung
- ☐ b) Durch Vorbeileiten eines Teils der Ansaugluft am Verdichterrad
- ☒ c) Durch Vorbeileiten eines Teils der Abgase am Turbinenrad

151 Welche Aussage ist falsch?
Das Funktionselement zur Regelung des Turboladers heißt
- ☒ a) Drallklappe.
- ☐ b) Wastgate-Klappe.
- ☐ c) Bypass-Ventil.

152 Entwickeln Sie einen Blockschaltplan des Abgasturboladers mit Wastgate.

153 Beschreiben Sie die Regelung des Ladedrucks bei zunehmender Drehzahl.

Mit zunehmender Drehzahl steigt der Druck im Saugrohr und wirkt in die Druckdose. Das Bypassventil (Wastgate) öffnet und ein Teil des Abgasmassestromes wird am Turbinenrad vorbeigeführt und direkt in den Auspuff geleitet.

154 Wie arbeitet ein VGT-Lader?
- ☐ a) Die Abgasturbine arbeitet mit einem Bypassventil.
- ☒ c) Die Abgasturbine arbeitet mit verstellbaren Schaufeln.
- ☐ d) Das Pumpenrad arbeitet mit verstellbaren Schaufeln.

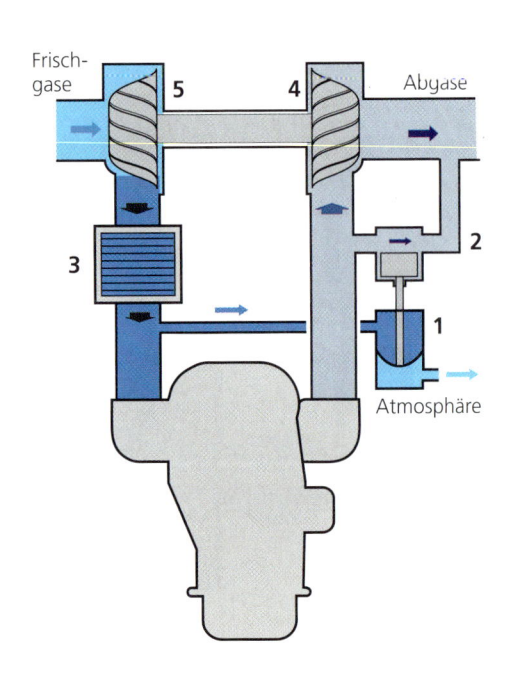

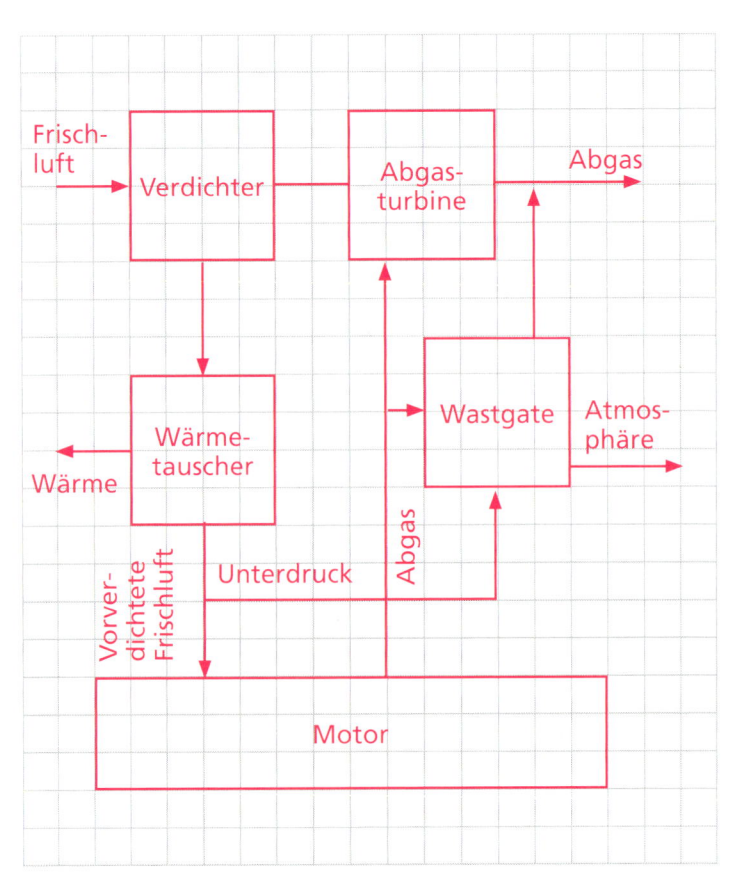

zu Aufg. 152

155 Benennen Sie die Komponenten des abgebildeten VGT-Laders.

a) *Leitschaufel*

b) *Unterdruckdose*

c) *Verdichterrad*

d) *Abgasturbinenrad*

e) *Ladeluftkühler*

f) *Motor*

156 Entwickeln Sie einen Blockschaltplan der Steuerung des VGT-Laders.

157 Was passiert durch Verstellen der Leitschaufel?

Flache Leitschaufelstellung:

Drehzahl: *niedrig*

Eintrittsquerschnitt: *klein*

Abgasgeschwindigkeit: *groß*

Druck: *schneller Druckaufbau*

Steile Leitschaufelstellung:

Drehzahl: *hoch*

Eintrittsquerschnitt: *groß*

Abgasgeschwindigkeit: *klein*

Druck: *konstant*

7.3.2.2 Einspritzmanagement

158 Ordnen Sie die Funktionseinheiten der Abbildung zu.

a) Raildrucksensor
b) Rail
c) Druckbegrenzungsventil
d) Regelventil für Kraftstoffdruck
e) Einspritzventile
f) Hochdruckpumpe
g) Zahnradpumpe

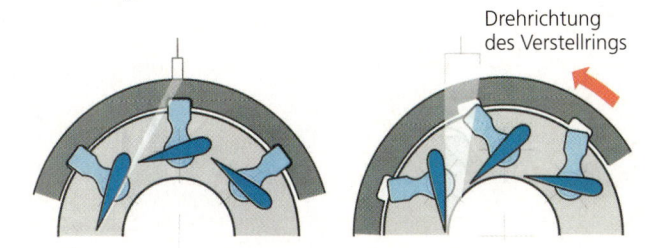

zu Aufg. 157

159 Wie hoch ist der erzeugte Druck bei Common Rail?

☐ a) 850 bar
☐ b) 1 050 bar
☒ c) 1 450 bar

zu Aufg. 155/156

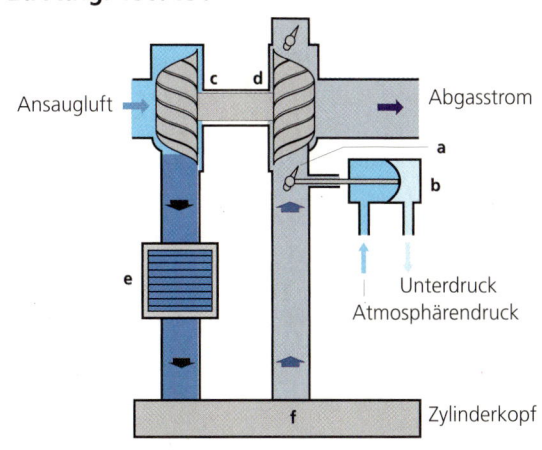

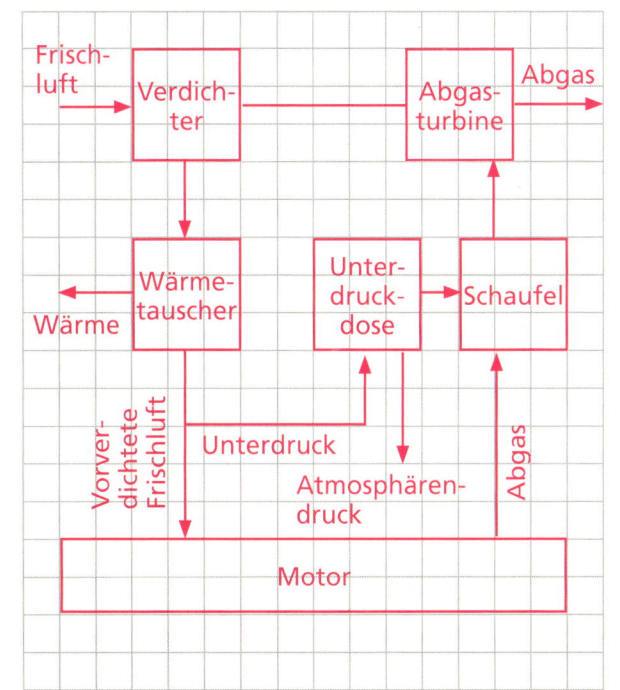

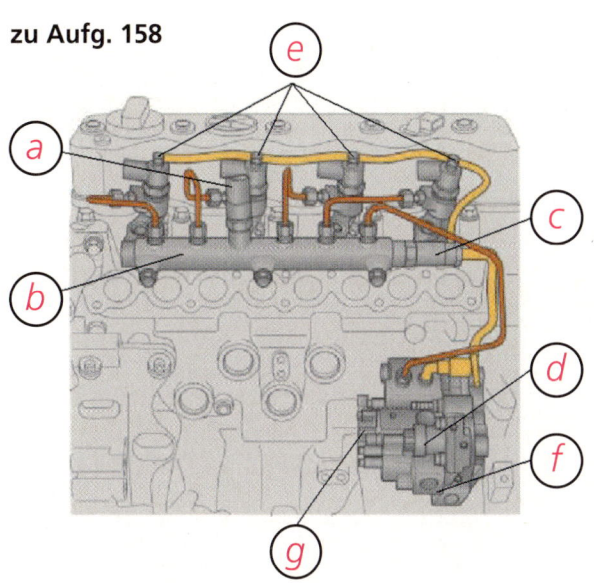

zu Aufg. 158

| Technologie | Mathematik | Diagnose |

160 Wo wird der Hochdruck gespeichert?
- [ ] a) In der Hochdruckpumpe
- [x] b) Im Rail
- [ ] c) Im Einspritzventil

161 Entwickeln Sie einen Blockschaltplan des Kraftstoffsystems von Common Rail und markieren Sie dort sowie in beiden Darstellungen die Funktionselemente und die Leitungen des Niederdruckkreises (rot) und Hochdruckkreises (blau).

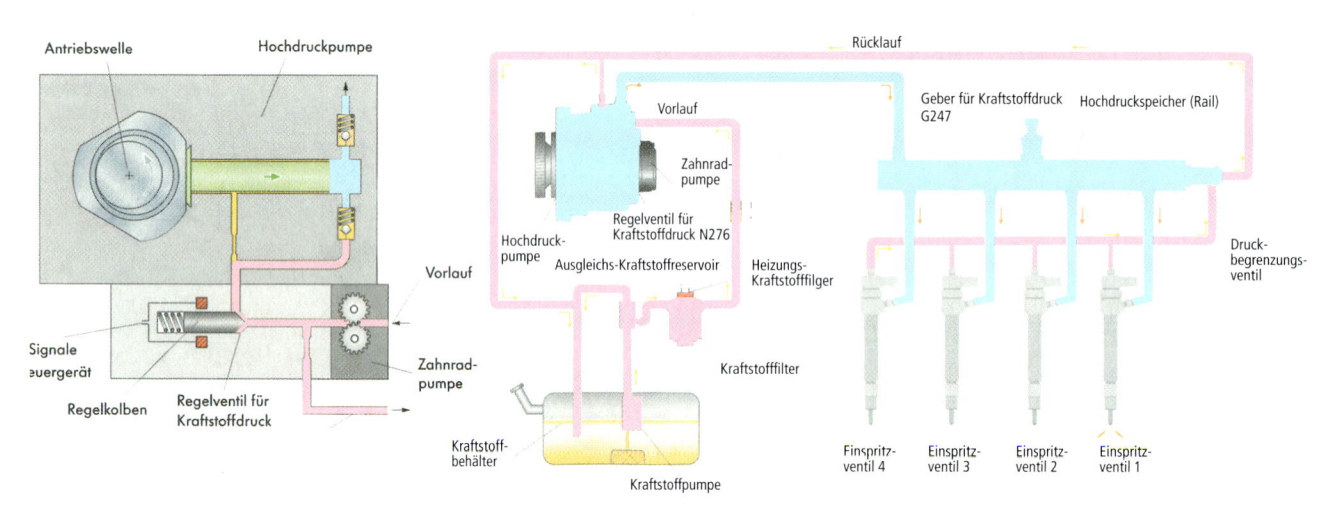

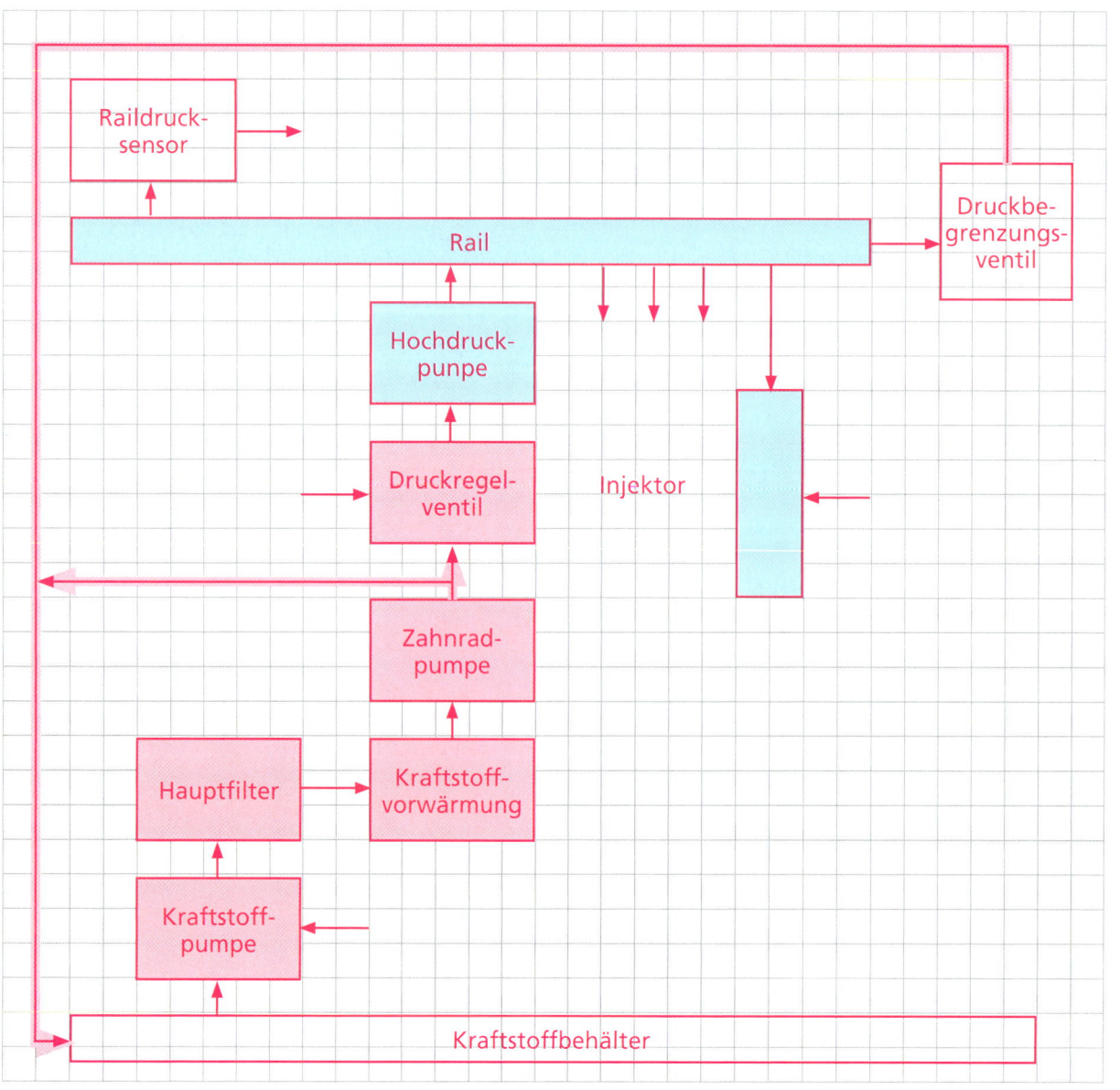

zu Aufg. 161

| | Technologie | Mathematik | Diagnose |

162 Wie wird der Kraftstoffdruck geregelt?
- [ ] a) Raildrucksensor
- [X] b) Regelventil für Kraftstoffdruck
- [ ] c) Einspritzventil

163 Ordnen Sie die Funktionselemente und die Druckräume der Prinzipdarstellung des Injektors zu.
- a) Hochdruckanschluss
- b) Zulaufdrossel
- c) Zulaufkanal
- d) Magnetventil
- e) Ablaufdrossel
- f) Ventilsteuerraum
- g) Kammervolumen
- h) Ventilsteuerkolben

164 Welche Beschreibung des Einspritzvorgangs beim Injektor ist richtig?
- [ ] a) Magnetventil öffnet den Weg zum Rücklauf, Kraftstoff fließt ab, Druck im Ventilraum sinkt, Ventilfeder drückt Ventilsteuerkolben nach oben, die Düse öffnet.
- [X] b) Magnetventil angesteuert, die Abflussdrossel öffnet, Kraftstoff fließt ab, Druck im Ventilsteuerraum sinkt, Druck im Kammervolumen ist größer als im Ventilsteuerraum, Ventilsteuerkolben geht nach oben, die Düse öffnet.
- [ ] c) Magnetventil schließt, Kraftstoffdruck baut sich im Ventilsteuerraum auf und wirkt über die Zulaufbohrung von unten auf den Ventilsteuerkolben und hebt ihn an, die Düse öffnet.

165 Welche Aussage ist falsch?
Die Einspritzung ist beendet, wenn
- [ ] a) das Magnetventil schließt.
- [ ] b) die Abflussdrossel durch Federkraft geschlossen wird.
- [X] c) die Abflussdrossel geöffnet wird.
- [ ] d) der Raildruck im Ventilsteuerraum und Kammervolumen besteht.
- [ ] e) der Druck auf den Ventilsteuerkolben und die Federkraft die Düse schließen.

166 Was bedeutet der abgebildete Kurvenverlauf für den Nadelhub in den Bereichen a und b?
- a) *Voreinspritzung*
- b) *Haupteinspritzung*

167 Welchen Vorteil hat Common Rail durch die Voreinspritzung. Welche Aussage ist falsch?
- [ ] a) Verbrennungsgeräusche werden reduziert.
- [X] b) Der Zündverzug ist größer.
- [ ] c) Der Zündverzug ist geringer.
- [ ] d) Der Schadstoffausstoß wird geringer.
- [ ] e) Der Kraftstoffverbrauch wird geringer.

zu Aufg. 163

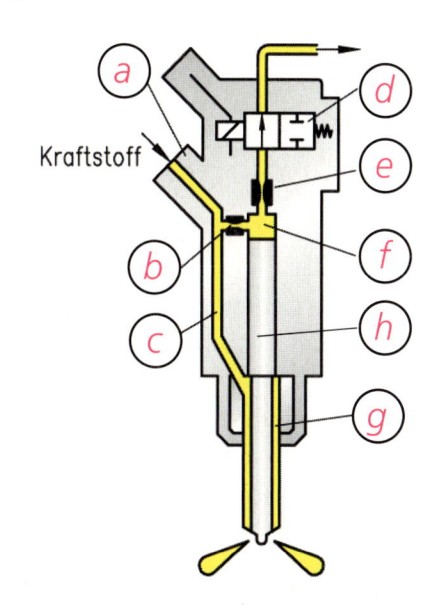

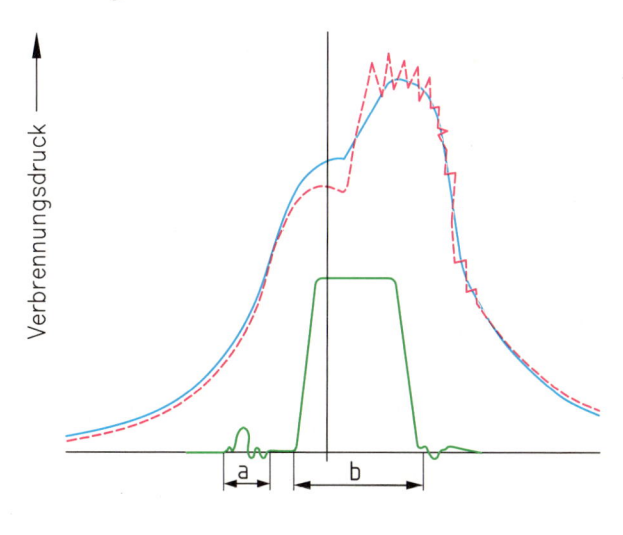

zu Aufg. 166

7.3.2.3 Startmanagement

168 Wer schaltet in der Darstellung die Glühkerzen mit einem PWM-Signal ein?
- [ ] a) Motorsteuergerät
- [X] b) Glühzeitsteuergerät
- [ ] c) Relais für Spannungsversorgung

169 Beschreiben Sie, in welchen Stufen der Startvorgang beim Dieselmotor mit Vorglühanlage erfolgt?

a) Vorglühen

   1. Phase: 2 Sekunden auf

   ca. 1000° C, 11 V

   2. Phase: Spannung 4 – 6 V

b) Nachglühen ca. 3 min

170 Welche Aussage ist falsch? Nachgeglüht wird,
- [X] a) um die Abgasqualität und das Leerlaufverhalten bei kaltem Motor zu verbessern.
- [ ] b) um eine bessere Verbrennung bei betriebswarmem Motor zu erreichen.
- [ ] c) um das Anspringen des Motors auch bei sehr tiefen Temperaturen zu ermöglichen.

171 Ordnen Sie der Darstellung der selbstregelnden Glühkerze die Begriffe zu.
- a) Anschlussbolzen
- b) Kerzenkörper
- c) Glührohr
- d) Regelwendel
- e) Heizwendel
- f) Isolierfüllung

172 Welcher Widerstand ist in der Regelwendel verbaut?
- [ ] a) NTC
- [X] b) PTC
- [ ] c) Ohm'scher Widerstand

173 Welche Eigenschaften hat die Regelwendel?
- [X] a) Mit steigender Temperatur steigt der Widerstand, begrenzt die Stromstärke und verhindert ein Überhitzen der Glühkerze.
- [ ] b) Mit steigender Temperatur fällt der Widerstand, die Stromstärke steigt und ermöglicht ein schnelles Aufheizen der Glühkerze.
- [ ] c) Mit steigender Temperatur steuert das Glühzeitsteuergerät den Widerstandswert so, dass ein Überhitzen der Glühkerze vermieden wird.

zu Aufg. 168

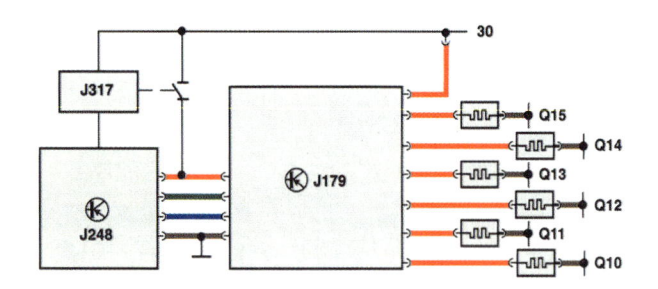

J179 Steuergerät für Glühzeitautomatik
J248 Steuergerät für Dieseldirekteinspritzanlage
J317 Relais für Spannungsversorgung der Kl. 30
Q10–Q15 Glühkerzen

- Versorgungsspannung
- Masse
- Steuersignal vom J248
- Diagnosesignal zum J248

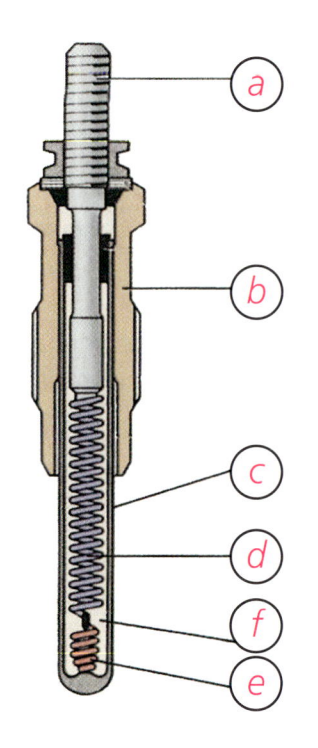

zu Aufg. 171

| Technologie | Mathematik | Diagnose |

7.3.2.4 Abgasmanagement

174 Welche Schadstoffe sind im Vergleich mit dem Ottokraftstoff im Abgas von Dieselmotoren zusätzlich enthalten?

Ruß und Schwefeldioxid

175 Bezeichnen Sie die Funktionseinheiten der Abgasanlage.

a) *Oxidationsfilter*

b) *Partikelfilter*

c) *Schalldämpfer*

176 Der Oxidationskatalysator wandelt Schadstoffe im Abgas von Dieselmotoren um. Welche Aussage ist falsch?
- [ ] a) Er wandelt CO zu CO_2.
- [ ] b) Er wandelt HC zu $H_2O + O_2$.
- [X] c) Er verbrennt Ruß.

177 Welcher Schadstoff im Abgas des Dieselmotors kann durch den Oxidationsfilter nicht entfernt werden?
- [X] a) Stickoxid
- [ ] b) Kohlenmonoxid
- [ ] c) Kohlenwasserstoff

178 Welche Aufgabe hat der Partikelfilter? Er ist zuständig für die Entfernung von
- [ ] a) Stickoxid.
- [ ] b) Kohlemonoxid.
- [X] c) Ruß.

179 Wie ist der Partikelfilter aufgebaut? Parallel angeordnete Kanäle mit porösen Wänden:
- [ ] a) Eingangskanäle sind am Anfang verschlossen, am Ende offen; Ausgangskanäle sind am Anfang geschlossen, am Ende offen.
- [X] b) Eingangskanäle sind am Ende verschlossen, am Anfang offen; Ausgangskanäle sind am Anfang geschlossen, am Ende offen
- [ ] c) Eingangskanäle sind am Anfang verschlossen, am Ende offen; Ausgangskanäle sind am Anfang offen, am Ende geschlossen.

180 Wo werden die Rußpartikel ausgeschieden?
- [X] a) Im Eingangskanal
- [ ] b) Im Ausgangskanal
- [ ] c) Durch Verbrennung

181 Wie wird der ausgeschiedene Ruß aus dem Filter entfernt?
- [ ] a) Der Filter wird nach einer gewissen Betriebszeit ausgetauscht.
- [ ] b) Der Filter wird nach einer gewissen Betriebszeit ausgebaut, gereinigt und wieder eingebaut.
- [X] c) Der Filter wird durch Verbrennen des Rußes bei Temperaturen von 600–650 °C regeneriert.

182 Wie kann die Zündtemperatur des Rußes gesenkt werden?
- [ ] a) Zufuhr von Sauerstoff
- [X] b) Zufuhr von Additiv
- [ ] c) Zufuhr von Stickstoff

183 Durch welchen Katalysator können Stickoxide entfernt werden?
- [ ] a) Oxidationskatalysator
- [ ] b) Partikelkatalysator
- [X] c) Speicherkatalysator

184 Wie entfernt der Speicherkatalysator die Stickoxide?
- [ ] a) Er oxidiert das Stickoxid zu Stickstoff.
- [X] b) Er speichert das Stickoxid im Bariumoxid des Katalysators.
- [ ] c) Er reduziert das Stickoxid zu Stickstoff.

zu Aufg. 175

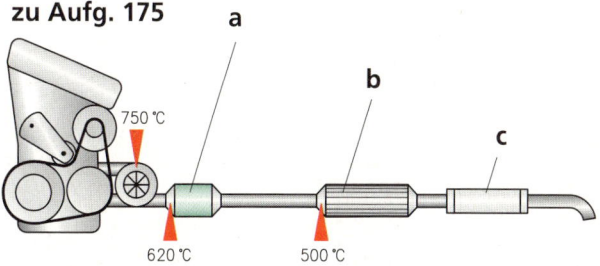

zu Aufg. 179

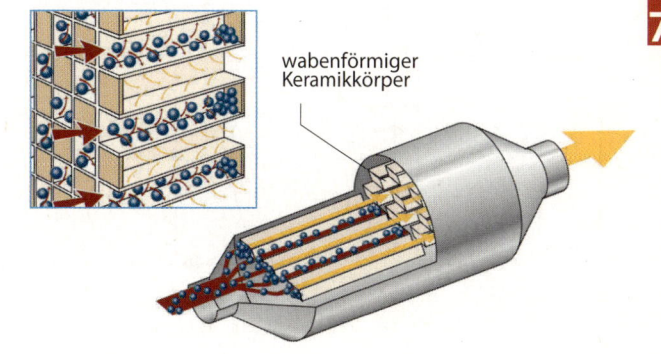

wabenförmiger Keramikkörper

Technologie | **Mathematik** | **Diagnose**

185 Ergänzen Sie den Blockschaltplan eines Abgassystems mit Additiv, und benennen Sie die Komponenten.

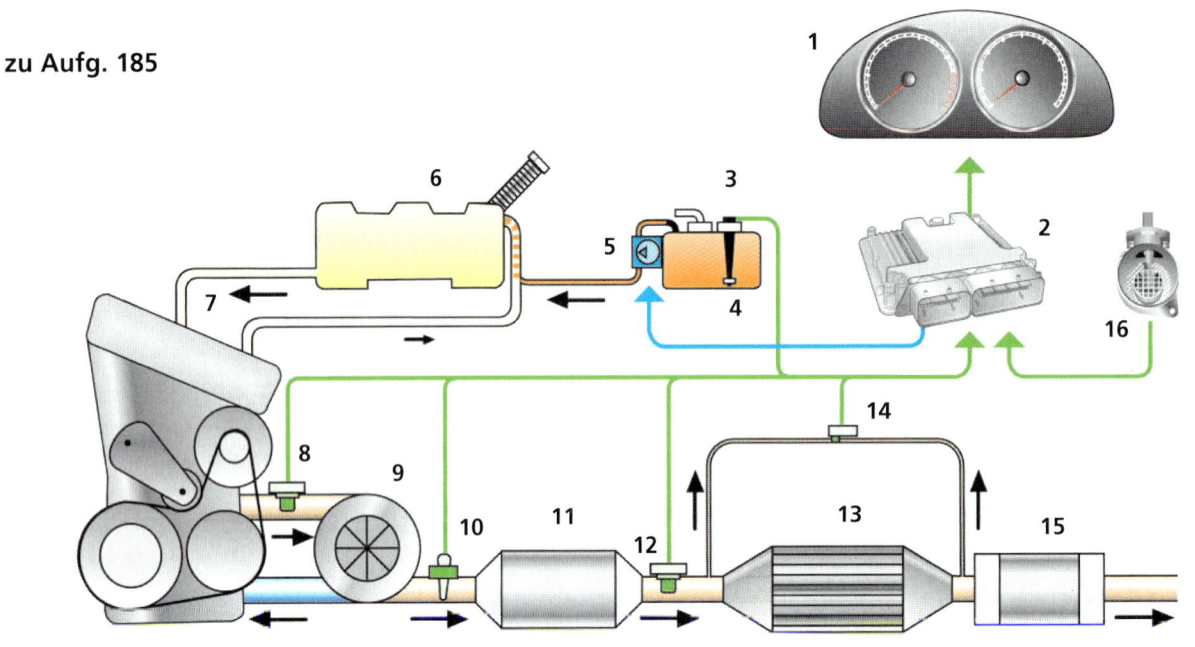

zu Aufg. 185

1 Steuergerät mit Schalttafeleinsatz J285
2 Motorsteuergerät
3 Additivtank
4 Geber für leeres Kraftstoffadditiv G504
5 Pumpe für Additiv-Partikelfilter V135
6 Kraftstofftank
7 Dieselmotor
8 Temperaturgeber vor Turbolader G507
9 Turbolader
10 Lambdasonde G39
11 Oxidationskatalysator
12 Temperaturgeber vor Partikelfilter G506
13 Partikelfilter
14 Drucksensor 1 für Abgas G450
15 Schalldämpfer
16 Luftmassenmesser

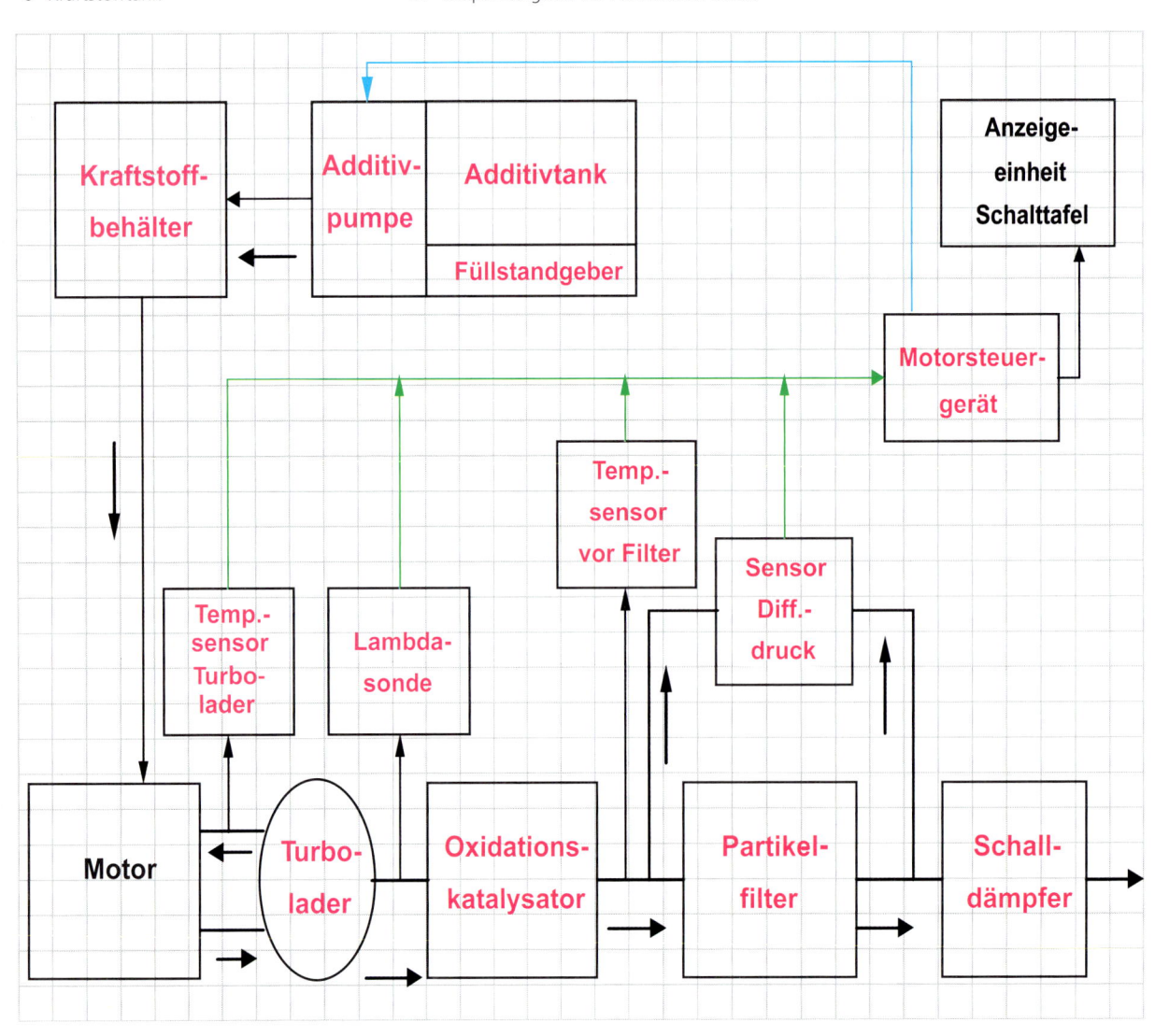

Technologie | Mathematik | Diagnose

7.3.2.5 Betriebsdatenerfassung, -verarbeitung, Ansteuerung

zu Aufg.

186 Nach welchem Prinzip arbeitet der Raildrucksensor?

- [X] a) Widerstandsänderung
- [ ] b) Induktionsänderung
- [ ] c) Piezo-Kristalle

187 Entwickeln Sie den Blockschaltplan des Motormanagements eines Dieseleinspritzsystems Common Rail nach dem EVA-Prinzip. Sensoren und Aktoren entnehmen Sie den Schaltplänen.

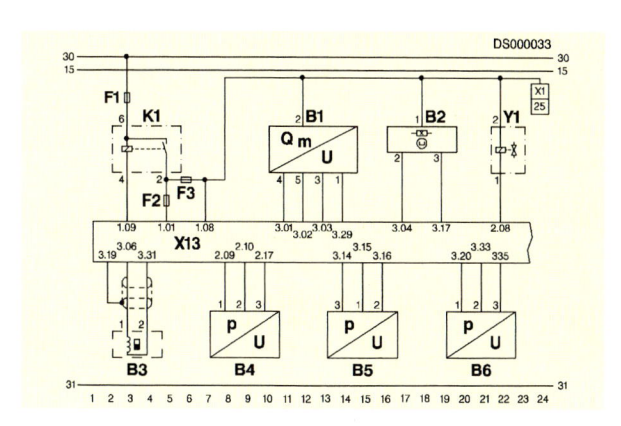

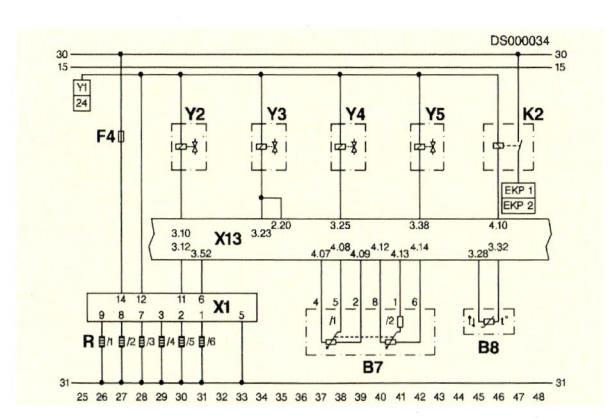

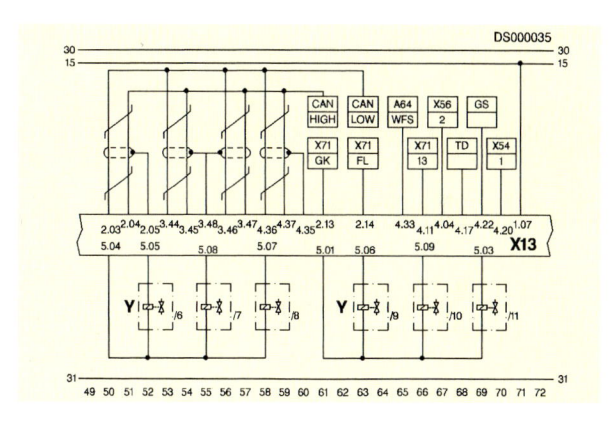

Motoridentifizierung
Dieselmotor mit Common Rail,
3 l/135 kW,
Sechszylinder
Abgasrückführung
Vorglühen mit Glühzeitsteuerungsgerät
Ladedruckregelung

Informationen zur Pin-Belegung des Motorsteuergeräts:
Pin 2.08:
Magnetventil Motorlager
Pin 2.09/2.10/.217:
Niederdrucksensor
Pin 3.10:
Abgasrückführungsventil
Pin 3.14/3.15/3.16:
Saugrohrdrucksensor
Pin 3.20/3.33/3.35:
Raildrucksensor
Pin 3.23:
Ventil Ladedruckregelung
Pin 3.25:
Ventil Drallklappensteuerung
Pin 3.29:
Ansauglufttemperatursensor
Pin 3.38:
Druckregelventil für Kraftstoffdruck

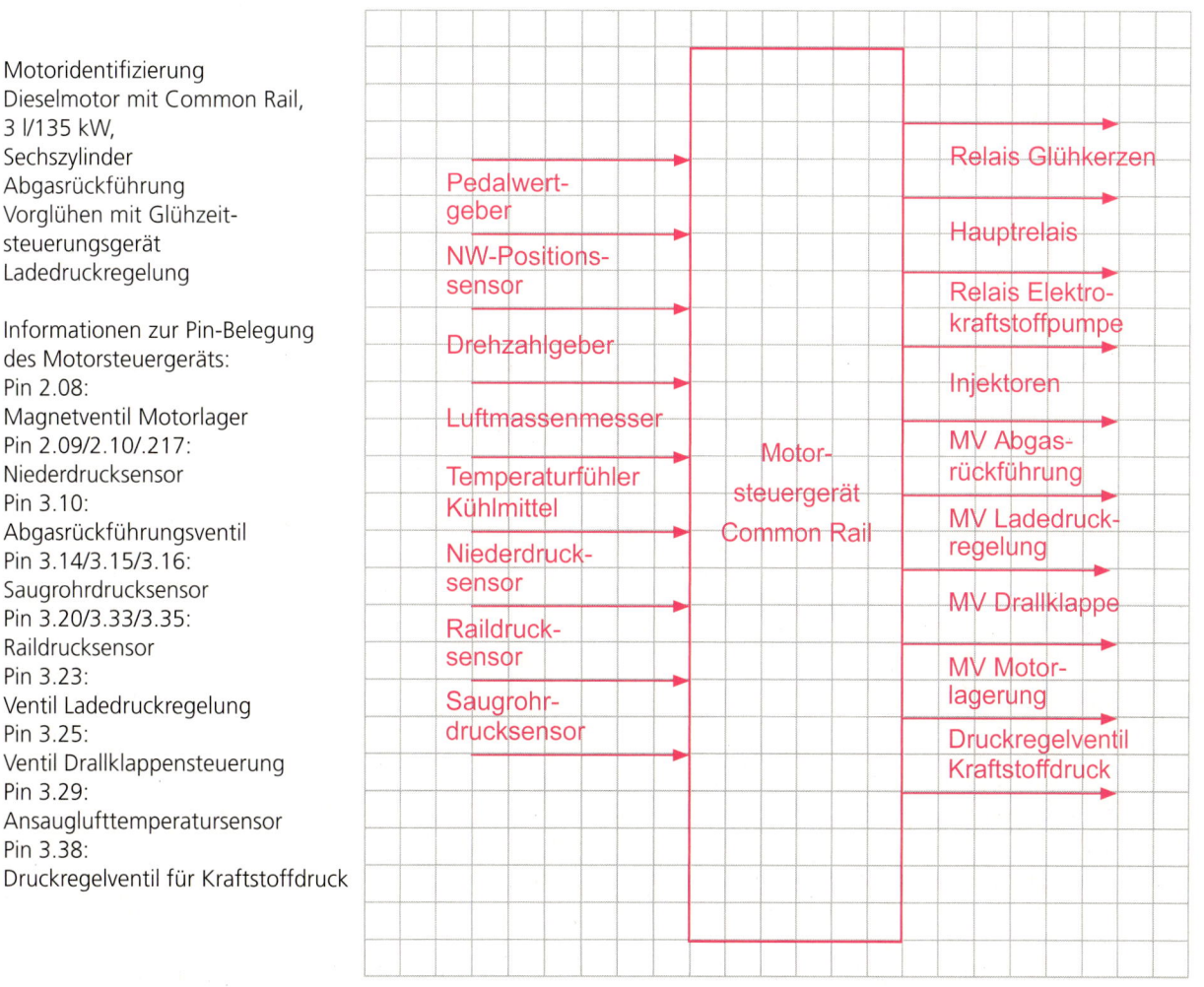

Blockschaltplan (Lösung):

Eingänge (Sensoren):
- Pedalwertgeber
- NW-Positionssensor
- Drehzahlgeber
- Luftmassenmesser
- Temperaturfühler Kühlmittel
- Niederdrucksensor
- Raildrucksensor
- Saugrohrdrucksensor

→ **Motorsteuergerät Common Rail** →

Ausgänge (Aktoren):
- Relais Glühkerzen
- Hauptrelais
- Relais Elektrokraftstoffpumpe
- Injektoren
- MV Abgasrückführung
- MV Ladedruckregelung
- MV Drallklappe
- MV Motorlagerung
- Druckregelventil Kraftstoffdruck

7.3.3 Pumpe-Düse-Einheit

7.3.3.1 Grundlagen

188 Welches Einspritzverfahren zeigt die untenstehende Abbildung?
- [ ] a) Common Rail
- [X] b) Pumpe-Düse-Einheit
- [ ] c) Radialkolben-Verteilereinspritzpumpe

zu Aufg. 188

189 Welche Funktionseinheiten entfallen bei der Pumpe-Düse-Einheit gegenüber den anderen Einspritzverfahren.
- [ ] a) Hochdruckpumpe
- [X] b) Hochdruckleitungen
- [ ] c) Niederdruckleitungen

7.3.3.2 Einspritzmanagement

190 Entwickeln Sie den Hydraulikplan der Kraftstoffversorgung der Pumpe-Düse-Einheit mithilfe von Hydrauliksymbolen nach DIN.

191 Warum ist im Kraftstoffrücklauf ein Kühler angeordnet?
- [ ] a) Der Kraftstoff wird vom warmen Motor stark erwärmt.
- [X] b) Der Kraftstoff wird durch den hohen Druck erwärmt.
- [ ] c) Um das Kraftstoffvolumen zu reduzieren.

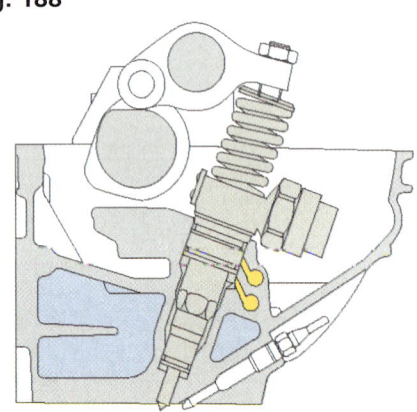

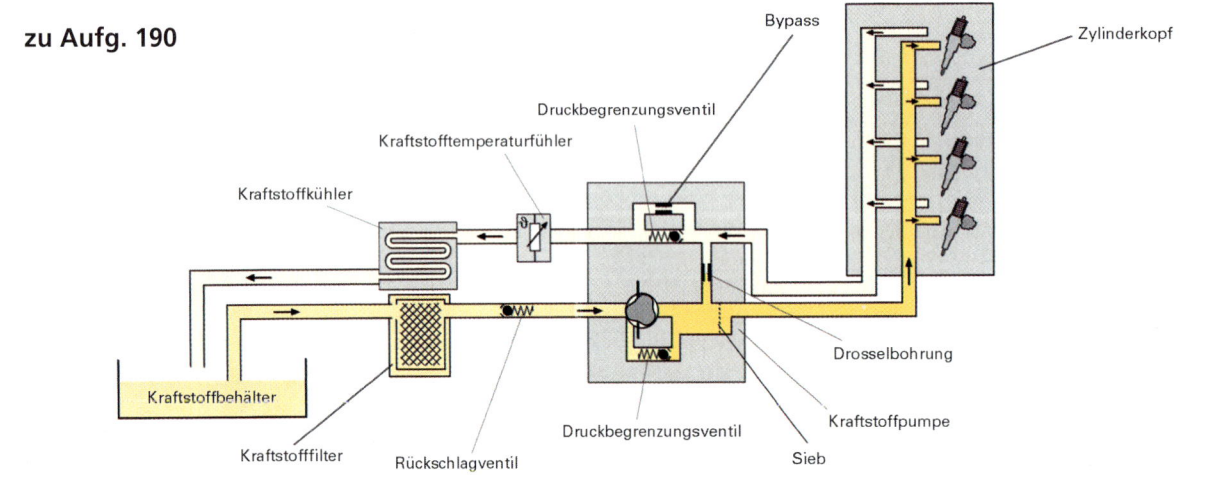

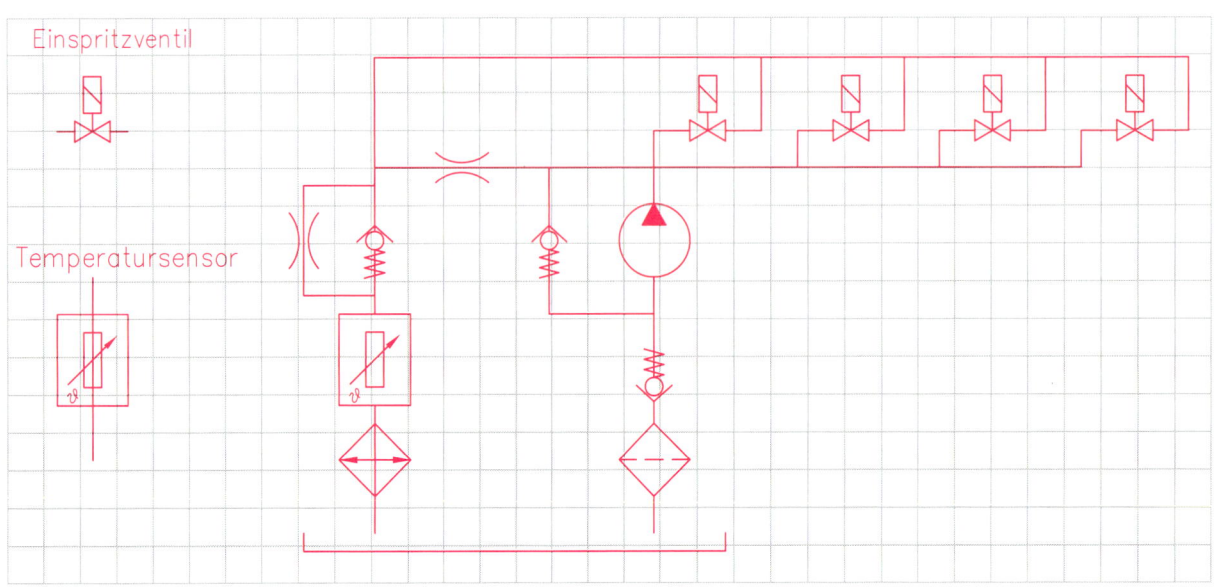

zu Aufg. 190

192 Welcher Einspritzdruck wird mit der Pumpe-Düse-Einheit erreicht?
- ☐ a) 1 050 bar
- ☐ b) 1 550 bar
- ☒ c) 2 050 bar

193 Ordnen Sie die unten genannten Begriffe der Prinzipdarstellung der Pumpe-Düse-Einheit zu.
- a) Pumpenkolben mit Kolbenfeder
- b) Magnetventil
- c) Nocken
- d) Düse
- e) Hochdruckraum
- f) Ausweichkolben
- g) Düsenfeder

194 Wann beginnt der Einspritzvorgang?
- ☒ a) Magnetventil schließt, Pumpenkolben bewegt sich nach unten.
- ☐ b) Magnetventil öffnet, Pumpenkolben bewegt sich nach oben.
- ☐ c) Magnetventil öffnet, Pumpenkolben bewegt sich nach unten.

195 Die Voreinspritzung wird beendet durch
- ☐ a) das Magnetventil
- ☒ b) den Ausweichkolben
- ☐ c) den Nocken

196 Wann beginnt die Haupteinspritzung?
- ☐ a) bei 180 bar
- ☒ b) bei 300 bar
- ☐ c) bei 2 050 bar

197 Welche Aussage ist falsch?
Die Haupteinspritzung ist beendet, wenn
- ☒ a) das Magnetventil geschlossen ist und sich der Pumpenkolben nach oben bewegt.
- ☐ b) der Kolben sich nach unten bewegt.
- ☐ c) das Magnetventil nicht mehr angesteuert und der Weg zum Kraftstoff-Vorlauf geöffnet wird.
- ☐ d) der vom Kolben verdrängte Kraftstoff in den Kraftstoff-Vorlauf entweicht.
- ☐ e) der Druck sinkt und die Düsennadel schließt.

7.3.3.3 Ansteuerung

198 Was versteht man bei der Pumpe-Düse-Einheit unter BIP? BIP signalisiert dem Motorsteuergerät
- ☐ a) das Öffnen des Magnetventils und den Beginn der Einspritzung.
- ☒ b) das Schließen des Magnetventils und Zeitpunkt des Förderbeginns.
- ☐ c) das Schließen des Magnetventils und das Ende der Einspritzung.

zu Aufg. 193

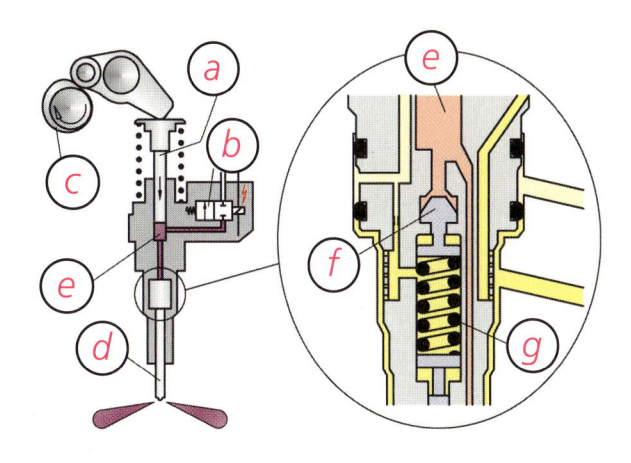

zu Aufg. 198

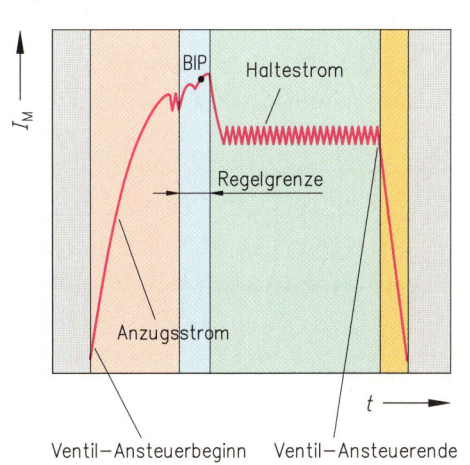

I_M Magnetventilstrom
t Zeit
BIP Ventilschließzeitpunkt

7.3.4 Radialkolben-Verteilereinspritzpumpe

7.3.4.1 Grundlagen

199 Welches Einspritzverfahren zeigt die Abbildung?
- [ ] a) Common Rail
- [ ] b) Pumpe-Düse-Einheit
- [X] c) Radialkolben-Verteilereinspritzpumpe

200 Wie erfolgt der Einspritzvorgang?
- [ ] a) Haupteinspritzung mit anschließender Nacheinspritzung
- [X] b) Voreinspritzung mit anschließender Haupteinspritzung
- [ ] c) Getaktete Haupteinspritzung

201 Ordnen Sie der Dieseleinspritzanlage mit Radialkolben-Verteilereinspritzpumpe die entsprechenden Funktionselemente zu.
- a) Glühzeitsteuergerät
- b) Luftmassenmesser
- c) Motorsteuergerät
- d) Einspritzdüsen
- e) Glühstiftkerzen
- f) Fahrpedalsensor
- g) Radialkolben-Verteilereinspritzpumpe
- h) Kurbelwellen-Drehzahlsensor
- i) Generator
- j) Kühlmitteltemperatursensor
- k) Kraftstofffilter

202 Wie hoch ist der Einspritzdruck?
- [ ] a) 1 000 bar
- [X] b) 2 000 bar
- [ ] c) 3 000 bar

zu Aufg. 199/201

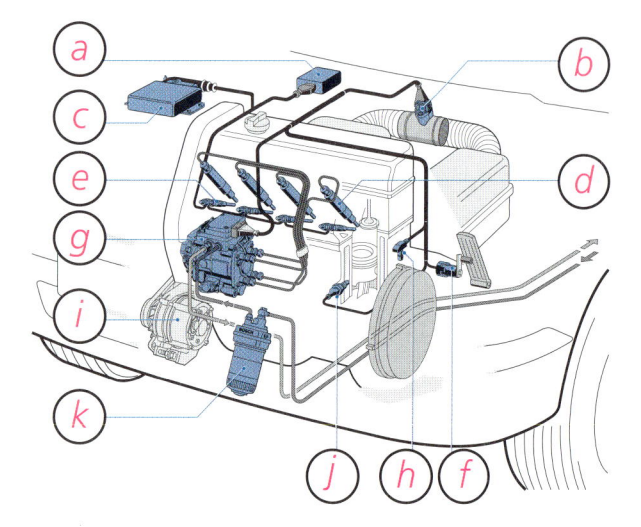

7.3.4.2 Einspritzmanagement

203 Wie wird der Hochdruck erzeugt?
- [ ] a) Flügelzellenpumpe
- [X] b) Radialkolbenpumpe
- [ ] c) Axialkolbenpumpe

204 Ordnen Sie die Begriffe der Prinzipdarstellung zu.
- a) Spritzverstellerkolben
- b) Nockenring
- c) Radialkolbenpumpe
- d) Magnetventil
- e) Verteilerwelle
- f) Verteilerkörper
- g) Hochdruckraum
- h) Zulauf Kraftstoff vom Innenraum
- i) Kraftstoffzufluss zur Einspritzdüse

205 Welche oben genannte Funktionseinheit (siehe Prinzipdarstellung) ist zuständig für
- a) Mengenregelung:
  Magnetventil
- b) Spritzbeginn:
  Spritzverstellerkolben/ Nockenring
- c) Druckerzeugung:
  Radialkolbenpumpe

206 Wie wird der Kraftstoff auf die einzelnen Zylinder verteilt?
- [X] a) Verteilerkörper und Verteilerwelle
- [ ] b) Magnetventil
- [ ] c) Ansteuerung der Einspritzdüsen

zu Aufg. 204

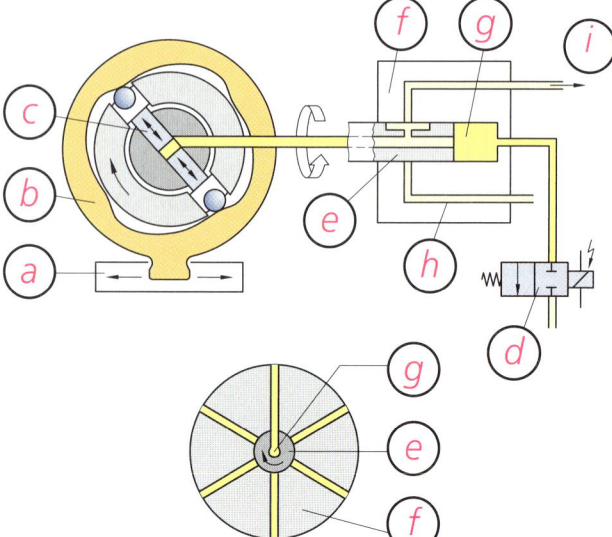

207 Wie wird der Einspritzbeginn (siehe Prinzipdarstellung) verändert?
- ☐ a) Durch Schließen des Magnetventils
- ☐ b) Durch Öffnen des Magnetventils
- ☒ c) Durch Verdrehen des Nockenrings

208 Wie wird die Einspritzmenge (siehe Prinzipdarstellung) dosiert?
- ☒ a) Durch Schließen des Magnetventils
- ☐ b) Durch Öffnen des Magnetventils
- ☐ c) Durch Drehbewegung der Verteilerwelle

209 Der Zweifeder-Düsenhalter wird angesteuert durch
- ☐ a) das Motorsteuergerät.
- ☐ b) das Magnetventil.
- ☒ c) den Kraftstoffdruck.

210 Beim Zweifeder-Düsenhalter werden Voreinspritzung und Haupteinspritzung gesteuert durch
- ☐ a) das Pumpensteuergerät.
- ☐ b) das Motorsteuergerät.
- ☒ c) die Federn unterschiedlicher Stärke.

zu Aufg. 210/211

Feder 1

Feder 2

7.3.4.3 Betriebsdatenerfassung, -verarbeitung

211 Welche Aufgabe hat der Drehwinkelsensor?
- ☐ a) Er erfasst die Einspritzmenge.
- ☐ b) Er bestimmt den Einspritzbeginn.
- ☒ c) Er erfasst die Pumpendrehzahl und die Istposition des Spritzverstellers.

212 Welche Aufgaben hat der Nadelbewegungssensor?
- ☒ a) Er ermittelt, zu welchem Zeitpunkt die Düsennadel der Einspritzdüse öffnet.
- ☐ b) Er ermittelt, zu welchem Zeitpunkt die Düsennadel der Einspritzdüse schließt.
- ☐ c) Er ermittelt, wie lange die Düsennadel geöffnet ist.

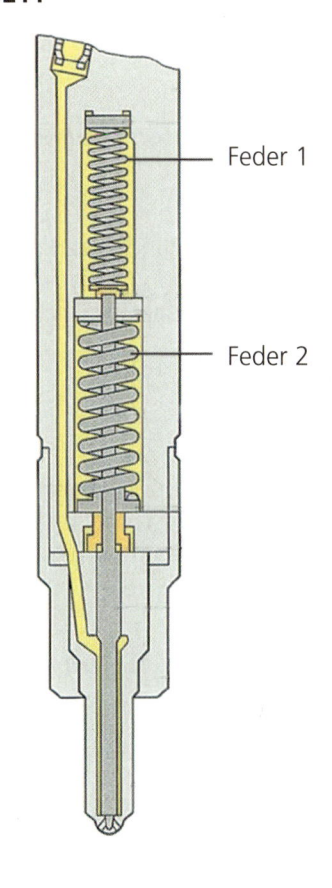

Technische Mathematik

7.4 Zündanlage

Ergänzende Informationen: Zündabstand

Zündabstand
Zündabstand = Drehwinkel der Kurbelwelle, der zwischen zwei Zündfunken zurückgelegt wird. Der Zündabstand γ ist die Summe von Öffnungswinkel β und Schließwinkel α.

$$\gamma = \frac{360°}{z}$$

$$\gamma = \alpha + \beta$$

Schließwinkel, Schließzeit
Schließwinkel = Drehwinkel der Kurbelwelle, in der der Primärstrom fließt

$$\alpha\ \% = \frac{\alpha \cdot z}{3{,}6}$$

Schließzeit t_s = Zeit, in der Primärstrom fließt

$$t_s = \frac{\alpha}{3 \cdot n}$$

α Schließwinkel in °
α % Schließwinkel in %
n Motordrehzahl in 1/min

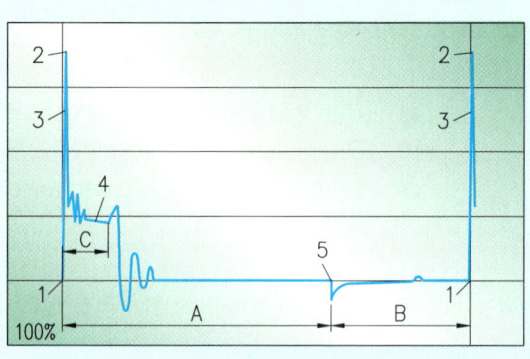

A Öffnungszeit, B Schließzeit, C Funkendauer

Zündfunkenzahl
Die Zylinderfunkenzahl f_z gibt an, wie viele Zündfunken in einem Zylinder in 1 s erzeugt werden.

$$f_z = \frac{n}{z \cdot 60}$$

Gesamtfunkenzahl
Die Gesamtfunkenzahl f_g gibt an, wie viele Funken in allen Zylindern in 1 min erzeugt werden.

$$f_g = \frac{n \cdot z}{2}$$

Frühzündungspunkt
Der Zündwinkel α_z ist der Winkel zwischen Zündzeitpunkt und OT. Die Zeit der Frühzündung t_s ist die Zeit, die der Kolben vom Zündzeitpunkt bis zum OT benötigt.

$$t_z = \frac{\alpha_z}{6 \cdot n}$$

---

1 Der Schließwinkel eines Motors beträgt 33°, die Schließzeit 3,5 s.
Berechnen Sie
1) die Zylinderzahl
2) die Motordrehzahl

1) ☐ a) z = 4
　 ☒ b) z = 6
　 ☐ c) z = 8
2) ☒ a) n = 3 143 1/min
　 ☐ b) n = 3 546 1/min
　 ☐ c) n = 3 876 1/min

zu Aufg. 1

$$1)\ z = \frac{3{,}6 \cdot \alpha\ \%}{\alpha} = \frac{3{,}6 \cdot 55}{33°} = 6$$

$$2)\ n = \frac{\alpha}{3 \cdot t_s} = \frac{33°}{3 \cdot 0{,}0035}$$

$$= 3142{,}86\ 1/min$$

| Technologie | Mathematik | Diagnose |

2 Ein Sechszylinder-Ottomotor läuft mit einer Drehzahl von 4800 1/min. Der Schließwinkel beträgt 35 %.

Berechnen Sie
1) den Zündabstand,
2) den Schließwinkel in Grad,
3) den Öffnungswinkel,
4) die Schließzeit,
5) die Gesamtfunkenzahl,
6) die Zylinderfunkenzahl.

1) ☐ a) γ = 40° 2) ☐ a) α = 10°
   ☒ b) γ = 60°   ☐ b) α = 15°
   ☐ c) γ = 80°   ☒ c) α = 21°
3) ☒ a) β = 49° 4) ☐ a) t_s = 0,0012 s
   ☐ b) β = 69°   ☒ b) t_s = 0,0015 s
   ☐ c) β = 79°   ☐ c) t_s = 0,0017 s
5) ☐ a) f_g = 13200 1/min
   ☒ b) f_g = 14400 1/min
   ☐ c) f_g = 16600 1/min
6) ☐ a) f_z = 20 1/s
   ☒ b) f_z = 40 1/s
   ☐ c) f_z = 60 1/s

zu Aufg. 2

1) $\gamma = \dfrac{360°}{z} = \dfrac{360°}{6} = 60°$

2) $\alpha = \dfrac{3{,}6 \cdot \alpha\,\%}{z} = \dfrac{3{,}6 \cdot 35}{6} = 21°$

3) $\beta = 60° - 21° = 49°$

4) $t_s = \dfrac{\alpha}{3 \cdot n} = \dfrac{21°}{3 \cdot 4800} = 0{,}00146\text{ s}$

5) $f_g = \dfrac{n \cdot z}{2} = \dfrac{4800 \cdot 6}{2}$
   $= 14400 \text{ 1/min}$

6) $f_z = \dfrac{n}{120} = \dfrac{4800}{120} = 40 \text{ 1/s}$

3 Ein Fünfzylinder-Ottomotor läuft mit einer Drehzahl von 6000 1/min. Der Schließwinkel beträgt 40°.

Berechnen Sie
1) den Zündabstand,
2) den Schließwinkel in %,
3) die Schließzeit,
4) die Gesamtfunkenzahl,
5) die Zylinderfunkenzahl.

1) ☐ a) γ = 45° 2) ☐ a) α = 35,2 %
   ☐ b) γ = 52°   ☐ b) α = 42 %
   ☒ c) γ = 72°   ☒ c) α = 55,6 %
3) ☐ a) t_s = 0,0012 s
   ☐ b) t_s = 0,0018 s
   ☒ c) t_s = 0,0022 s
4) ☐ a) f_g = 12000 1/min
   ☒ b) f_g = 15000 1/min
   ☐ c) f_g = 18000 1/min
5) ☐ a) f_z = 30 1/s
   ☐ b) f_z = 40 1/s
   ☒ c) f_z = 50 1/s

zu Aufg. 3

1) $\gamma = \dfrac{360°}{z} = \dfrac{360°}{5} = 72°$

2) $\alpha = \alpha° = \dfrac{40 \cdot 5}{3{,}6} = 55{,}56\,\%$

3) $t_s = \dfrac{\alpha}{3 \cdot n} = \dfrac{40°}{3 \cdot 6000} = 0{,}0022\text{ s}$

4) $f_g = \dfrac{n \cdot z}{2} = \dfrac{6000 \cdot 5}{2}$
   $= 15000 \text{ 1/min}$

5) $f_z = \dfrac{n}{120} = \dfrac{6000}{120} = 50 \text{ 1/s}$

Prüfen und Messen

7.5 Prüfen und Messen Motormanagement

1 Wie gehen Sie vor, um zu ermitteln, ob ein Sensor oder Aktor ausgefallen bzw. defekt ist?

1) Fehlerspeicher auslesen;

2) Steckkontakte auf festen Sitz oder Korrosion untersuchen, Leitungen auf Unterbrechungen prüfen;

3) Spannungsversorgung prüfen;

4) Widerstands- oder Spannungsmessung;

5) Signalbild mit Oszilloskop.

2 Beschreiben Sie, wie man Steuergeräte-Signale ohne direkten Zugang zum Mehrfachstecker mit dem Multimeter oder Oszilloskop prüfen kann?

Eine Prüfbox bietet die Möglichkeit der Prüfung der Steuergeräte-Signale. Sie wird über ein Adapterkabel zwischen Steuergerät und Kabelbaum angeschlossen. An den Steckbuchsen der Prüfbox lassen sich mit dem Multimeter oder Oszilloskop die einzelnen Sensoren, Kabel, Masse- und Spannungsversorgungen prüfen. Zur Messung ist die Pin-Belegung des Steuergeräte-Mehrfachsteckers erforderlich.

3 Wie gehen Sie vor, wenn keine Prüfbox zur Verfügung steht?

Die Prüfungen werden an der Kabelbaumseite des Steuergeräte-Mehrfachsteckers durchgeführt. Für den Zugang zu den Pins ist die Schutzabdeckung vom Stecker zu entfernen. Die Prüfung erfolgt mit sehr feinen Prüfspitzen.

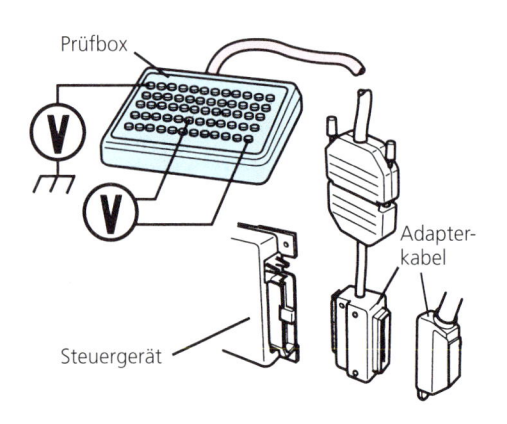

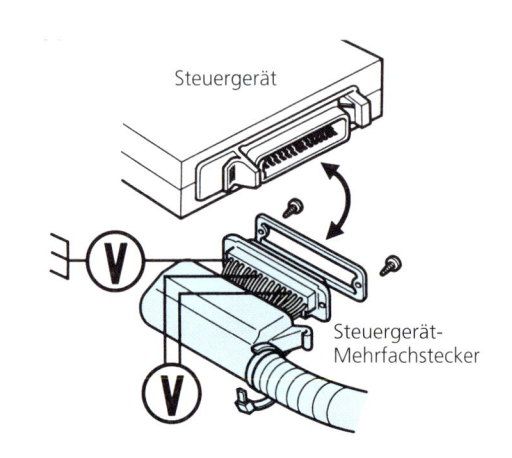

| Technologie | Mathematik | **Diagnose** |

4 Ergänzen Sie das Ablaufschema der Fehlerabfrage.

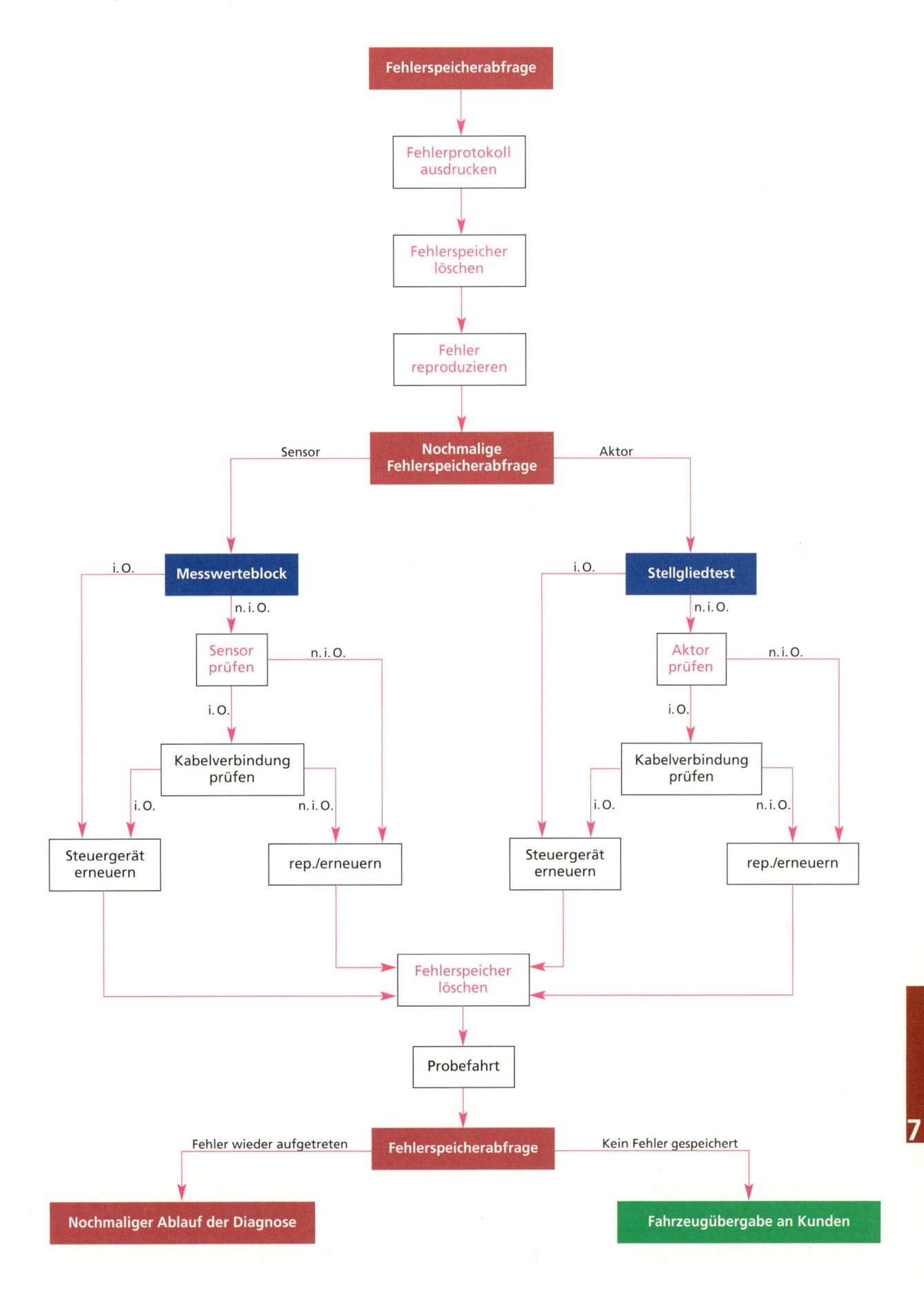

```
                            ┌─────────────────────────┐
                            │  Fehlerspeicherabfrage  │
                            └────────────┬────────────┘
                                         ▼
                            ┌─────────────────────────┐
                            │  Fehlerprotokoll        │
                            │  ausdrucken             │
                            └────────────┬────────────┘
                                         ▼
                            ┌─────────────────────────┐
                            │  Fehlerspeicher         │
                            │  löschen                │
                            └────────────┬────────────┘
                                         ▼
                            ┌─────────────────────────┐
                            │  Fehler                 │
                            │  reproduzieren          │
                            └────────────┬────────────┘
                                         ▼
                  Sensor    ┌─────────────────────────┐   Aktor
        ┌─────────────────── │ Nochmalige              │ ───────────────────┐
        │                   │ Fehlerspeicherabfrage   │                    │
        │                   └─────────────────────────┘                    │
        ▼                                                                  ▼
   ┌──────────────┐                                              ┌──────────────┐
   │ Messwerteblock│                                             │ Stellgliedtest│
   └──────┬───────┘                                              └──────┬───────┘
          │ n.i.O.                                                      │ n.i.O.
          ▼                                                             ▼
   ┌──────────────┐   n.i.O.                                     ┌──────────────┐   n.i.O.
   │ Sensor       │──────────┐                                   │ Aktor        │──────────┐
   │ prüfen       │          │                                   │ prüfen       │          │
   └──────┬───────┘          │                                   └──────┬───────┘          │
          │ i.O.             │                                          │ i.O.             │
          ▼                  │                                          ▼                  │
   ┌──────────────┐          │                                   ┌──────────────┐          │
   │ Kabelverbindung│        │                                   │ Kabelverbindung│        │
   │ prüfen       │          │                                   │ prüfen       │          │
   └──┬────────┬──┘          │                                   └──┬────────┬──┘          │
   i.O.     n.i.O.           │                                   i.O.     n.i.O.           │
      ▼        ▼             ▼                                      ▼        ▼             ▼
┌──────────┐ ┌─────────────┐                                 ┌──────────┐ ┌─────────────┐
│Steuergerät│ │rep./erneuern│                                │Steuergerät│ │rep./erneuern│
│erneuern  │ │             │                                 │erneuern  │ │             │
└────┬─────┘ └──────┬──────┘                                 └────┬─────┘ └──────┬──────┘
     │              │                                             │              │
     └──────────────┴─────────────┐           ┌───────────────────┴──────────────┘
                                  ▼           ▼
                            ┌─────────────────────────┐
                            │  Fehlerspeicher         │
                            │  löschen                │
                            └────────────┬────────────┘
                                         ▼
                            ┌─────────────────────────┐
                            │       Probefahrt        │
                            └────────────┬────────────┘
                                         ▼
  Fehler wieder aufgetreten ┌─────────────────────────┐ Kein Fehler gespeichert
        ┌───────────────────│  Fehlerspeicherabfrage  │───────────────────┐
        ▼                   └─────────────────────────┘                   ▼
┌───────────────────────────────┐                         ┌───────────────────────────────┐
│ Nochmaliger Ablauf der Diagnose│                        │ Fahrzeugübergabe an Kunden    │
└───────────────────────────────┘                         └───────────────────────────────┘
```

5 Beschreiben Sie die Überprüfung eines induktiven Drehzahl- und Bezugsmarkengebers B9 mit dem Oszilloskop.
Zeichnen Sie das Normal-Signalbild in die unten abgebildete Darstellung ein.

Signalbild mit dem Oszilloskop prüfen

1) Zündung ausschalten;

2) Kabelbaumstecker vom Steuergerät abziehen;

3) Oszilloskop an die Anschlüsse 56 und 63 am Kabelbaumstecker anschließen;

4) Startschalter betätigen;

5) Signalbild auswerten

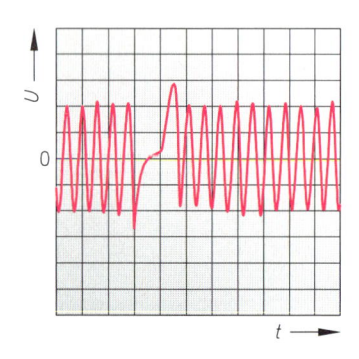

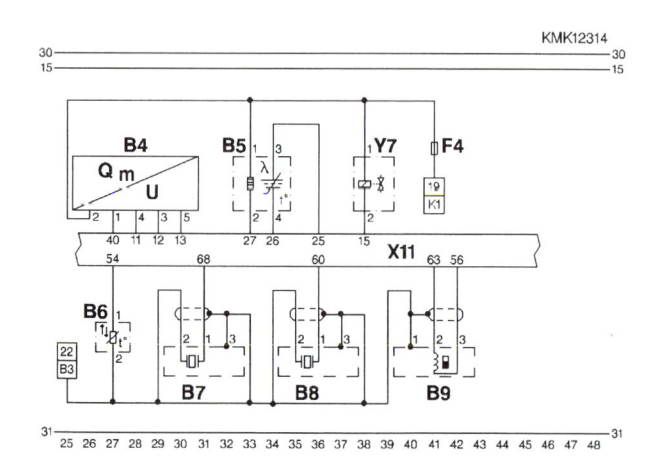

6 Beschreiben Sie die Vorgehensweise, wenn Ist-Signalbild und Soll-Signalbild nicht übereinstimmen oder kein Signalbild erscheint.

In diesem Fall sind der Drehzahlgeber und die Kabelverbindung mit dem Multimeter zu überprüfen.

Widerstandsmessung Drehzahlgeber

1) Zündung ausschalten;

2) Mehrfachstecker von Drehzahlgeber abziehen;

3) Widerstand zwischen den Klemmen messen:

    Kl. 2 und Kl. 3: Sollwert 450 – 1 000 Ohm

    Kl. 1 und Kl. 2: Sollwert: ∞

    Kl. 1 und Kl. 3: Sollwert: ∞

Widerstandsmessung der Leitungen

1) Widerstand der Leitung zum Steuergeräte-Pin 56 messen;

2) Widerstand der Leitung zum Steuergeräte-Pin 63 messen;

    Sollwerte: ca. 0 Ohm

| Technologie | Mathematik | **Diagnose** |

7 Beschreiben Sie die Vorgehensweise zur Überprüfung der Funktion eines Einspritzventils mit Multimeter und Oszilloskop.

1) Spulen der Einspritzventile auf Durchgang prüfen;
1.1) Zündung ausschalten;
1.2) Mehrfachstecker vom Einspritzventil abziehen;
1.3) Widerstand zwischen den Klemmen 1 und 2 messen, Sollwert: 14–20 Ohm.
2) Spannungsversorgung prüfen;
2.1) Zündung ausschalten;
2.2) Mehrfachstecker vom Einspritzventil abziehen;
2.3) Motor kurz mit dem Anlasser durchdrehen;
2.4) Spannung zwischen kabelbaumseitiger Mehrfachstecker-Klemme 1 und Masse, Sollwert: Batteriespannung.
3) Kabelverbindungen prüfen;
3.1) Kabel vom Mehrfachstecker zum Steuergerätestecker prüfen, Sollwert. ca. 0 Ohm.
4) Prüfung der Kabelverbindung zwischen den Einspritzventilen und Steuergeräten auf Masseschluss;
4.1) Bei abgezogenem Steuergerätestecker die Kabel von den Einspritzventilsteckern zum Steuergerät gegen Fahrzeugmasse messen, Sollwert: > 30 Ohm.
5) Spulen auf einen Masseschluss prüfen
5.1) Jeden Anschluss-Pin gegen das Ventilgehäuse auf Durchgang prüfen, Sollwert: > 30 Ohm.
6) Einspritzsignal prüfen;
6.1) Oszilloskop anschließen; Rote Messleitung Klemme 2, Schwarze Messleitung Masse;
6.2) Bei laufendem Motor das Signalbild. Aus dem Signalbild lassen sich die Spannung und die Impulsdauer (Öffnung) ablesen. Die Signalbilder der einzelnen Zylinder können verglichen werden, z. B. unterschiedliche Spannungswerte.

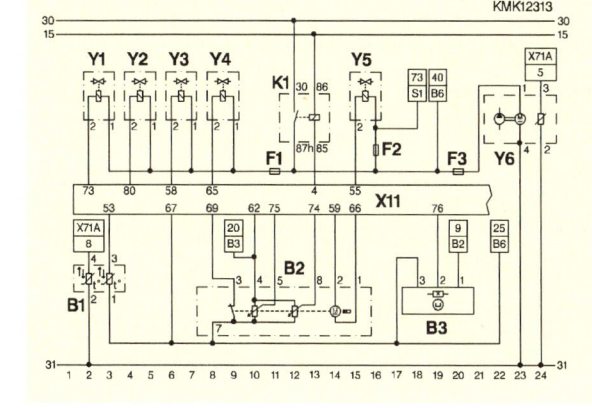

8 Wie kann durch eine Zylindervergleichsmessung mit gleichzeitiger Abgasmessung festgestellt werden, ob die Einspritzventile einwandfrei arbeiten?

Es werden der Drehzahlabfall und der Anteil der HC- und CO-Werte beurteilt. Die Ergebnisse der einzelnen Zylinder können verglichen werden.

Sind die Werte bei allen Zylindern gleich, arbeitet das System einwandfrei.

Wird bei einem Zylinder zu viel Kraftstoff eingespritzt, sind die HC- und CO-Werte hoch, wird zu wenig eingespritzt, sind die HC- und CO-Werte niedrig.

7.6 Diagnose

9 Was verstehen Sie unter Eigendiagnose?

Die Eigendiagnose ist in der Lage, Sensoren, Aktoren und deren Regelkreise bei Einschalten der Spannungsversorgung sowie während des Systembetriebs ständig auf ihre Normalfunktion hin zu prüfen und erkannte Fehler im Fehlerspeicher abzulegen.

10 Was versteht man unter einem „statischen Systemcheck"?

Nach dem Einschalten der Spannungsversorgung der Steuergeräte führt das Eigendiagnosesystem den statischen Systemcheck durch. Dabei werden Sensoren und Aktoren auf ihre Betriebsbereitschaft überprüft.

11 Wie wird die Betriebsbereitschaft festgestellt?

Die Überprüfung der Betriebsbereitschaft erfolgt durch Spannungs- und Widerstandsmessungen des Systemsteuergeräts. Dabei können Leitungsunterbrechungen und Leitungskurzschlüsse erkannt werden.

12 Was verstehen Sie unter einem „dynamischen Systemcheck"?

Der dynamische Systemcheck findet während des Betriebszustands des Motors statt. Die einzelnen Signale der Sensoren und die ausgehenden Signale zu den Aktoren werden auf ihre Plausibilität und deren Logik verglichen.

13 Was versteht man unter Plausibilität?

Die Sensoren werden durch ein vorgegebenes Sollwertfenster überwacht.

| Technologie | Mathematik | **Diagnose** |

14 Erklären Sie den Fehlercode „Temperaturfühler unplausible Signalveränderungen".

Der Temperatursensor verändert seine Spannung in Abhängigkeit von der Temperatur. Der oben genannte Fehlercode besagt, dass die gemessenen Spannungen außerhalb des Sollwertbereichs liegen.

15 Was versteht man unter Logikvergleich?

Beim Logikvergleich führt die Eigendiagnose einen Soll-Istwert-Vergleich der Sensoren und Aktoren durch.

16 Erklären Sie den Logikvergleich am Beispiel der Drosselklappensteuereinheit.

Wenn das Drosselklappenpotenziometer eine Öffnung von 40 Prozent vorgibt, muss die zugehörige Rückmeldung über den Drosselklappenöffnungwinkel vom Drosselklappenstellerpotenziometer ebenfalls bei 40 Prozent liegen.

17 Wo liegen die Grenzen der Eigendiagnose?

Die Aussage der Eigendiagnose ist nur ein Fehlerhinweis. Sie kann nur die Aussage darüber treffen, dass der gemessene Wert zu klein oder zu groß ist. Es wird keine Aussage getroffen, ob der Fehler durch den Sensor bzw. Aktor, an den Kabelverbindungen, an der Spannungsversorgung oder am Steuergerät verursacht wurde. Sie kann nur feststellen, dass die jeweilige Spannungsänderung nicht den Sollwerten entspricht, nicht aber den Grund dafür erkennen.

18 Was versteht man unter Stellglieddiagnose?

Mit der Stellglieddiagnose können bei einem stehenden Fahrzeug die Funktionen von Aktoren durch gezieltes Ansteuern überprüft werden. Mit der Stellglieddiagnose wird der gesamte elektrische Pfad vom Motorsteuergerät über den Kabelbaum zum Stellglied getestet und zusätzlich noch Funktionen weiterer Komponenten überprüft.

19 Wie können die gespeicherten Fehler ausgelesen werden?

Mithilfe eines Diagnosetesters kann der Fehlerspeicher ausgelesen werden. Die Kommunikation mit dem Steuergerät erfolgt über den Diagnosestecker.

| Technologie | Mathematik | **Diagnose** |

20 Ermitteln Sie,
1) woran man den Ausfall eines Sensors bemerkt (mindestens 2 Ausfallerscheinungen),
2) welche Ursachen den Ausfall bewirken (mindestens 2 Ausfallursachen).

Sensor	Ausfall bewirkt	Ausfallursache
Kühlwassertemperatursensor	• Startprobleme • Geringere Motorleistung • Erhöhte Leerlaufdrehzahl • Erhöhter Kraftstoffverbrauch • Abspeichern eines Fehlercodes	• Innere Kurzschlüsse • Leitungsunterbrechung • Leitungskurzschluss • Mechan. Beschädigungen • Sensor verschmutzt
Drehzahlsensor	• Aussetzen des Motors • Motorstillstand • Aufleuchten der Motorkontrolllampe • Abspeichern eines Fehlercodes	• Innere Kurzschlüsse • Leitungsunterbrechung • Leitungskurzschluss • Mechan. Beschädigungen • Sensor verschmutzt
Lambda-Sonde	• Hoher Kraftstoffverbrauch • Schlechte Motorleistung • Hohe Abgasemissionen • Aufleuchten der Motorkontrollampe • Abspeichern eines Fehlercodes	• Innere und äußere Kurzschlüsse • Fehlende Masse-/Spannungsversorgung • Überhitzung • Ablagerungen, Verschmutzungen • Mechan. Beschädigung
Klopfsensor	• Geringere Motorleistung • Erhöhter Kraftstoffverbrauch • Aufleuchten der Motorkontrolllampe • Abspeichern eines Fehlercodes	• Innere Kurzschlüsse • Leitungsunterbrechung • Leitungskurzschluss • Mech. Beschädigungen • Fehlerhafte Befestigung • Korrosion
Luftmassenmesser	• Motorstillstand oder Notlaufprogramm • Aufleuchten der Motorkontrollampe	• Kontaktfehler an den elektrischen Anschlüssen • Beschädigte Messelemente • Mechan. Beschädigungen
Nockenwellensensor	• Steuergerät schaltet in ein Notlaufprogramm • Aufleuchten der Motorkontrolllampe	• Innere Kurzschlüsse • Leitungsunterbrechung • Leitungskurzschluss • Mechan. Beschädigungen des Geberrads • Sensor verschmutzt

Technologie		Mathematik	Diagnose
Drosselklappenpoten-ziometer	• Motor ruckt und/oder stottert • Motor nimmt schlecht Gas an • Schlechtes Startverhalten • Erhöhter Kraftstoffverbrauch		• Kontaktfehler am Steckeran-schluss • Innere Kurzschlüsse durch Verschmutzungen (Öl, Feuchtig-keit) • Mechan. Beschädigungen
Einspritzventil	• Startprobleme • Erhöhter Kraftstoffverbrauch • Leistungsverlust • Schwankende Leerlaufdrehzahl • Schlechtes Abgasverhalten		• Verstopftes Filtersieb • Schlecht schließendes Nadelven-til durch Verunreinigungen, Verbrennungsrückstände • Zugesetzte Ausflussbohrung • Kurzschluss in der Spule • Kabelunterbrechung zum Steuergerät

21 Ordnen Sie den Signalbildern Sensoren und Aktoren zu.

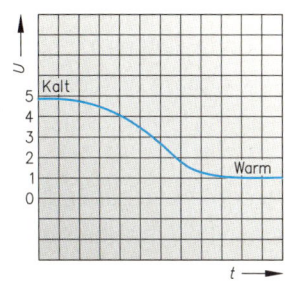

Temperatursensor 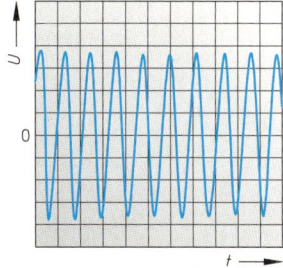   *Drehzahlsensor* 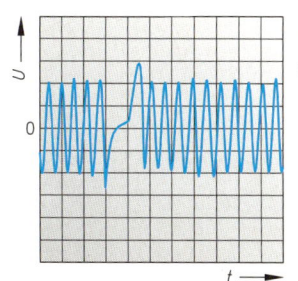   *Drehzahl- und Kurbelwinkelsensor* 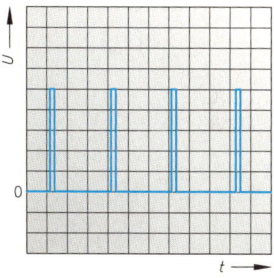   *Hallgeber*

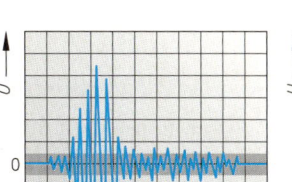

Klopfsensor 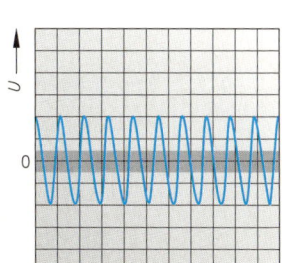   *Lambda-Sonde* 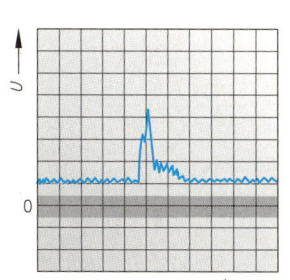   *Luftmassenmesser* 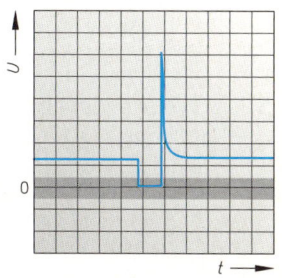   *Einspritzventil*

Lernfeld 8: Durchführen von Service- und Instandsetzungsarbeiten an Abgassystemen

Technologie

8.1 Abgasemissionen

1 Markieren Sie die Abgaskomponenten, die nicht zu den Schadstoffen gehören.
- [X] a) Stickstoff
- [X] b) Wasser
- [X] c) Kohlendioxid
- [ ] d) Kohlenwasserstoff
- [ ] e) Stickoxide
- [ ] f) Kohlenmonoxide
- [ ] g) Schwefeldioxid
- [ ] h) Ruß

2 Welche der Abgaskomponenten ist für den Treibhauseffekt verantwortlich?
- [ ] a) N_2
- [X] b) CO_2
- [ ] c) H_2O
- [ ] d) HC
- [ ] e) NO_x
- [ ] f) CO

3 Welche der Schadstoffkomponenten ist für den sauren Regen verantwortlich?
- [ ] a) HC
- [X] b) NO_x
- [ ] c) CO

4 Welche Schadstoffkomponente ist für das Ozonloch bzw. den Sommersmog verantwortlich?
- [ ] a) CO_2
- [ ] b) CO
- [X] c) NO_x

5 Welcher Schadstoff ist sehr giftig?
- [ ] a) Kohlenwasserstoff
- [X] b) Kohlenmonoxid
- [ ] c) Stickoxid

6 Wie trägt die Abgasrückführung zur Reduzierung der Abgasemissionen bei?
- [ ] a) Das gesamte Abgas wird dem angesaugten Kraftstoff-Luft-Gemisch zugeführt.
- [X] b) Ein Teil des Abgases wird dem angesaugten Kraftstoff-Luft-Gemisch zugeführt.
- [ ] c) Frischgase werden den Abgasen zugeführt.

7 Wodurch werden die Abgasemissionen bei der Abgasrückführung reduziert?
- [X] a) Durch die Abgase wird die Verbrennungstemperatur gesenkt und damit die Stickoxide.
- [ ] b) Durch die Abgase werden die Verbrennungstemperaturen erhöht und CO und HC oxidiert.
- [ ] c) Durch die Abgase wird die Füllung verbessert.

8 Wie trägt die Tankentlüftung zur Reduzierung der Abgasemissionen bei? Welche Aussage ist falsch?
- [ ] a) Der Kraftstoffdampf wird im Aktivkohlebehälter gespeichert.
- [ ] b) Die Kraftstoffdämpfe werden dem Saugrohr zugeführt.
- [X] c) Die Kraftstoffdämpfe werden direkt in den Verbrennungsraum geleitet.

9 Wie trägt die Sekundärlufteinblasung zur Reduzierung der Abgasemissionen bei?
- [X] a) Lufteinblasung hinter die Auslassventile
- [ ] b) Einblasung zusätzlicher Luft in das Ansaugsystem
- [ ] c) Einblasung von Frischgasen hinter die Auslassventile

| Technologie | Mathematik | Diagnose |

10 Wodurch werden die Abgasemissionen bei der Sekundärlufteinblasung gesenkt?
- [X] a) Durch die Nachverbrennung erreicht der Katalysator schneller seine Betriebstemperatur.
- [ ] b) Bei Volllast werden die Abgase nachverbrannt und von Schadstoffen gereinigt.
- [ ] c) Durch die Nachverbrennung wird durch die hohen Temperaturen die Entstehung von Stickoxiden vermieden.

11 Was versteht man unter NEFZ?
- [X] a) Fahrzyklus, nach dem Abgaskomponenten gemessen werden
- [ ] b) Neue Europäische Fahrzeugnorm
- [ ] c) Europäische Normen für Abgasgrenzwerte

12 Ab welchem Datum ist die EU5 gültig?
- [ ] a) 2008
- [X] b) 2009
- [ ] c) 2010

13 Wie hoch sind die Grenzwerte von Schadstoffen in der EU5 für Ottomotoren?
- [ ] a) 1 % CO, 0,1 % HC, 0,08 % NO_x
- [ ] b) 1,1 % CO, 0,2 % HC, 0,1 % NO_x
- [X] c) 1 % CO, 0,1 % HC, 0,06 % NO_x

8.2 EOBD-Diagnose

14 Was versteht man unter OBD?

On-Board-Diagnose

15 Was versteht man unter EOBD?

Europäische On-Board-Diagnose

16 Welche sichtbaren Elemente zeigen, dass das Fahrzeug mit OBD ausgerüstet ist?
- [X] a) Abgaswarnleuchte und Diagnoseschnittstelle
- [ ] b) Katalysator und Lambda-Sonde
- [ ] c) AU-Plakette

17 Was versteht man unter dem Kürzel MI oder MIL? Welche Aussage ist falsch?
- [ ] a) Abgaswarnleuchte
- [ ] b) Malfunktion Indicator
- [X] c) Ladekontrolllampe

18 Welche der Komponenten werden kontinuierlich bzw. sporadisch überwacht? Kreuzen Sie die kontinuierlich überwachten Systeme an.
- [X] a) Comprehensive Components Monitoring
- [ ] b) Vor-Kat-Sonde
- [ ] c) Lambda-Sondenheizung
- [ ] d) Nach-Kat-Sonde
- [ ] e) Katalysator
- [ ] f) Tankentlüftungssystem
- [X] g) Zündsystem (Verbrennungsaussetzer)
- [ ] h) Abgasrückführungssystem
- [ ] i) Klimaanlage
- [X] k) Kraftstoffsystem
- [ ] l) Sekundärluftsystem

19 Unter Comprehensive Components Monitoring versteht man die Überwachung der abgasrelevanten Sensoren und Aktoren. Welche Aussage ist falsch?
Die Funktionselemente werden nach folgenden Kriterien geprüft:
- [ ] a) Eingangssignale und Ausgangssignale auf Plausibilität
- [ ] b) Kurzschluss nach Masse
- [ ] c) Kurzschluss nach Plus
- [X] d) Beschädigung
- [ ] e) Leitungsunterbrechung

20 Wie wird der Katalysator durch das Diagnosesystem überprüft?
- [ ] a) Größe der Sondenspannung der Vor-Kat-Sonde
- [ ] b) Größe der Sondenspannung der Nach-Kat-Sonde
- [X] c) Vergleich der Sondenspannung von Vor-Kat- und Nach-Kat-Sonde

21 Welche Folgen hat ein gealterter Katalysator?
- [ ] a) Keine Umwandlung der Schadstoffe
- [ ] b) Nur Oxidation von CO und HC
- [X] c) Geringe Konvertierbarkeit

22 Wie erkennt das Diagnosesystem eine gealterte bzw. vergiftete Vor-Kat-Lambda-Sonde?
- [ ] a) Das Sondensignal ist konstant.
- [X] b) Die Reaktionszeit der Sonde ist langsam.
- [ ] c) Das Sondensignal hat Unterbrechungen.

23 Welche Folgen hat eine gealterte Lambda-Sonde nicht?
- [ ] a) Höherer Kraftstoffverbrauch
- [ ] b) Höhere Abgasemissionen
- [ ] c) Höhere Leistungsverluste
- [X] d) Notlaufprogramm

24 Wie überprüft das Diagnosesystem die Tankentlüftung?
- [ ] a) Es misst Kraftstoffdämpfe im Aktivkohlebehälter.
- [ ] b) Es misst die Speicherkapazität des Aktivkohlebehälters.
- [X] c) Es erfasst die Änderung des Kraftstoff-Luft-Gemischs durch die Lambda-Sonden.
- [ ] d) Es misst den Druck vor dem Aktivkohlebehälter.

25 Wie überprüft das Diagnosesystem das Abgasrückführungssystem?
- [X] a) Vergleich des Druckanstiegs im Saugrohr mit der zugeführten Abgasmenge
- [ ] b) Messen der zugeführten Abgasmenge
- [ ] c) Messen des Lambda-Wertes

26 Wie überprüft das Diagnosesystem das Sekundärluftsystem?
- [ ] a) Messen der Luftmasse durch den Luftmassenmesser
- [ ] b) Messen des Druckanstiegs im Ansaugrohr durch Drucksensor
- [X] c) Prüfen des Lambda-Wertes der Vor-Kat-Sonde vor und während der Sekundärluftförderung

27 Wie wird das Zündsystem überprüft?
- [ ] a) Überprüfung des Zündzeitpunkts
- [ ] b) Überprüfung der Höhe der Zündspannung
- [X] c) Ermittlung der Laufunruhe des Motors durch Verbrennungsaussetzer

28 Wie ist die Reihenfolge der Störungserkennung und -speicherung bei Verbrennungsaussetzern? Ordnen Sie.

- _3_ Kraftstoffabschaltung
- _2_ Störungscode im OBD-Fehlerspeicher ablegen
- _1_ Abgaskontrollleuchte blinkt
- _4_ Abgaskontrollleuchte leuchtet ständig

8.3 Diagnose-Rechner

29 Welche Fehler werden im Fahrzeug-Fehlerspeicher abgelegt?
- [ ] a) Entprellte Fehler
- [X] b) Nicht entprellte Fehler
- [ ] c) Fehler der aus dem EOBD-Speicher

30 Was versteht man unter nicht entprellten Fehlern?
- [X] a) Vermutete Fehler aufgrund der Eigendiagnose
- [ ] b) Wiederkehrende Fehler in 3 aufeinander folgenden Fahrzyklen
- [ ] c) Wiederkehrende Fehler in 2 aufeinander folgenden Fahrzyklen

31 Was versteht man unter entprellten Fehlern?
- [ ] a) Fehler aufgrund der Eigendiagnose
- [X] b) Überprüfte Fehler auf Aktualität und Plausibilität
- [ ] c) Fehler nach 40 Fahrzyklen

32 Wo werden entprellte Fehler abgelegt?
- [ ] a) Im Fahrzeugspeicher
- [X] b) Im EOBD-Fehlerspeicher
- [ ] c) Im Speicher für Umgebungsdaten

33 Wann wird der Fehler aus dem EOBD-Fehlerspeicher gelöscht?
- [ ] a) Wenn der Fehler in 10 aufeinander folgenden Fahrzyklen nicht mehr auftritt.
- [ ] b) Wenn der Fehler in 20 aufeinander folgenden Fahrzyklen nicht mehr auftritt.
- [X] c) Wenn der Fehler in 40 aufeinander folgenden Fahrzyklen nicht mehr auftritt.

8.4 Readiness-Code

34 Was versteht man unter dem Readiness-Code? Welche Aussage ist falsch?
- [ ] a) Er gibt an, welche Systeme verbaut sind.
- [ ] b) Er gibt an, ob eine Diagnose durchgeführt wurde.
- [X] c) Er zeigt an, ob ein Fehler im System vorliegt.

35 Der Readiness-Code wird
- [ ] a) von links nach rechts gelesen.
- [X] b) von rechts nach links gelesen.
- [ ] c) kann von beiden Seiten gelesen werden.

36 Welche Bedeutung haben die 0 und die 1 im Readiness-Code?

0: *System nicht verbaut oder Prüfung nicht unterstützt*

1: *System verbaut oder Prüfung nicht erfolgt*

37 Folgender Readiness-Code wurde ausgelesen: Prüfbereitschaft unterstützt: 011111101101
Welche Komponenten sind nicht verbaut?
- a) *Katalysatorheizung*
- b) *Klimaanlage*

38 Folgender Readiness-Code wurde ausgelesen: Prüfbereitschaft gesetzt: 000001100001
Für welche Komponenten ist die Prüfung nicht erfolgt?
- a) *Katalysator*
- b) *Lambda-Sonde*
- c) *Lambda-Sondenheizung*

39 Wie kann der Readiness-Code für einen Ottomotor erzeugt werden? Welche Aussage ist falsch?
- [ ] a) Ein Fahrzyklus wird auf einem Rollenprüfstand durchgefahren.
- [ ] b) Durch einen Kurztrip nach einem vom Hersteller entwickelten Ablauf
- [ ] c) Das Fahrzeug wird längere Zeit im normalen Fahrbetrieb gefahren.
- [X] d) Der Code wird mittels EOBD-Tester eingegeben.

40 Abgasrelevante Fehler werden mithilfe eines Fehlercodes abgespeichert.
Welche Bedeutung hat der Fehlercode P0326?

P: *Powertrain (Antrieb)*

0: *Herstellerunabhängiger Code*

3: *Zündsystem*

26: *Klopfsensor*

41 Was versteht man unter Freeze-Frame-Daten?
- [X] a) Umgebungsdaten wie Motordrehzahl, Kühlmitteltemperatur
- [ ] b) Umgebungsdaten der gelöschten Fehler
- [ ] c) Fehlercodedaten

42 Wie können abgasrelevante Fehler, die durch EOBD erfasst wurden, ausgelesen werden?
- [ ] a) Mit jedem Motortester
- [X] b) Mit einem Motortester mit integrierter OBD-Prüffunktion
- [ ] c) Durch ein Multimeter

8.5 Schalldämpfung

43 Was bedeutet es, wenn Schall durch Interferenz vernichtet wird?
- [ ] a) Schall wird an den Wänden reflektiert und löscht sich gegenseitig aus.
- [X] b) Schallwellen treffen nach unterschiedlichen Wegen aufeinander, überlagern sich und löschen sich gegenseitig aus.
- [ ] c) Die Schallwellen werden durch lange Rohre mit Rohrverengungen gedämpft.

44 Benennen Sie die Funktionselemente des dargestellten Schalldämpfers und beschreiben Sie jeweils die Wirkung.

a) *Reflexion: Der Schall wird reflektiert und vernichtet sich wie ein abklingendes Echo.*

b) *Resonator: Er saugt die Rohrresonanz ab.*

c) *Drossel: Durch Rohrverengungen und Lochungen wird die pulsierende Strömung fein verteilt und geglättet.*

d) *Interferenz: Die Schallwellen überlagern sich nach unterschiedlichen Wegen und löschen sich gegenseitig aus.*

e) *Absorption: In einem Schallschluckstoff wird die Schallenergie in Wärme umgesetzt.*

f) *Kettenteiler: Durch lange Rohrmassen und entsprechende Kammervolumen werden untere und mittlere Frequenzen gedämpft.*

45 Wie lautet der Fachbegriff für das Abgassammelrohr?
- [ ] a) Doppelrohr
- [X] b) Hosenrohr
- [ ] c) Abgassammelrohr

46 Welche Bauart stellt der abgebildete Schalldämpfer dar?
- [ ] a) Reflexions-Schalldämpfer
- [ ] b) Absorptions-Schalldämpfer
- [X] c) Kombinations-Schalldämpfer

47 Wodurch wird der Schalldämpfer von innen beansprucht?
- [ ] a) Heiße Abgase
- [ ] b) Druck der Abgase
- [X] c) Schweflige Säure

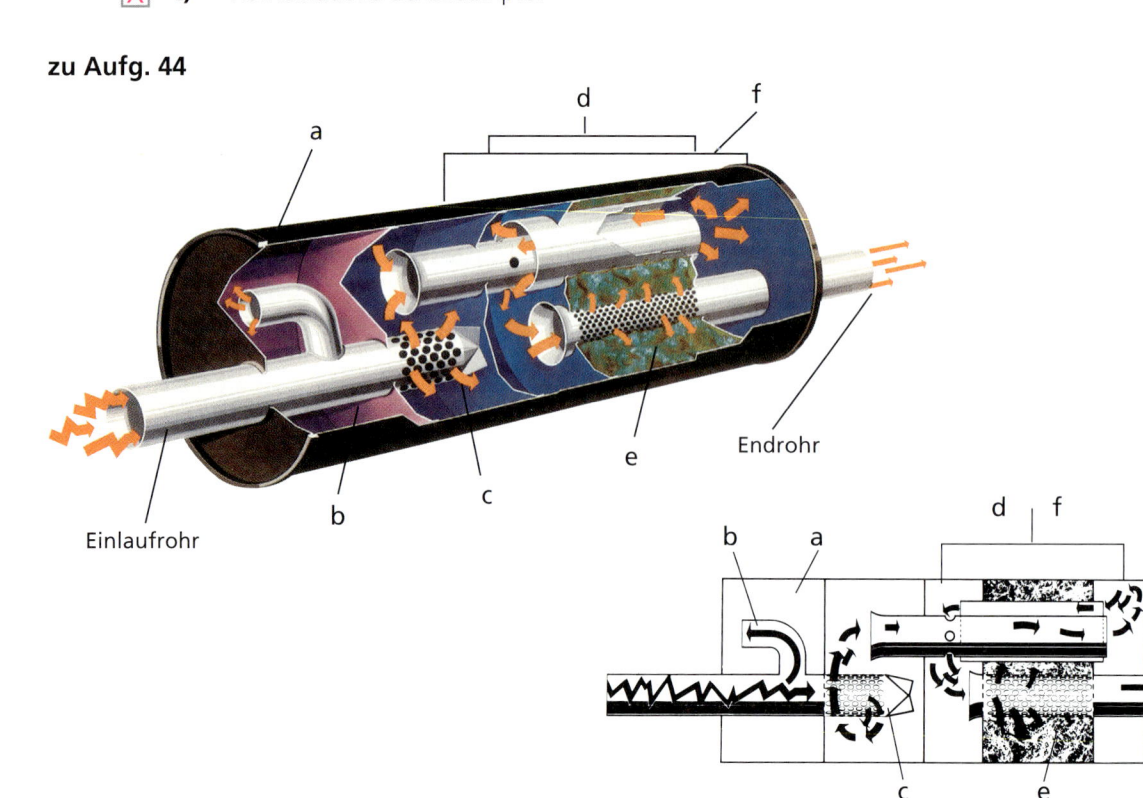

zu Aufg. 44

Prüfen und Messen, Diagnose

8.6 Abgasuntersuchung

1 Welchen Ablauf hat die Abgasuntersuchung bei einem Fahrzeug mit Ottomotor mit geregeltem Katalysator?
Geben Sie den Ablauf in einer Übersichtsform an.

1) Sichtprüfung der abgasrelevanten Bauteile,

2) Eingabe der Fahrzeug-Identifizierungsdaten,

3) Eingabe der Sollwerte, soweit nicht im Prüfgerät gespeichert,

4) Ermitteln der Istwerte für CO bei Leerlauf und erhöhtem Leerlauf und Regelkreisprüfung

2 Welchen Ablauf hat die Abgasuntersuchung bei Fahrzeugen mit Ottomotor mit OBD?
Geben Sie den Ablauf in einer Übersichtsform an.

1) Sichtprüfung der abgasrelevanten Bauteile,

2) Eingabe der Fahrzeug-Identifizierungsdaten,

3) Eingabe der Sollwerte, soweit nicht im Prüfgerät gespeichert,

4) Anschluss des EOBD-Steckers,

5) MIL-Sichtprüfung,

6) Readiness-Code auslesen,

7) Fehlerspeicher auslesen,

8) Eventuell Regelsondenprüfung, wenn nicht alle Systemtests durchgeführt wurden.

3 Welchen Ablauf hat die Abgasuntersuchung bei Fahrzeugen mit Dieselmotoren?
Geben Sie den Ablauf in einer Übersichtsform an.

1) Sichtprüfung aller abgasrelevanten Bauteile,

2) Eingabe der Fahrzeug-Identifizierungsdaten,

3) Eingabe der Sollwerte, soweit nicht im Prüfgerät gespeichert,

4) Ermittlung der Istwerte für Motortemperatur, Leerlauf- und Abregeldrehzahl,

5) Gasstoßmessung

| Technologie | Mathematik | **Diagnose** |

4 Welchen Ablauf hat die Abgasuntersuchung bei Fahrzeugen mit Dieselmotoren mit OBD? Geben Sie den Ablauf in einer Übersichtsform an.

1) Sichtprüfung der abgasrelevanten Bauteile,
2) Eingabe der Fahrzeug-Identifizierungsdaten,
3) Eingabe der Sollwerte, soweit nicht im Prüfgerät gespeichert,
4) Anschluss des EOBD-Steckers,
5) MIL-Sichtprüfung,
6) Readiness-Code auslesen,
7) Fehlerspeicher auslesen,
8) Messung der Leerlauf- und Abregeldrehzahl,
9) Messung der Rauchgastrübung

5 Welche abgasrelevanten Bauteile sind einer Sichtprüfung zu unterziehen?

Auspuffanlage, Katalysator, Lambda-Sonde, Abgasrückführung, Sekundärluftsystem, Kurbelgehäuseentlüftung, Sensoren und Steller, Tankentlüftungssystem, Luftfilter, Tankeinfüllstutzen, Undichtigkeiten des Motors

6 Worauf werden die abgasrelevanten Bauteile untersucht?

Auf Vorhandensein, Vollständigkeit, Dichtigkeit und Beschädigung

7 Wie hoch darf der CO-Gehalt bei Leerlauf bzw. erhöhtem Leerlauf sein?

Leerlauf: 0,3 vol %
Erhöhter Leerlauf: 0,5 vol %

8 Wie erfolgt eine Regelkreisprüfung?

Sie soll die Funktion des Lambda-Regelkreises kontrollieren. Bei der Regelkreisprüfung wird durch eine gezielte Störgrößenaufschaltung, z. B. Falschluft durch Abziehen eines Unterdruckschlauchs, bei einer vorgegebenen Drehzahl (mindestens 2 500 1/min) geprüft, ob die Lambda-Regelung Abweichungen vom Sollwert in einer bestimmten Zeit ausgleichen kann. Auch nach Rücknahme der Störgröße muss der Lambda-Regelkreis die Störung erkennen und ebenfalls wieder ausregeln.

9 Wie erfolgt die Sichtprüfung der MI-Lampe?

Einschalten der Zündung: Lampe muss leuchten.
Start des Motors: Lampe muss erlöschen.

| Technologie | Mathematik | **Diagnose** |

10 Was besagt der Readiness-Code?

Er zeigt an, welche Teilsysteme verbaut sind und ob die Diagnosefunktion wenigstens einmal abgearbeitet wurde.

11 Wann erfolgt die Regelsondenprüfung?

Sind nicht alle Diagnosefunktionen durchlaufen, muss eine Regelsondenprüfung durchgeführt werden. Es wird nur die Vorkat-Sonde auf Funktion überprüft.

12 Bei der Abgasuntersuchung von Dieselmotoren wird die Rauchgastrübung gemessen. Wodurch entsteht die Rauchgastrübung?

Rauchgastrübung entsteht, wenn Dieselabgase im kondensierten Zustand (Wasser-, Weißrauch, Schmieröl – Blaurauch) oder als feste Partikel (Ruß – Schwarzrauch) den Auspuff verlassen. Schwarzrauch entsteht durch unvollständige Verbrennung von Kraftstoff.

13 Wie wird die Rauchgastrübung ermittelt?

Mit dem in das AU-Prüfgerät integrierten Rauchgastrübungsmodul wird die Rauchgastrübung ermittelt. Bei der Messung wird der Motor vorsichtig mit Vollgas bis an die Abregeldrehzahl beschleunigt. Nach einer kurzen Zeit (ca. 4 Sekunden) wird das Gaspedal wieder zurückgenommen. Diesen Vorgang bezeichnet man als Gasstoß. Der erste Gasstoß wird nicht bewertet. Von den folgenden drei Gasstößen wird der arithmetische Mittelwert genommen.

14 Wie misst das Prüfgerät die Trübung?

Während der Messung zieht eine Pumpe einen Teilstrom des Abgases in eine Messkammer. Hier wird die Schwächung eines Lichtstrahls durch den Rauchgasanteil im Abgas fotoelektrisch gemessen. Die Trübung wird in Prozent oder als Absorbtionskoeffizient k in m^{-1} an einem Anzeigeinstrument angezeigt.

15 Wie hoch liegen die gesetzlichen Höchstwerte für die Trübung?

Erstzulassung vor dem 01.10.2006: Trübungswert bis 2,5 m^{-1} in einer Bandbreite von max. 0,5 m^{-1}

Erstzulassung nach dem 01.10.2006: Trübungswert bis 1,5 m^{-1} in einer Bandbreite von max. 0,5 m^{-1}

Trübungswert mehr als 1,5 m^{-1} in einer Bandbreite von max. 0,7 m^{-1}

8.7 Diagnose

16 Welche Ursachen können bestehen, wenn der HC-Wert zu hoch ist? Nennen Sie mindestens zwei Ursachen.

– *Erlöschen der Flamme an kalten Randzonen des Brennraums, z. B. kalter Motor;*
– *Zündaussetzer und ungenügende Zündleistung, z. B. durch*
　　• *verbrauchte oder defekte Zündkerzen,*
　　• *Zündkabel mit zu hohem Widerstand, Nebenschlüsse usw.;*
– *falscher Zündzeitpunkt;*
– *zu fette oder zu magere Gemischbildung;*
– *undichte Ventile;*
– *schlechte Kompression;*
– *falsche Steuerzeiten/großer Überschneidungswinkel;*
– *hoher Ölverbrauch;*
– *Motorölverdünnung durch Kraftstoff;*
– *ungenügende Umwandlung im Katalysator*

17 Welche Ursachen können bestehen, wenn der CO-Wert zu hoch ist? Nennen Sie mindestens zwei Ursachen.

– *Zu niedrige Leerlaufdrehzahl;*
– *zu fette Gemischeinstellung;*
– *fehlerhafte Lambda-Regelung;*
– *ungenügende Umwandlung im Katalysator;*
– *zu fette Gemischbildung, z. B. durch*
　　• *verschmutzter Luftfilter,*
　　• *Kraftstoffundichtigkeiten an der Einspritzanlage,*
　　• *Kaltstart-/Kaltlaufanreicherung schaltet bei warmem Motor nicht ab,*
　　• *Kraftstoffmengenunterschiede zwischen den einzelnen Zylindern,*
　　• *zu hoher Kraftstoffdruck (systemabhängig)*

| Technologie | Mathematik | **Diagnose** |

18 Welche Ursachen können bestehen, wenn der O_2-Wert zu hoch ist? Nennen Sie mindestens zwei Ursachen.

– *Zu magere Gemischeinstellung;*
– *Zündungsfehler, Motoraussetzer;*
– *ungenügende Umwandlung im Katalysator;*
– *Abgasverdünnung, z. B. durch*
  - *Kraftstoffmengenunterschiede zwischen den einzelnen Zylindern,*
  - *undichtes Ansaugsystem (Falschluft),*
  - *Kraftstoffsystemdruck zu niedrig,*
  - *Auspuffanlage undicht,*
  - *Abgasentnahmeleitung zum Tester undicht,*
  - *Sekundärlufteinblasung schaltet nicht ab*

19 Welche Ursachen können bestehen, wenn der CO_2-Wert zu hoch ist? Nennen Sie mindestens zwei Ursachen.

– *Zu magere oder zu fette Gemischbildung;*
– *Zündungsfehler, Motoraussetzer;*
– *ungenügende Umwandlung im Katalysator;*
– *Abgasverdünnung, z. B. durch*
  - *Auspuffanlage undicht,*
  - *Abgasentnahmeleitung zum Tester undicht,*
  - *Abgassonde nicht weit genug ins Auspuff-Endrohr eingeführt,*
  - *Sekundärlufteinblasung schaltet nicht ab*

20 Welche Ursachen hat ein zu hoher bzw. zu niedriger Lambda-Wert?

– *Lambda-Wert > 1: mageres Gemisch (mehr Sauerstoff vorhanden, als zur vollständigen Oxidation benötigt wird)*
– *Lambda-Wert < 1: fettes Gemisch (weniger Sauerstoff vorhanden, als zur vollständigen Oxidation benötigt wird)*

21 Wie hoch sollten die Abgaswerte für HC, CO, O_2, CO_2 und λ bei einem betriebswarmen Motor vor und hinter dem Katalysator betragen?

HC: vor dem Katalysator 100–300 ppm; nach dem Katalysator 0–30 ppm

CO: vor dem Katalysator: 0,5–3,5 vol %; nach dem Katalysator 0,0–0,3 vol %

O_2: vor dem Katalysator: 0,5–1,5 vol %; nach dem Katalysator 0,0–0,2 vol %

CO_2: vor dem Katalysator 13,0–14,5 vol %; nach dem Katalysator 14,8–16,8 vol %

λ: vor dem Katalysator 0,9–1,1; nach dem Katalysator 0,98–1,015